第五代固定网络（F5G）全光网技术丛书

全光传送网架构与技术

胡卫生　谭晶鑫 ◎ 编著

清華大學出版社
北京

内 容 简 介

本书属于"第五代固定网络(F5G)全光网技术丛书"中的一个分册，介绍光传送网架构和技术。本书全面介绍光传送网的演进过程、光传送网技术基础、组网架构和方案、热点技术及应用实践等，着重解读全光传送网涉及的 OXC、OSU、Super C、光电协同等技术方案，同时对光传送网数据加密技术进行简要分析。

全书共 8 章。第 1 章着重介绍光传送网发展历程、光传送网架构和技术演进趋势；第 2 章介绍光传送系统、线路技术、光层技术、电层技术和高可靠组网技术；第 3、4 章主要介绍骨干网组网架构和方案、城域网组网架构和方案；第 5 章主要介绍光传送网热点技术，包括 OXC、Super C、小颗粒交叉调度技术 OSU、高精度时间同步技术等；第 6 章主要介绍光传送网在品质专线、5G 前传、城域综合承载和视频方面的应用实践，通过应用实践帮助读者理解光传送网方案的应用过程；第 7 章主要介绍光纤数据传输面临的安全风险和相关的应对技术；第 8 章主要介绍未来光传送技术的展望。

本书适合为全光传送网从业者、设计人员、运维人员和研究人员提供设计和建网参考，也可作为高等院校通信、网络、计算机、软件工程专业高年级本科生、研究生的参考用书。

图书在版编目(CIP)数据

全光传送网架构与技术/胡卫生，谭晶鑫编著. —北京：清华大学出版社，2022. 4(2023. 11重印)
(第五代固定网络(F5G)全光网技术丛书)
ISBN 978-7-302-60026-8

Ⅰ. ①全…　Ⅱ. ①胡…　②谭…　Ⅲ. ①光传送网—架构　Ⅳ. ①TN929. 1

中国版本图书馆 CIP 数据核字(2022)第 021624 号

责任编辑：刘　星　李　晔
封面设计：刘　键
责任校对：李建庄
责任印制：曹婉颖

出版发行：清华大学出版社
网　　址：http://www. tup. com. cn，http://www. wqbook. com
地　　址：北京清华大学学研大厦 A 座　　**邮　　编**：100084
社 总 机：010-83470000　　**邮　　购**：010-62786544
投稿与读者服务：010-62776969，c-service@tup. tsinghua. edu. cn
质量反馈：010-62772015，zhiliang@tup. tsinghua. edu. cn
课件下载：http://www. tup. com. cn，010-83470236
印 装 者：三河市君旺印务有限公司
经　　销：全国新华书店
开　　本：186mm×240mm　　**印　　张**：16　　**字　　数**：283 千字
版　　次：2022 年 4 月第 1 版　　**印　　次**：2023 年 11月第 3次印刷
印　　数：2701～3200
定　　价：89. 00 元

产品编号：089409-01

FOREWORD

序　一

在 1966 年高琨博士关于光纤通信的论文所开拓的理论基础上，1970 年美国康宁公司研制出世界上第一根光纤，从 1970 年到现在过去了半个世纪，光纤通信覆盖五大洲四大洋并进入亿万百姓家庭，光纤通信起到了信息基础设施底座的重要作用。中国光纤通信后来居上，已成为全球光纤渗透率最高的国家，中国的千兆接入走在国际前列，国内光通信企业产品在全球市场占有率居首位，支撑数字中国的发展并将全球连接在一起成为地球村。

现在光纤通信的发展仍在加速，数字经济的发展持续提升网络带宽的需求，推动光纤通信技术的进步，光纤通信容量以 20 年几乎千倍的速度在增加，目前单纤通信容量可达 Tb 级别，不过仍然未达到光纤通信容量的理论极限，还有很大的发展空间。在宽带化基础上，光纤通信向着全光化、网络化、智能化、可编程、安全性发展。仿照移动通信发展的代际划分，将光传送技术发展分为多模系统、PDH、SDH、WDM 和全光网几个阶段；光接入网技术也有类似的划分，例如 PSTN、ADSL、VDSL、PON、10G PON。在中国电信、华为、中国信通院、意大利电信、葡萄牙电信等企业的共同倡议下，2020 年 2 月欧洲电信标准协会（ETSI）批准成立第五代固定网络（the Fifth Generation Fixed Network，F5G）产业工作组，F5G 将以全光连接（支持 10 万连接/km^2）、增强固定宽带（支持千兆家庭、万兆楼宇、T 级园区）、有保障的极致体验（支持零丢包、微秒级时延、99.999%可用率）作为标志性特征，或者说相比现在的光网络要有带宽的十倍提升、连接数的十倍增长，以及时延缩短为原来的十分之一。2020 年 5 月在华为全球分析师大会期间，中国宽带发展联盟、华为公司、葡萄牙电信公司等共同发起 F5G 全球产业发展倡议，得到广泛响应。可以说，F5G 标志着光网络技术进入新时代。

华为公司积累了多年在光纤通信传送网技术研究、产品开发、组网应用、工程开通和运营支撑及人员培训的经验，联合光纤通信领域的高校教师共同编写了《全光传送网架构与技术》《全光接入网架构与技术》《全光自动驾驶网络架构与实现》《全光家庭组网与技术》这四本书，其特点如下：

- 从传输的横向维度看，覆盖了家庭网、园区网、城域网和核心网，除了不含光纤光缆技术与产品的介绍外，新型的光传输设备应有尽有，包括 PON（无源光网络）、ROADM（动态分插复用器）、OXC（光交叉连接）、OTSN（光传输切片网）等，集光通信传送网技术之大全，内容十分全面。
- 从网络的分层维度看，现代光网络已经不仅仅是物理层的技术，本丛书介绍了与光网紧密耦合的二层技术，如 VxLAN（虚拟化扩展的局域网）、EVPN（基于以太网的虚拟专网）及三层技术，如 SRv6（基于 IPv6 的分段选路）等，此外对时钟同步技术也有专门的论述。
- 从光网络的管控系统看，现代光网络不仅需要提供高带宽的数据传送功能，还需要有高效的管理调度功能。《全光自动驾驶网络架构与实现》一书介绍了如何结合云计算和人工智能技术实现业务开通、资源分配、运维管理和故障恢复的自动化，借助汽车自动驾驶的理念，希望通过智能管控对光网络也能自动驾驭，满足对光传送业务的快速配置、高效提供、可靠传输、智能运维。

这四本书有很强的网络总体概念，从网络架构引出相关技术与设备，从网络与业务的规划设计出发说明相关设备如何组网，从运维管理视角解释如何提升光传送网的价值。以一些部署案例展现成功实践的经验体会，并针对未来社会对网络的需求来探讨全光网技术发展趋势。书的作者为高校教师和华为光网络团队专家，他们有着丰富的研发与工程实践经验以及深刻的技术感悟，写作上以网络技术为主线而不是以产品为主线，力求理论与实践紧密结合。这些书面向光网时代，聚焦热点技术，内容高端实用，解读深入浅出，图书的出版将对 F5G 技术的完善和应用的拓展起到积极的推动作用。现在 F5G 处于商用的开始阶段，离预期的目标还有一定的距离，期待更多有志之士投身到 F5G 技术创新和应用推广中，为夯实数字经济发展的基石做出贡献。

邬贺铨
中国工程院院士
2022 年 1 月

FOREWORD

序　二

自从高锟在 1966 年发表了光纤可以作为通信传输媒介的著名论断，以及 1970 年实际通信光纤问世以来，光通信的发展经历了翻天覆地的变化，除了光纤和光器件一代一代地不断创新和升级发展外，从光网络的角度，各个领域也经历了多代技术创新。

- 从传送网领域看，经历了以模拟通信和短距离数据通信系统为代表的第一代传送网，以异步的准同步数字体系（PDH）系统为代表的第二代传送网，以同步数字体系（SDH）系统为代表的第三代传送网，以及以光传送网/波分复用（OTN/WDM）系统为代表的第四代传送网的变化，目前以可重构光分插复用器/光交叉连接器（ROADM/OXC）为代表的第五代传送网已经迈入大发展阶段。
- 从接入网领域看，也同样经历了多代技术的创新，目前已经进入了以 10/50Gb/s 速率为基本特征的无源光网络（PON）阶段。
- 从用户驻地网领域看，那是一个应用范围、业务需求、传输媒质、终端数量和形态差异极大的多元化开放市场，以光纤到屋（FTTR）为代表的光网络解决方案正逐渐崛起，成为该领域重要的新生力量，具有很好的发展远景。

几十年来光网络容量提升了几十万倍，同期光网络比特成本也降为了几十万分之一。除了巨大的可用光谱和超大容量外，光网络的信道最稳定、功耗最低、电磁干扰最小、可用性最高，这些综合因素使得光网络成为电信网的最佳承载技术，造就了互联网、移动网和云计算蓬勃发展的今天。随着光网络的云化和智能化，以自动驾驶自治网为标记的随愿网络正在襁褓之中，必将喷薄而出，将光网络带入一个更高的发展阶段，成为未来云网融合时代最坚实的技术底座，为新一代的应用，诸如 AR/VR、产业互联网、超算机等提供可能和基础。简言之，光网络在过去、现在、将来都是现代信息和数字时代发展不可或缺的、最可靠、最强大的基础设施。

“第五代固定网络（F5G）全光网技术丛书”中的《全光传送网架构与技术》《全光接入网架构与技术》《全光自动驾驶网络架构与实现》《全光家庭组网与技术》这四本书，

全面覆盖了上述各个领域和不同发展阶段的基本知识、架构、技术、工程案例等，是高校教师和华为光网络团队专家多年技术研究与大量工程实践经验的综合集成，图书的出版有助于读者系统学习和了解全光网各个领域的标准、架构、技术、工程及未来发展趋势，从而全面提升对于全光网的认识和管理水平。这些书适合作为信息通信行业，特别是光通信行业研究、规划、设计、运营管理人员的学习和培训材料，也可以作为高校通信、计算机和电子类专业高年级本科生和研究生的参考书。

韦乐平

工业和信息化部通信科技委常务副主任

中国电信科技委主任

2022 年 1 月

FOREWORD
序　三

三生有幸，赶上改革开放，得以攻读硕士学位、博士学位，迄今从事了 43 年的光通信与光电子学的科学研究和高等教育，因此也见证了近半个世纪通信技术的发展和中国通信业的由弱变强。

改革开放的中国，电信业经历过一段高速发展的时期。我在 1997 年应邀为欧洲光通信会议（ECOC，1997，奥斯陆）所作大会报告中，曾经引用了当年邮电部公布的一系列数据资料，向欧洲同仁介绍中国电信业的飞速发展。后来又连续多年收集数据，成为研究生课堂的教学素材。

从多年收集的数据来看，20 世纪的整个 90 年代，中国电信业的年增长速率都保持在 33%～59%，创造了奇迹的中国电信业，第一次在世界亮相的舞台是 1999 年日内瓦国际电信联盟（ITU）通信展。就在这个被誉为“电信奥林匹克”的日内瓦通信展上，中国的通信企业，包括运营商（中国电信、中国移动、中国联通）和制造商（华为、中兴等）都是首次搭台参展。邮电部也组团参加了会议、参观了展览，我有幸成为其中一名团员。

邮电部代表团住在中国领事馆内。早晨在领事馆的食堂用餐时，有人告诉我，另一张餐桌上，坐着的是华为的总裁任正非。一个企业家，参加行业的国际展，不住五星级酒店，而是在领馆食堂吃稀饭、油条，俨然创业者的姿态，令人肃然起敬。

因为要为华为公司组织编写的“第五代固定网络（F5G）全光网技术丛书”中的《全光传送网架构与技术》《全光接入网架构与技术》《全光自动驾驶网络架构与实现》《全光家庭组网与技术》写序，于是回想起这些往事。

又过了数年，21 世纪初，我以北京邮电大学校长身份出访深圳，拜会市长，考察通信和光电子行业颇具影响力的三家企业：华为、中兴和飞通。

那时的华为，已经显现出腾飞的态势。任正非先生不落俗套，为节省彼此时间，与我站在职工咖啡走廊里一起喝了咖啡，随后就请助手领我去考察生产车间。车间很大，要乘坐电瓶车参观。“这是亚洲最大的电信设备生产车间”，迄今，我仍然记得当时驾车陪同参观的负责人的解说词。

再后来，华为的销售额完成了从 100 亿元到 1000 亿元的增长，又走过从 1000 亿元到 8000 亿元的成长历程。在我担任北京邮电大学校长的十年中，华为一直在高速发展。我办理退休了，也一直感受到华为在国际上的声望越来越高，华为的产品销往了世界各地，研发机构也推延到了海外。

经济在腾飞，高等教育和科技工作也在同步前进。进入 21 世纪的第二个十年，中国在通信领域的科研论文、技术专利数量的增加和质量的提高都是惊人的。连续几年，ECOC 收到的来自中国的论文投稿数量，不是第一，就是第二。于是，会议的决策机构——欧洲管理委员会（EMC）在 2015 年决定，除美国、日本、澳大利亚之外，再增加一名中国的"国际咨询委员"。很荣幸，我收到了这份邀请。

2016 年，第 42 届 ECOC 在德国杜塞尔多夫举行。在会议为参会贵宾组织的游轮观光晚宴上，我遇见华为的刘宁博士，他已经是第二年参加 ECOC，并且担任了技术程序委员会（TPC）的委员，参加审阅稿件和选拔论文录用的工作。在 EMC 的总结会议上，听到会议主席说"投稿论文数量，中国第一""大会的钻石赞助商：华为"。一种自豪的情绪，在我心里油然而生。

在 ECOC 会议上，常常会碰到来自英国、美国、日本等国家的通信与光电子同行。在瑞典哥德堡会议上，遇见以前在南安普顿的同事泡尔莫可博士，他在一家美国公司做销售。我对他说，在中国，我可没有见到过你们的产品。他说："中国有华为。"说得我们彼此都笑了。

能在 ECOC 会议第一天上午的全体大会上作报告，在光通信行业是莫大的荣耀。以前的报告者，常常是欧洲、美国、日本的著名企业家。2019 年的 ECOC，在爱尔兰的都柏林举行，全体大会报告破天荒地邀请了两个中国企业作报告：一个是华为；另一个是中国移动。

《全光传送网架构与技术》《全光接入网架构与技术》《全光自动驾驶网络架构与实现》《全光家庭组网与技术》初稿是赵培儒先生和张健博士送到我办公室的。书稿由高校老师和华为研发一线工作多年的工程师联合编写。他们论学历有学历，论经验有经验。在开发商业产品的实践中，了解技术的动向，掌握行业的标准，对商业设备的参数指标要求也知道得清清楚楚。这些书对于光通信和光电子学领域的大学教师、博士和硕士研究生、企业研发工程师，都是极好的参考资料。

这些书，是华为对中国光通信事业的新的贡献。

感谢清华大学出版社的决策，进行图书的编辑和出版。

北京邮电大学 第六任校长

中国通信学会 第五、六届副理事长

欧洲光通信会议 国际咨询委员

2022 年 1 月

FOREWORD
序　　四

每一次产业技术革命和每一代信息通信技术发展，都给人类的生产和生活带来巨大而深刻的影响。固定网络作为信息通信技术的重要组成部分，是构建人与人、物与物、人与物连接的基石。

信息时代技术更迭，固定网络日新月异。漫步通信历史长河，100 多年前，亚历山大·贝尔发明了光线电话机，迈出现代光通信史的第一步；50 多年前，高锟博士提出光纤可以作为通信传输介质，标志着世界光通信进入新篇章；40 多年前，世界第一条民用的光纤通信线路在美国华盛顿到亚特兰大之间开通，开启光通信技术和产业发展的新纪元。由此，宽带接入经历了以 PSTN/ISDN 技术为代表的窄带时代、以 ADSL/VDSL 技术为代表的宽带/超宽带时代、以 GPON/EPON 技术为代表的超百兆时代的飞速发展；光传送也经历了多模系统、PDH、SDH、WDM/OTN 的高速演进，单纤容量从数十兆跃迁至数千万兆。固定网络从满足最基本的连接需求，到提供 4K 高清视频体验，极大地提高了人们的生活品质。

数字时代需求勃发，固定网络技术跃升，F5G 应运而生。2020 年 2 月，ETSI 正式发布 F5G，提出了“光联万物”产业愿景，以宽带接入 10G PON + FTTR（Fiber to the Room，光纤到房间）、WiFi 6、光传送单波 200G + OXC（全光交换）为核心技术，首次定义了固网代际（从 F1G 到 F5G）。F5G 一经提出即成为全球产业共识和各国发展的核心战略。2021 年 3 月，我国工业和信息化部出台《“双千兆”网络协同发展行动计划（2021—2023 年）》，系统推进 5G 和千兆光网建设；欧盟也发布了“数字十年”倡议，推动欧洲数字化转型之路。截至 2021 年底，全球已有超过 50 个国家颁布了相关数字化发展愿景和目标。

F5G 是新型信息基础设施建设的核心，已广泛应用于家庭、企业、社会治理等领域，具有显著的社会价值和产业价值。

（1）F5G 是数字经济的基石，F5G 强则数字经济强。

F5G 构筑了家庭数字化、企业数字化以及公共服务和社会治理数字化的连接底座。F5G 有效促进经济增长，并带来一批高价值的就业岗位。比如，ITU（International Telecommunication Union，国际电信联盟）的报告中指出，每提升 10%的宽带渗透率，能够带来 GDP 增长 0.25%～1.5%。中国社会科学院的一份研究报告显示，2019—2025 年，F5G 平均每年能拉动中国 GDP 增长 0.3%。

（2）F5G 是智慧生活的加速器，F5G 好则用户体验好。

一方面，新一轮消费升级对网络性能提出更高需求，F5G 以其大带宽、低时延、泛连接的特征满足对网络和信息服务的新需求；另一方面，F5G 孵化新产品、新应用和新业态，加快供给与需求的匹配度，不断满足消费者日益增长的多样化信息产品需求。以 FTTR 应用场景为例，FTTR 提供无缝的全屋千兆 Wi-Fi 覆盖，保障在线办公、远程医疗、超高清视频等业务的“零”卡顿体验。

（3）F5G 是绿色发展的新动能，F5G 繁荣则千行百业繁荣。

光纤介质本身能耗低，而且 F5G 独有的无源光网络、全光交换网络等极简架构能够显著降低能耗。F5G 具有绿色低碳、安全可靠、抗电磁干扰等特性，将更多地渗透到工业生产领域，如电力、矿山、制造、能源等领域，开启信息网络技术与工业生产融合发展的新篇章。据安永（中国）企业咨询有限公司测算，未来 10 年，F5G 可助力中国全社会减少约 2 亿吨二氧化碳排放，等效种树约 10 亿棵。

万物互联的智能时代正加速到来，固定网络面临前所未有的历史机遇。下一个 10 年，VR/AR/MR/XR 用户量将超过 10 亿，家庭月平均流量将增长 8 倍达到 1.3Tb/s，虚实结合的元宇宙初步实现。为此，千兆接入将全面普及、万兆接入将规模商用，满足超高清、沉浸式的实时交互式体验。企业云化、数字化转型持续深化，通过远程工业控制大幅提高生产效率，需要固定网络进一步延伸到工业现场，满足工业、制造业等超低时延、超高可靠连接的严苛要求。

伴随着千行百业对绿色低碳、安全可靠的更高要求，F5G 将沿着全光大带宽、多连接、极致体验三个方向持续演进，将光纤从家庭延伸到房间、从企业延伸到园区、从工厂延伸到机器，打造无处不在的光连接（Fiber to Everywhere）。F5G 不仅可以用于光通信，也可以应用于通感一体、智能原生、自动驾驶等更多领域，开创无所不及的光应用。

“第五代固定网络(F5G)全光网技术丛书”向读者介绍了 F5G 全光网的网络架构、热门技术以及在千行百业的应用场景和实践案例。希望产业界同仁和高校师生能够从本书中获取 F5G 相关知识，共同完善 F5G 全光网知识体系，持续创新 F5G 全光网技术，助力 F5G 全光网生态打造，开启“光联万物”新时代。

华为技术有限公司常务董事
华为技术有限公司 ICT 基础设施业务委员会主任
2022 年 1 月

PREFACE
前　言

如今，全球的智慧城市都在进入新的发展阶段。数字安防、未来社区、超级菜场等数字治理应用已开始普及，人工智能、智慧工厂、直播电商的数字经济新模式不断涌现，智慧家庭、在线教育、5G AR等数字生活服务也逐步走入千家万户，而作为整个智慧城市的连接底座，全光基础设施的演进升级也在加速推进。在我国，政策强化新基建政策实施，推进智慧城市的建设，加速城市运行体系的升级，并与全光网等城市基础设施全面融合，赋能产业数字化和数字产业化，撬动了万亿数字经济市场。全球"碳达峰、碳中和"实践推动光进铜退（传输介质的演进），利用光技术超大带宽，确定性低时延、安全可靠等特性为各行各业打造坚实的网络基础。

千兆光网构建了智慧城市的全光底座，以无处不在的千兆接入网连接了每个家庭、每个企业、每个行业，以高品质的全光传送网构建了城市的全光大动脉，实现了运力与算力的高效协同，以高品质的全光连接支撑了城市的智能化升级，进而赋能数字政府、数字治理、数字生活等城市数字化的高质量发展。产业界开始呼吁千兆光网上下游产业携手共建全光智慧城市，支撑数字中国国家战略的落地。

如何让光传送网在各行业数字化转型中扮演好带宽传送和品质连接的角色，在数字经济时代中创造更大的价值，需要全产业从业人员共同思考和努力。我们希望通过书籍的形式，尽可能完整地向读者呈现全光传送网的业务诉求、业务特点，体现全光传送网独特的建网价值和建网方式，能够全面系统性地呈现我们在全光传送网上的经验与思考，希望我们在通信行业多年的从业经验，能够对行业内的从业者有所帮助。这也是我们能够对行业所做的一点点微小的工作。衷心希望通过各位同仁的共同努力，推动光传送产业的蓬勃发展。

为了编写本书，我们在写作过程中参考了大量的行业资料、行业论文与行业书籍，甚至还查阅了不少二十世纪八九十年代的资料文献，总体上力求资料引用尽量丰富，写作质量尽量精准。也希望本书能够真正地对读者有所帮助！

【内容特色】

(1) 原理透彻,注重应用。

将理论和实践有机地结合是进行未来全光传送网络的组网研究和应用成功的关键。本书针对全光传送网分门别类、层层递进地进行了详细的叙述和透彻的分析,既体现了各知识点之间的联系,又兼顾了其渐进性。本书第3章和第4章,介绍了骨干网和城域网中应用了哪些关键技术。本书第5章详细介绍了各种热点技术,例如OXC、Super C等。

(2) 图文并茂,语言生动。

为了更加生动地诠释知识要点,本书配备了大量直观的图片,以便提升读者的兴趣,加深对相关理论的理解。在文字叙述上,本书摒弃了枯燥的平铺直叙,和全光传送网业务应用相结合,贴近实际;同时,本书还增加了"第6章(光传送网部署应用实践)",真正体现了理论联系实际的理念,使读者能够体会到"学以致用"的乐趣。

【结构安排】

本书以光传送网发展历程作为切入点,介绍全光传送网的五代发展历程、光传送网的架构和技术演进趋势、光传送网技术基础、骨干网组网架构和方案、城域网组网架构和方案、光传送网热点技术、光传送网部署应用实践、光网络数据加密技术,最后介绍了未来光传送技术的展望。

【读者对象】

- 全光传送网相关从业人员,如销售技术支持工程师、网络规划设计工程师、工程建设人员以及网络维护人员。
- 初学全光传送网技术的高等学校在校学生和研究生,或毕业后欲从事全光传送网技术网络相关工作的学生。

【致谢】

本书主要由胡卫生、谭晶鑫编写,参与编写的人员还有顾江华、高洪君、袁国桃、李祥、陈玉杰、刘晓妮、夏建东、黄康勇、植明、孔凡华、刘帆、朱英、王锦辉、饶宝全、冯超、张寒、郑瑜、王利、汪大勇、吕京飞、刘源、吕霄云。

限于编者的水平和经验,加之时间比较仓促,书中疏漏或者错误之处在所难免,敬请读者批评指正。

编　者

2022年2月

CONTENTS

目　录

第1章

概述

1.1 光传送网发展历程

随着全社会信息化进程的加快，传送网已经发展成为信息化的基础性资源，成为社会政治、经济、文化、金融等活动的基础，对全社会生产率的提高，创造新的就业机会具有重大影响。光传送网作为通信网络的重要组成部分，承载了固定宽带接入、无线接入等业务设备信号带宽的传送功能。光传送网以光纤通信为基础，包含光电转换、光层处理、调度、控制和管理技术等。如果把整个通信网络比作一棵树，业务接入设备是树叶，那么光传送网就是树枝和树干，树叶与树叶之间、树叶到树根之间的大量信息传递，那需要光传送网来完成。

光传送网起源于通信光纤的发现。1966 年，被称为“光纤之父”的物理学家高琨博士发表论文《适合于光频率的绝缘介质纤维表面波导》，从理论上论证了光纤作为传输介质可实现长距离、大容量通信，奠定了光纤通信的基础。光纤凭借其独有的通信容量大、传输距离远、抗干扰能力强等优点，是继电缆之后的新通信介质选择，成为光传送网发展的基石。

而推动光传送网发展的最直接的动力来自业务接入侧不断增长的带宽需求。以上网带宽为例，20 世纪 90 年代，上网只能采用综合业务数字网（Integrated Services Digital Network，ISDN）方式，通过电话线拨号，一路用户接入带宽只有 64kb/s 或 128kb/s。随后出现的非对称数字用户线路（Asymmetric Digital Subscriber Line，ADSL）可支持 Mb/s 级别的带宽接入。而现在家庭宽带已经实现光纤接入，通过 10G 无源光网络（Passive Optical Network，PON）可支持单户带宽 500Mb/s，甚至 1000Mb/s 上网。面向未来，家庭接入已开始研究更先进的技术，以支持更高的带宽接入。过去 20 年的时间，移动通信技术从 2G 逐步发展到 4G/5G，日常的通信从收发手机短信发展到视频互动，单用户带宽也从几十 kb/s 增长到几百 Mb/s。除此之外，不同时期的业务对传输距离、调度能力等也有不同的诉求。在这一背景下，光传送技术也在不断升级，其发展过程具有明显的代际演进特征，经过几代技术的演进，目前已经进入第五代固定网络(The Fifth-Generation Fixed Network，简称为 F5G)时代。

1.1.1 第一代光传送系统：多模系统

20 世纪 70 年代末到 80 年代初，各国大力开发大芯径大数值孔径多模光纤(又称数据光纤)。多模光纤比单模光纤芯径粗，数值孔径大，能从光源耦合更多的光功率。但由于多模光纤中传输的模式多达数百个，各个模式的传播常数和群速率不同，使光纤的带宽窄，色散大，损耗也大，只适于中短距离和小容量的光纤通信系统。这个时候的光纤接口应用是从用于局间中继开始的，是光传送系统早期发展的雏形。

1.1.2 第二代光传送系统：PDH

准同步数字系列(Plesiochronous Digital Hierarchy，PDH)是数字通信初期使用的通信制式，主要是为语音业务设计。在人们打电话时，需要把信号传送到对端的电话机上，一路语音信号是 64kb/s，如果每次在传输线路中只传一路语音信号，那么对电信资源是极大的浪费。因此，需要把很多语音信号复用到一起变成一个高速率的信号来传送。

PDH 就是一种当时用来传送高速信号的传输制式。PDH 设备在业务接口侧提供了 2Mb/s(或 1.5Mb/s)的基群接口。虽然传输侧是光的接口处理，但初期存在标准不统一、光接口不规范问题。美国和日本采用了 1.5Mb/s 基群接口，而欧洲采用了 2Mb/s 基群接口。而且最开始各个厂家自行开发的光路接口，是无法进行对接的。同时，PDH 光接口能力比较弱，只适合中低速率的点到点传输。随着同步数字体系(Synchronous Digital Hierarchy，SDH)技术的引入，PDH 被定位用作末端光端机设备技术，并采用统一的电接口标准以支持厂家之间的互连。

1.1.3 第三代光传送系统：SDH

自 20 世纪 90 年代开始，SDH 设备通过同步性能的改善，首次提供了灵活的业务颗粒(如 2Mb/s 容器 VC-12 和 140Mb/s 容器 VC-4)调度能力，光传送网从支持点到点应用到支持网络级组网应用，传送网首次具备组网和网络级保护功能。

对应第二代移动通信(2G)，主要是语音业务，无线基站存在大量的 PDH 2M 接口传送需求，SDH通过VC-12容器设计，并支持VC-12交叉调度能力，灵活高效地实现了2M接口的高效传送和调度；在面向业务接口向以太网转型和发展的过程中，SDH适时引入了EoS技术(Ethernet over SDH，EoS)，实现了以太网业务的高效率传送，抓住了第二波历史机遇。

最终，SDH技术作为传送网主体技术，以其特有的优势在传送网历史中占据了绝对主导地位。截至2020年，全球运营商仍存在几十万套SDH设备在现网运行，虽然目前SDH设备已经走向生命周期后期，但无法否认其为电信运营商业务发展发挥的巨大作用。

1.1.4 第四代光传送系统：WDM/OTN

SDH系统只有一路光载波信号，在单根光纤中只能传送一路信号，这使得单纤的传输容量进一步发展只能依靠单路信号的提升。波分复用(Wavelength Division Multiplexing，WDM)设备引入了光频谱技术，为光纤大容量信号传送新打开了一扇窗。WDM采用了不同载波频率的光纤通信信号进行传送，通过对每一路信号光的中心频率和频谱宽度进行严格的定义，并对不同光频率(波长)进行复用和解复用，每个频率(波长)都可以独立传输业务，从而可实现一根光纤中多路信号波长的传输。自20世纪90年代中期商用以来，WDM系统发展极为迅速，已成为实现大容量传输的主流手段。

初期大多数WDM系统主要用在点对点的长途传输上，联网调度依然在SDH电层上完成。在条件许可和业务需要的情况下，在WDM系统中有业务上下的中间节点可采用光分插复用(Optical Add/Drop Multiplexing，OADM)设备，从而避免使用昂贵的光转换器单元(Optical Transponder Unit，OTU)进行光电转换，节省了网络建设成本，提升了网络灵活性和传送效率。

随着SDH设备逐渐退出历史舞台，单纯靠WDM光层的波长上下调度技术无法满足要求，光传送网(Optical Transport Network，OTN)电层调度技术应运而生。OTN将整个光传送系统划分为多个逻辑子层，光层可支持光波长的复用、解复用，分插复用器(Add/Drop Multiplexer，ADM)节点可支持波长上下；电层可支持新的光通道数据单元(Optical Channel Data Unit-k，ODUk)容器的上下和穿通调度。总之，通过OTN电层调度技术演进，OTN具备与SDH一样的灵活调度能力，并支持更大的带宽颗粒传送。

1.1.5 第五代光传送系统：ROADM/OXC+OSU+200G/400G

随着传送容量需求的进一步增加，传送带宽进一步变大，出现了更高的线路技术，单个波长速率突破了100Gb/s，可支持200Gb/s及以上速率；并且节点容量也不断扩大，单纯通过OTN电层调度实现节点大容量遇到了功耗和成本的瓶颈。可重构光分插复用器（Reconfigurable Optical Add/Drop Multiplexer，ROADM）和光交叉连接（Optical Cross-Connect，OXC）技术的出现再次实现了光传送技术的重大飞跃。ROADM通过对光波长的交叉处理，业务节点调度时，在光的层面实现了的大颗粒带宽交叉和调度，相比电层的再生处理，光层的处理更高效，更匹配大颗粒和绿色节能的需求。

2018年，在业界首次出现了OXC形态的集中光交叉设备商用，确定了ROADM设备形态下一步发展演进的方向。同时，OTN电层技术通过支持10Mb/s～100Gb/s及以上的业务带宽颗粒，满足专线承载灵活带宽、更多硬管道连接要求。OTN在电层技术上将升级支持面向高品质、中小带宽业务的新容器光通道业务单元（Optical Service Unit，OSU），满足SDH网络的平滑演进及匹配未来业务发展的需求。

OTN已有电层技术通过支持10Mb/s～100Gb/s及以上的业务带宽颗粒传送调度，满足了政企专线承载灵活带宽、更多硬管道连接的要求。但是SDH技术已进入生命周期末期，面临退网和长期演进问题，面向未来OTN还需要解决小颗粒高价值业务的传送问题。另外，随着强互动视频等新兴业务兴起，将出现大量高品质和千兆以太网（Gigabit Ethernet，GE）以下带宽的传送需求。OTN在电层技术上将进一步升级，支持面向高品质、中小带宽业务的新容器光通道业务单元，满足SDH网络的平滑演进及匹配未来业务的发展，通过引入带宽可灵活调整的OSU容器，继续保持面向连接的硬管道品质，业务处理时延更低，所支持的连接数量会提升几个数量级，实现中小颗粒精品专线的升级演进。

1.2 光传送网架构和技术演进趋势

1.2.1 光传送网络架构发展趋势

1. 传送网从带宽网演进到带宽+业务

光传送网的演进方向之一是围绕着大带宽需求，通过新技术的进步实现每比特传送成本的降低。随着专线、视频新业务等的发展，传送网同时成为面向政企专线、品质视频、5G 及千行百业的“业务承载网络”，将提供超宽、低时延、低抖动、低误码、安全可靠、高可用的承载服务，满足面向企业客户（To Business，ToB）组网专线及面向消费者（To Consumer，ToC）、面向家庭（To Home，ToH）的各行各业品质持续提高、带宽持续增长的需求。这些业务对网络的诉求，包括从带宽逐步延伸到时延、抖动、丢包率、硬隔离、可用性等可预期的确定性承载诉求。

在新的业务要求下，光传送网将不仅是持续降低每比特成本的“带宽配套网”，而且是面向政企专线、品质视频、5G 甚至千行百业的“业务承载网络”。一张物理网满足宽带、移动、专线、类专线，云间互连以及入云专线等多张业务网承载要求，并将从带宽驱动、被动适应的配套网向体验驱动、主动规划的业务网演进。

(1) 视频类业务向更高品质发展，新增“三低四高”要求，驱动光传送网走向确定性承载。

4K、8K 和 Cloud VR 业务被认为是未来流量的主要增长来源。2020 年，中国运营商 IP 电视（Internet Protocol TeleVision，IPTV）用户数量已达到 3 亿，成为观看电视的主要方式，但用户趋于饱和，家宽与视频业务的发展进入存量经营的阶段，如何聚焦提升体验留存用户是重要研究课题，而提升视频品质将成为下一步的重要抓手。

刚刚起步的虚拟现实（Virtual Reality，VR）/增强现实（Augmented Reality，AR）被认为是引领未来潮流的杀手级业务。VR/AR 终端处理能力要求过高、售价过高影响 AR/VR 业务普及，目前业界更倾向于将渲染能力部署在云端，终端侧只需要部署手机芯片级别的算力即可体验高配置显卡带来的惊艳体验。

与低带宽的语音业务和高突发的传统业务不同，视频业务要求低时延/低抖动/低误码、高带宽/高安全/高可靠/高可用，简称为“三低四高”。面向全用户的视频业务，会有大量的用户同时在线，这导致视频业务有高带宽、高性能、高并发特征。

(2) 运营商也开始通过品质家宽打造品质视频，支持面向未来的 VR 游戏/云游戏。可以借助新业务实现网络变现，通过区分用户和业务，提供可保障的管道和差异化服务，增加收入。在组网专线市场，高端政企专线从 SDH 承载逐渐演进到 OTN 承载，OTN 凭借低时延优势扮演着越来越重要的角色。

党政军、金融、大中型企业等高端政企的高品质承载要求是刚需，并对专线有安全隔离、低时延、高可靠要求，过去大量采用 SDH 硬管道承载。随着专线带宽逐渐增加，SDH 存量网络已无法满足要求。OTN 基于波长、ODU*k* 和 OSU 调度技术的全光传送网天然具备大带宽、低时延、高安全、超可靠核心能力，能够满足高端政企客户刚性隔离、安全可靠、提速、低时延等确定性承载的需求，成为SDH演进的确定选择。

低时延业务方兴未艾，OTN超低时延连接能力凸显出独特的价值。在面向金融、期货转向基于算法的机器交易等业务时，时延成为业务关键指标。而且随着工业互联网与智慧制造发展，工业控制、过程数据需要与外部对接，满足柔性制造需要，工业控制甚至出现亚微秒超低时延连接诉求，典型场景时延要求如表1-1所示。

表1-1　时延要求

场　　景	典型应用	时延(RTT)	其他SLA
金融、证券专线	高频交易	越低越好	高安全、高可靠
数据中心组网	AZ互连	高，1～2ms	N/A
DC间灾备	存储双活灾备、VM热迁移	高，<1ms、<2ms	高安全、大带宽
HPC	数据密集型计算(计算云到存储云)	中，<5ms	高安全、大带宽
V2X	自动驾驶：如行驶车辆紧急并线	高，<1ms	超高安全
云网吧	开机、游戏内容加载	高，<1ms	N/A

注：
RTT：Round-Trip Time(往返时延)
SLA：Service Level Agreement(服务等级协议)
AZ：Availability Zone(可用区)
HPC：High-Performance Computing(高性能计算)
V2X：Vehicle-To-Everything(车辆与任何事物通信)
DC：Data Center(数据中心)

医疗、交通、场馆等数字治理进程加快，超低时延的重要性日益凸显。例如，上海电信已把时延纳入建设目标网的重要考虑范围，提出构建内环1ms、中环1.5ms、外环2ms、上海境内(除崇明外)3ms时延圈的时延能力目标。北京联通也提出外环3ms、五环2ms、内环1ms的超低时延圈。广东联通规划了粤港澳大湾区深圳至香港1ms时延服务。

另外，结合OTN的专线网络能力，运营商也可针对出现的高品质应用，如远程教育/办公服务等，为OTT(Over the TOP)云服务解决方案提供高品质的专线产品。

(3) 企业全面入云打开了光传送网品质入云新的机会窗口。

随着政务上云、数字货币等的加速，企业客户需求从办公系统入云逐步走向生产和核心系统入云发展，入云管道连接仍然继承了组网专线的安全隔离、低时延、高可靠等要求。OTN的入云专线方案可提供差异化的品质服务，通过全光传送提供确定性承载能力，满足了企业核心系统入云的高安全、高可靠等要求。同时，为提高网络连接覆盖能力和运营水平，运营商将光传送网资源与云端资源结合在一起，支持运营商网络资源的实时调用，通过云调网，实现云网资源端到端打通和发放。数字消费也出现了品质升级诉求。2020年疫情期间出现的远程办公、远程教育等应用，对承载品质提出了新的诉求。调查结果显示，大部分消费者愿意为远程教育、远程办公支付相应费用。目前，运营商缺乏对应的产品来满足类似诉求。未来，针对互动视频（Cloud VR、视频办公、云游戏等）的入云服务，OTN 与光线路终端（Optical Line Terminal，OLT）进行握手，能提升端到端的入云品质连接，为家庭宽带提供差异化的类专线入云服务，通过品质的提升，为运营商打开新的市场空间。

2. 传送技术演进助力网络架构走向扁平化和 Mesh 化

光传送物理组网结构，按场景可分为骨干传送网和城域传送网，骨干传送网主要指长途骨干或者区域干线网（如国内省干），实现长途或核心节点之间的大带宽传送和调度；城域传送网主要指城区或同等地位区域内的传送网络，实现城市内各业务节点之间的带宽传送和调度，如图 1-1 所示。

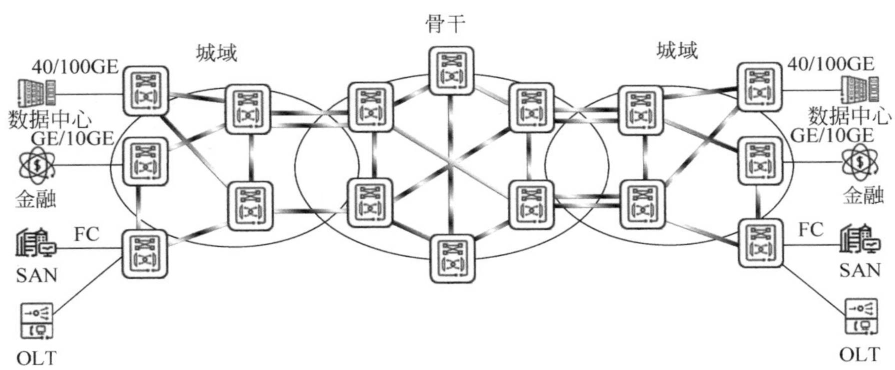

图 1-1　光传送端到端网络架构示意图

随着业务的发展及技术的演进，网络架构的变化主要包括以下几点。

(1) 传送网从点到点组网演变为具备光＋电全颗粒调度能力的 Mesh 化组网。

在骨干网设计之初，主要是为了实现业务信号的长距离传送，从一个站点高性能和高效率的长途传输到另外一个站点。一个典型的骨干组网是由多条链路组成的，每一条链路包含两个光终端复用器（Optical Terminal Multiplexer，OTM）站点以及多个光线路放大（Optical Line Amplifer，OLA）站点。OTM 站点实现波长的复用、解复用以及客户侧业务的上下。OLA 站点实现光信号的放大，应对长途传输中信号在光纤中的衰减。点到点的网络缺少调度的灵活性，在业务发放和扩容、资源全局调配、日常运维上都存在不足。就像没有成网的分段地铁，无法快速换乘，运输效率得不到发挥。

OTN 电层基于 ODU*k*/OSU 的调度能力可实现全业务颗粒的疏导和调度。除了不断发展演进的大颗粒业务，如 100GE、400GE；小颗粒业务如同步传输模块

(Synchronous Transport Module,STM)STMx(x=1,4,16),GE、10GE 等大量存在,通过 OTN 交叉实现全业务颗粒在不同站点之间的疏导和调度,以及业务传送路径最优及线路带宽利用率的最大化。最开始,OTN 站点一般为两个维度 ADM 组网能力,既具备业务上下能力,也具备电层调度和 ODUk 穿通能力;后来 OTN 系统交叉能力进一步发展增强,具备多方向的多分插复用组网能力,支持多线路方向连接,网络拓扑架构不再是原来的点到点或环形链路,变成了可 Mesh 连接的网络。

光层引入了 ROADM 光波长调度技术后,通过光分插复用器(Optical Add/Drop Multiplexer,OADM),可同时支持波长上下和波长穿通,支持光波长级别大颗粒的高效调度,波长级的穿通调度减少了 O-E-O 和电层调度处理,可大幅降低业务传送时延、设备功耗并提高设备集成度。多维度光层调度技术使得设备支持多方向、多维度的光层组网能力,光层也可在 Mesh 化组网下支持波长级调度,提升了业务在网络传送中的效率、可靠性和灵活性。既可提升业务开通和网络维护的效率,也可通过网络化的优势,基于时延、业务流量分布规划最合适的物理路径,并提供多传送路由保护的能力。光波长的调度能力也提升了节点业务交换容量;按照 32 维的光交叉调度能力,线路单波 100Gb/s 计算,120 路波长可以传输 12Tb/s 的容量,那么单节点的交叉调度容量可以达到 384Tb/s。

(2) 随着带宽增长,OTN 在城域网络中不断下沉,助力城域网络向扁平化发展。

城域传送网络和骨干一样,也面临带宽、传输距离的驱动,另外还包括承载业务变化的驱动。

在无线 2G 时期,基站上行是 E1 接口为主,回传网络采用 SDH 端到端。SDH 组网是基于虚拟信道(Virtual Channel,VC)的交叉调度网络,端到端覆盖从接入、汇聚,到城域核心以及骨干互连,满足专线、宽带、移动等回传业务的传送需求。从 SDH 演进到 OTN 的初级阶段,基站 IP 化转型,对应光传送刚性管道解决方案的移动回传承载业务属性弱化,主要聚焦小颗粒专线业务承载。OTN 网络主要是解决点到点大带宽传送,通过波长直达形成点到点、环形等组网,解决来自带宽传送需求和光纤资源的矛盾。随着城域带宽的进一步增长,有限的光纤资源无法解决带宽传送问题的矛盾日益突出,OTN 多波长技术不仅可实现大带宽的传送,同时具备光放大和色散补偿能力,解决了由于城域内组网距离长、光纤衰耗过大带来的组网难度问题。

无线从 3G 到 4G,基站峰值带宽从 30Mb/s 提升到 150Mb/s;而固定宽带从数字用户线路(Digital Subscriber Line,DSL)发展到光纤接入(Fiber To The x,FTTx),家庭用户带宽从 10Mb/s 提升到 500Mb/s 甚至 1Gb/s。OTN 从满足城域核心路由器

(Core Router,CR)、宽带远程接入服务器(Broadband Remote Access Server,BRAS)之间的带宽传送,发展到满足 OLT 到 BRAS 的带宽传送,带动了城域网络架构的演进变化。

初期的组网通过二层或者三层的数据设备对业务带宽进行层层收敛,从而降低业务上行带宽；随着视频业务的兴起,带宽的可收敛比例变小,典型收敛比从上网业务的16∶1 降低到视频业务的 2∶1,业务设备之间的带宽变大,城域网络借助 OTN 光传送技术发生了一次重大的架构转变。主要变化为：具备二层或三层处理能力的网络设备从 5 层变为 3 层,网络架构变得更加扁平；用于 OLT 到 BRAS 之间进行带宽收敛的局域网交换机(LAN Switch,LSW),以及 BRAS 到 CR 之间的边界路由器(Border Router,BR)逐渐消失；中间采用 WDM/OTN 技术实现带宽的"一跳直达"无电中继传输,可保证高质量带宽传送和支持极低时延传送。

OTN 对城域网的价值就好比地铁对城市交通的价值。地铁提供了城市各行政区间的"确定性直达",为两点之间的出行提供了直达便捷性。汽车出行受车流量突发性的影响大,流量大、交通管制或事故异常都会导致塞车；地铁出行,不用担心交通拥堵,时间可控。OTN 的硬管道直达减少了中间节点的 L2/L3 层处理,通过网络架构扁平化、带宽直达,避免数据流量突发造成的拥塞,网络承载变得更加高效,体验更好。随着新业务对低时延的要求越来越高,带宽的增长,以及运营商对网络节能降耗的要求,OTN 基于光波长的"一跳直达"无电中继架构将是首选。通过 OTN 光层调度能力,构建一张架构稳定、面向移动/家宽/专线等的多业务综合承载网络,支撑城域网络的扁平化,实现绿色节能,并可在有限的光缆资源下快速满足城域组网需求,支持未来新业务和带宽发展的演进。

1.2.2　光传送网技术演进趋势

光传送系统节点设备一般由光系统、线路模块、电层系统组成。随着光传送新技术不断涌现,光传送网不断更新换代。

1. 高速线路技术的发展

光传送技术的发展,首当其冲的是线路技术的发展。线路技术的关键因素是速率(带宽)和距离(性能)。

在 100Gb/s、200Gb/s 等相干线路技术出现之前,线路技术从较低的速率,如155Mb/s、2.5Gb/s 一步一步向高速发展。

从1978年开始，光纤通信的研发工作大大加快。上海、北京、武汉都研制出光纤通信试验系统。

在20世纪80年代中期，数字光纤通信的速率已达到144Mb/s。

1996年，WDM正式走向商用，成为支撑此后30年大容量光传送系统扩容升级的重要基础。

1999年，中国生产的8×2.5Gb/s WDM系统首次在青岛至大连开通，随后沈阳至大连的32×2.5Gb/s WDM光纤通信系统开通。再后线路速率发展为10Gb/s，采用电吸收调制（固定波长）和MZ调制（可调波长）技术的10Gb/s成为很长一段时间的主流应用速率。

到2020年，在传输容量较小的城域场景，仍大量使用密集波分复用（Dense Wavelength Division Multiplexer，DWDM）10Gb/s线路技术。

线路技术实现大的发展跨越，是由于相干技术的出现。调制解调采用了相干技术，利用要传输的信号来改变光载波的频率、相位和振幅（而不像强度检测那样只是改变光的强度），光信号有确定的频率和相位（而不像自然光那样没有确定的频率和相位）。在相干系统中，一旦获得了信号光场的偏振、幅度和相位信息，则可采用数字信号处理技术，计算并补偿出光场上存在的色度色散的PMD损伤。DSP均衡技术可消除色散和PMD导致的眼图畸变和码间干扰，重新恢复“干净”的码元信息。因此，相干系统不再需要通过色散补偿光纤对传输线路进行色散补偿，从而大大减少了传输线路的时延。

随后，相干技术在更高波特率器件、多相位调制技术以及新的性能补偿算法方面不断取得进步，使得线路技术提升到400Gb/s、800Gb/s，甚至更高。

线路技术的另一个重要指标是传输距离。一般情况下，600km左右的工程传输距离（实际组网距离受实际光纤衰耗的影响很大）只能够满足城域组网的需求。要满足长途骨干的需求，如果性能不能提升，则需要进行光-电-光中继设计。通常当传输性能指标达到1000～2000km以上时才会考虑用于长距传输。目前，200Gb/s已经可以满足2000km以上的传输要求，可支持长途传输应用。如果要支持更高速率的骨干传输，则需要在高波特率器件和数字信号处理器（Digital Signal Processor，DSP）芯片算法上继续突破。

2. 光层技术的发展

光层技术的发展，概括起来分为3个主要方向。

(1) 光频谱的发展,扩展增加光频谱,对应光纤容量的增加。

(2) 合分波和光交叉技术发展,对应光波长调度能力的进步。

(3) 光层性能的提升,对应光层数字化建模及更远的传输距离。

光层系统中所包括的关键部件合分波、光放大器等更新换代都是为匹配容量、调度和性能这 3 个方面的发展演进。

1) 光频谱利用

从 20 世纪末开始,光传送网快速发展的 20 年来,光层对单纤容量影响最大的是光谱的变化。由于频率间隔的不同,分为粗波分复用(Coarse Wavelength Division Multiplexing,CWDM)和密集波分复用(Dense Wavelength Division Multiplexing,DWDM)。CWDM 一般用于短距离传输,DWDM 所在波段可通过掺铒光纤放大器(Erbium-Doped Fiber Amplifier,EDFA)放大中继,一般用于中长距离传输。CWDM 波长间隔较为稀疏,覆盖了 C、L、O、S 等多个波段;DWDM 波长间隔较为密集,主要为 C 波段或 L 波段。

2) 光波长调度

光合分波的发展经历了固定光分插复用器(Fixed Optical Add/Drop Multiplexer,FOADM)、ROADM 和 OXC 3 个阶段。

(1) FOADM 表示固定的光波长上下复用,其特点是上下波长是固定的,缺少灵活性。

(2) ROADM 则主要通过波长选择开关(Wavelength Selective Switching,WSS)技术,可支持上下波长的改变,可根据场景需要配置对应站点的上下波长,结合这一特性,可在不同光线路方向之间实现波长的交叉调度。随着 ROADM 的应用扩展,则可在线路光方向之间、线路到支路光方向之间实现动态光交叉调度。

(3) 随着光连接器、光背板以及 WSS 技术的进一步发展,原来 ROADM 模块之间通过分布式光纤连接的技术架构逐步演进到通过光背板集成的 OXC 上面,使得光层交叉调度技术变得更加自动化,集成度大幅提升,光层的运维难度也得到了很大的降低。

3) 光性能

光信号在光纤中传输,受信号强弱、噪声、色散等多种因素影响,光系统本质上是模拟系统。传输性能与光层和线路设计以及系统的工作状态都相关。随着光谱资源的拓宽,光波长通道间隔以及不同光传送速率对应光谱特征的变化,光层的合分波器滤波带宽、光放大器的噪声性能设计都需要进行相应的调整。总的来说,光合分波设计在不断追求更低的插损和更低的滤波信号损伤；而光放大器则不断追求更低的光噪声系数以及对信号线性放大的能力（增益），以支持更远的传输距离和更强的组网能力。

3. 电层技术的发展

前面在传送网发展历程的介绍中已经阐述了传送网初期经历了 PDH/SDH/WDM/OTN 等技术的逐步演进，可以说，光传送网电层技术的发展与传输容器、封装和交叉技术的进步息息相关。

1）封装容器技术的演进

光传送网从第四代开始，逐步放弃了原来的单纯 VC 容器和 SDH 封装技术，采用 OTN 技术，或者 OTN 与 SDH 兼容的 VC-OTN 技术兼顾 SDH 现网演进。如图 1-2 所示，利用 OTN 的信号帧封装技术，并结合 OTN 帧格式定义中的 FEC 能力，这样在基于 WDM 的光层模拟系统传输过程中，就算面临较低的光信噪比和较高的纠前误码率，也能通过前向纠错（Forward Error Correction，FEC）技术实现纠错，满足高质量的长距传输需求。

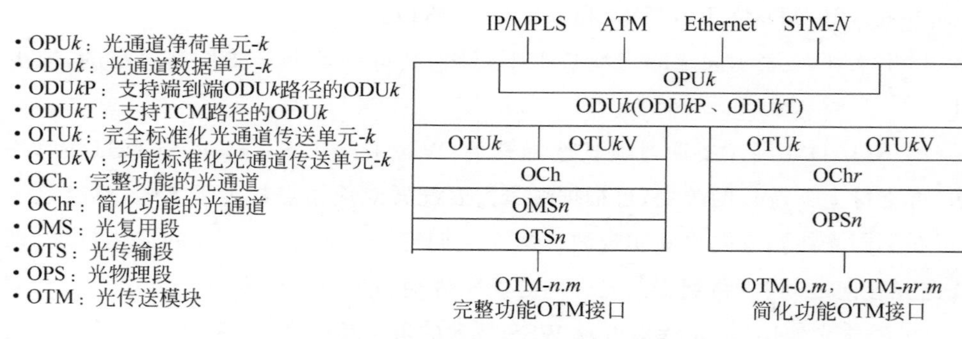

图 1-2　G.709 OTU*k* 帧格式定义

业务信号进行传输前，通过电层处理单元进行映射和封装处理，映射到 ODU*k* 单元，再增加 FEC 和开销封装到 OTU*k*。此类具备多路业务复用能力的光波长转换单元（OTU）一般被简称为 Muxponder，如图 1-3 所示。如果 OTU 只是经过单路业务信号到单路 OTU*k* 的处理，则通常简称为 Transponder，如图 1-4 所示。

2）交叉技术的演进

OTN 交叉技术就是在 Muxponder 应用出现瓶颈时出现和发展起来的。由于 Muxponder 方案本身的短板——调度和组网能力不足，在线路带宽传送复用上缺乏灵

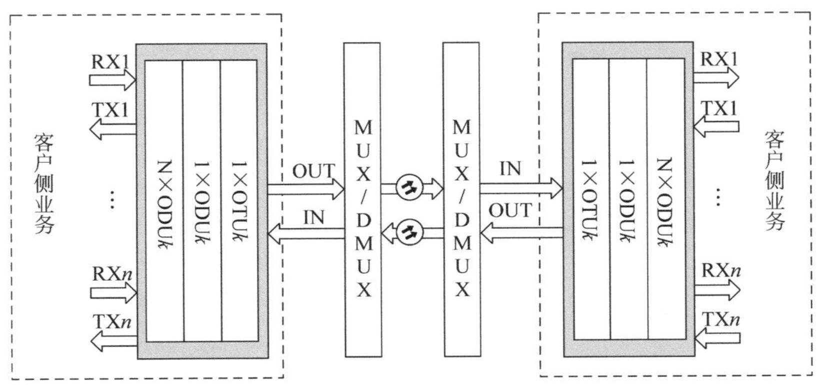

图 1-3 具备复用能力的电层处理单元(Muxponder)

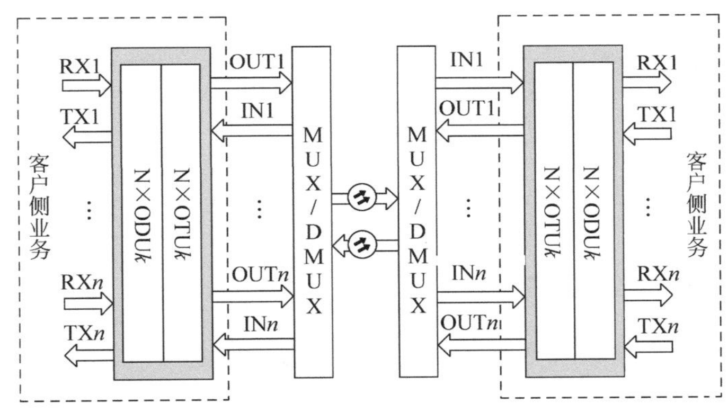

图 1-4 单路业务信号到单路 OTU*k* 转换的电层处理单元(Transponder)

活性。为适应城域的业务承载诉求，业界还出现过分布式跨板卡的交叉调度技术，通过 Muxponder 板卡之间的协同与交叉能力，实现线路带宽的高效利用，如图 1-5 所示。

线路技术不断提速，从 2.5Gb/s 到 10Gb/s，再到 100Gb/s、200Gb/s 及以上。业务颗粒虽然也在向 10GE、100GE、400GE 等发展，但存量设备组网以及各业务发展的不平衡，仍然存在从 E1(2Mb/s)，包括 STM1(155Mb/s)、GE(1Gb/s)、10Gb/s 等大量低速业务需要接入传送，且接入颗粒与线路带宽存在较大的差距，远小于线路带宽。业务颗粒接入组合面临越来越高的复杂性，Muxponder 设计在支持这些业务颗粒时需要多种组合，在线路带宽传送效率的制约下，导致需要设计大量的不同板件种类，带宽复用灵活性不足的问题更加突出。OTN 交叉技术解决了这些问题，在实现低速率向高速率适配的同时，兼顾效率、灵活性，并满足实际组网的调度需求，如图 1-6 所示。

后来，OTN 交叉进一步扩展支持 OTN 交叉集群。OTN 交叉容量设计在面向城

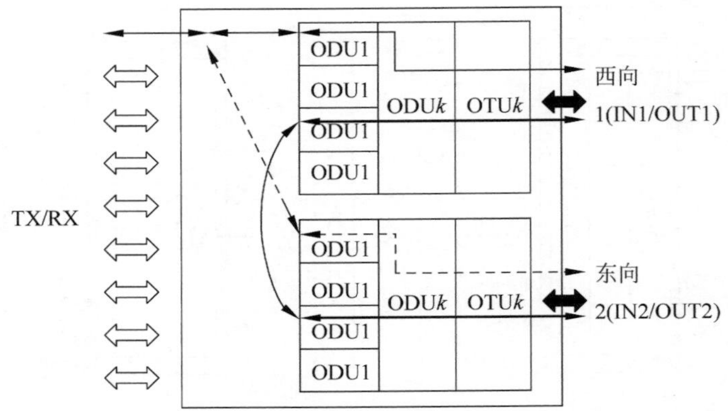

图 1-5 ADM 组网示意图

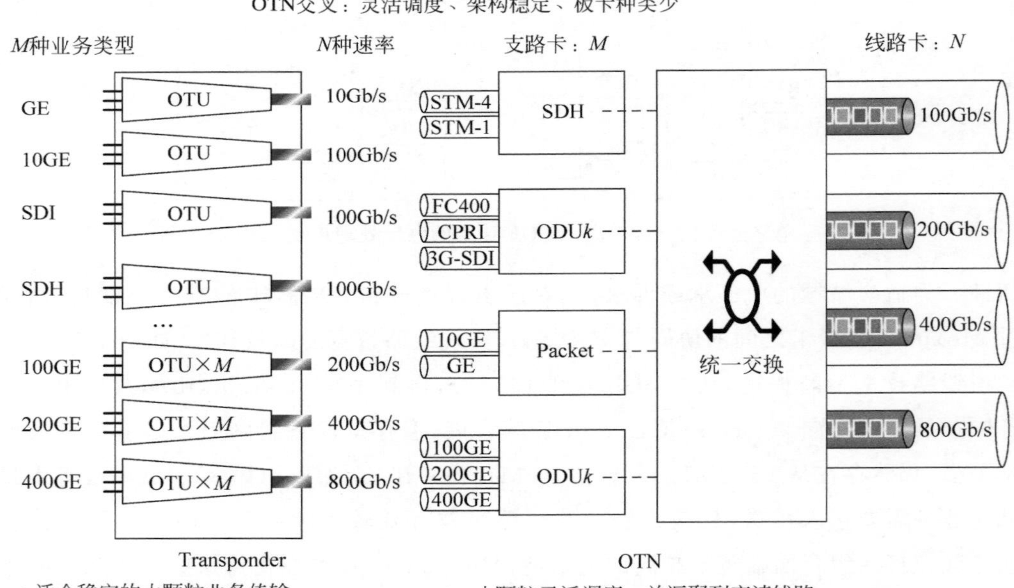

图 1-6 OTN 交叉技术

域设备和骨干设备方面存在差异。通常来说，因为城域接入和汇聚，流量相比骨干和城域核心小很多，所以对 OTN 交叉调度容量的要求也要低。在骨干大容量调度节点，面临多个光线路方向以及多个波长的业务疏导要求，需要更大的交叉容量，并具备较好的扩展能力。OTN 集群交叉技术实现多个子架之间的交叉调度，从而通过多个子架的交叉容量协同，解决了单子架交叉容量不够的问题，实现了交叉容量的最大化。OTN 集群主要是应用在单个局点对超大交叉容量有要求的场景，或单个机房安装空间有限，需要对 OTN 交叉子架进行分布式部署时。

第 2 章

光传送网技术基础

2.1 光传送系统介绍

2.1.1 系统概述

光传送网(OTN)系统主要以波分复用(WDM)技术为基础,是一种基于光电技术的信息传送系统。如图 2-1 所示,ITU-T 定义了 OTN 系统架构,是一种由光通道层(OCh)、光复用段层(OMS)和光传送段层(OTS)组成的体系架构,包含光层和电层。

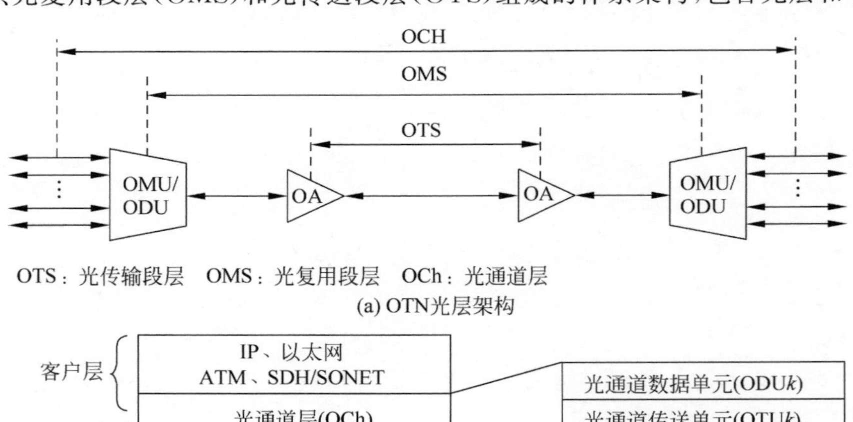

(a) OTN光层架构

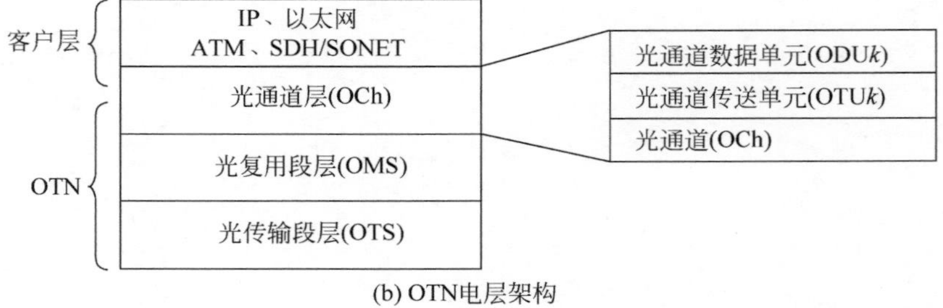

(b) OTN电层架构

图 2-1 OTN 系统架构

光通道数据单元(ODUk)：通过ODUk路径实现数字信号(如SDH、以太网等)在OTN网络端到端的传送，并提供端到端光通道的性能监测。

光通道传送单元(OTUk)：通过OTUk路径实现ODUk信号在OTN网络节点之间传送。以ODU为基础，OTUk线路增加了FEC，以及OTU层次的告警、性能监测和GCC通信开销等。

光通道层(OCh)网络：通过光通路路径实现不同传送节点之间的OTUk光层信号传送。为OTUk信号提供端到端的光层组网功能，每个光通路OCh占用一个光波长。

光复用段层(OMS)网络：通过OMS路径实现多路OCh通路在节点之间的传送，为经过波分复用的多波长信号提供组网功能。

光传送段层(OTS)网络：通过OTS路径实现光复用段在光节点之间的传送，多跨段传送系统由多个OTS段组成。

OTN系统结合了光层(模拟传送)和电层(数字传送)处理的优势，可承载巨大的传送容量，并做到端到端的保护完全透明，在通信网构建中具备了良好的适用性。那么，相对传统波分复用(WDM)系统而言，OTN系统优势主要体现在以下5个方面：

(1) 具有良好的向后兼容性。在组建过程中，可在现有的SDH基础上实现，赋予WDM端到端的连接能力及组网能力，并提供了光层互连规范，有效补充子波长汇聚能力及疏导能力。

(2) 具备良好的开销管理能力(监控能力)。OTN具备了与SDH相似的开销管理能力，由于光通路层以OTN帧结构组建，使其具备了良好的监控能力。

(3) 具备良好的组网能力与保护能力。基于OTN帧结构、ODUk交叉及ROADM的特性，使得光传送网的组网能力得到了大幅度提升，通过FEC技术可提升整体传输距离。同时，采用OTN可以为电层业务与光层业务提供具备灵活性的保护功能。

(4) 可实现多类型信号封装及透明传输。以ITU-T G.709为基础的OTN帧结构可支持多种类型的信号封装，并支持透明传输。

(5) 可实现大颗粒宽带应用。由OTN所定义的垫层宽带颗粒可作为光通路数据单元，其波长为光层带宽颗粒波长，复用颗粒、交叉颗粒及配置颗粒更大，可大幅度提升业务适配能力，并优化传送效率。

2.1.2　应用场景分类

基于OTN的智能光传送网为大颗粒宽带业务的传送提供理想的解决方案。光传送网主要由省际干线传送网、省内干线传送网、城域(本地)传送网构成，而城域(本地)

传送网可进一步分为核心层、汇聚层和接入层。相对 SDH 而言，OTN 技术的最大优势就是提供大颗粒带宽的调度与传送。按照网络现状，省际干线传送网、省内干线传送网以及城域(本地)传送网的核心层调度的主要颗粒一般在 Gb/s 及以上，因此，这些层面均可优先采用带宽扩展性更好的 OTN 技术来构建。对于城域(本地)传送网的汇聚与接入层面，当主要调度颗粒达到 100Mb/s 量级或者对品质要求较高时，亦可优先采用 OTN 技术构建。

1. 国家干线光传送网

随着网络及业务的 IP 化、新业务的开展及宽带用户的迅猛增加，国家干线流量剧增，带宽需求逐年增长。由于承载业务量巨大，波分国家干线对承载业务的保护需求十分迫切。采用 OTN 技术后，国家干线 IP over OTN 的承载支持大带宽传送外，可实现 SNCP 保护、环网保护、Mesh 网多路径保护等多种网络保护方式。

2. 省内/区域干线光传送网

省内/区域内的骨干路由器承载着各长途局间的业务。通过建设省内/区域干线光传送网，可实现大颗粒业务的安全、可靠传送；可组环网、复杂环网、Mesh 网；网络可按需扩展；支持波长/子波长业务交叉调度与疏导，提供波长/子波长大客户专线业务；实现对任意业务如 STM-1/4/16/64、ATM、GE、10GE、100GE、数字广播电视(Digital Video Broadcasting，DVB)、HDTV(High-Definition Television，HDTV)等的传送。

3. 城域/本地光传送网

对城域网来说，光传送网可实现路由器之间大颗粒宽带业务的传送。城域光传送网还可接入其他业务，如 STM-1/4/16/64、GE、10GE、100GE、ESCON、FICON、FC、DVB、HDTV 等；可实现波长/ODU*k* 子波长业务的疏导，波长/子波长专线业务接入；支持带宽广播、光虚拟专网等。从组网效果看，光传送网可支撑城域传输网的网络结构演进，满足城域网络的扁平化演进要求。

4. 专有网络的建设

随着企业网应用需求的增加，大型企业、政府部门等，也有了大颗粒的电路调度需求，而专网相对于运营商网络光纤资源十分贫乏，OTN 的引入除了增加了大颗粒电路的调度灵活性，也节约了大量的光纤资源。

2.1.3　系统传输性能影响因素

OTN 系统的传输性能由波分复用(WDM)技术决定。波分复用和掺铒光纤放大器的结合应用是目前实现长距离通信的最佳手段,这种方式充分挖掘了光纤带宽能力,实现了大容量、高速率、长距离传输。随着波分系统的广泛应用,人们越来越多地研究和讨论波分系统传输性能的影响因素。

一直以来,光纤非线性效应、光功率与 OSNR 预算、色度色散(Chromatic Dispersion,CD)和偏振模色散(Polarization Mode Dispersion,PMD)是限制光纤传输系统性能的重要因素,如图 2-2 所示。由于 EDFA 的成熟商用,光功率预算对系统已不是最大的挑战了。同时,由于相干技术的应用,有效地改善 CD 和 PMD 对系统性能的限制,CD 和 PMD 也不再是主导影响因素。在相干系统中,CD 和 PMD 对系统性能的影响基本可以忽略。对于当前相干波分系统,影响系统性能的主要为光纤非线性效应和系统 OSNR。

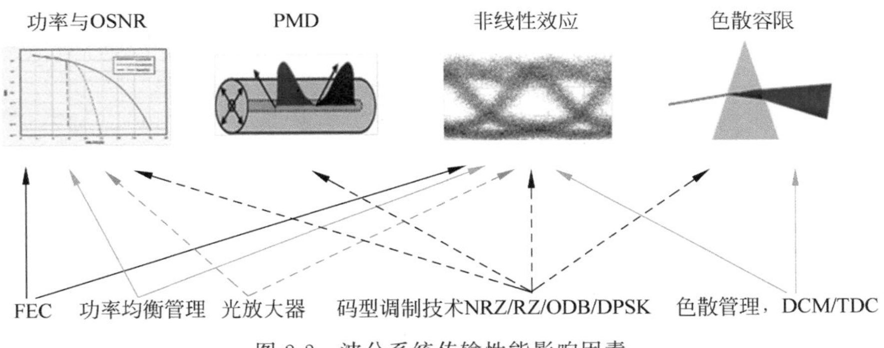

图 2-2　波分系统传输性能影响因素

随着光纤中信道数的增多、光功率的增加以及高阶相位调制码型的应用,光纤非线性效应成为影响系统性能的重要因素。

光信号在光纤介质中传播时,如果入纤光功率较高,就会产生各种非线性光学现象。光纤中的非线性效应通常分为两类。

一类与折射率相关,即光纤的折射率随光强的变化而变化的非线性现象,统称为克尔(Kerr)效应,包括自相位调制、交叉相位调制和四波混频。这 3 种非线性效应和光纤的色散相互作用,受色散影响大。

另一类非线性效应为受激非弹性散射,如布里渊散射和受激拉曼散射。这两种非线性效应与光功率密度相关,需要达到一定的阈值才会发生。在长距离多跨波分系统中，通常是受自相位调制、交叉相位调制这两种光纤非线性效应影响严重。在超长距单跨系统中，由于信号光功率特别高，容易达到受激非弹性散射的阈值，产生严重的非线性效应。

非线性效应的大小取决于如下几个因素：光纤介质的非线性系数、信号光强以及光波与非线性介质的有效作用距离等因素。要想降低波分系统中非线性效应的影响，主要有如下措施：采用模场直径大的光纤(如 G.652)、降低系统入纤光功率、合理的色散管理、采用抗非线性能力强的新型码型以及提高 FEC 算法的纠错能力等。

光信噪比的定义是在光有效带宽为 0.1nm 内光信号功率和噪声功率的比值。系统光信噪比是一个十分重要的参数，能够较准确地反映传输信号的光学特性，对估算和测量系统有重大意义。

EDFA 在放大信号的同时不可避免地会引入自发辐射噪声，而且自发辐射噪声在经历光增益区时会得到放大，形成放大的自发辐射噪声(Amplified Spontaneous Emission，ASE)，导致 OSNR 的降低。在长距离波分传输系统中，多级光放大器中的 ASE 噪声累积非常严重，级联 EDFA 个数越多，OSNR 越低，严重限制了波分系统总的传输距离，如图 2-3 所示。为了实现更长距离的传输，应尽量减小 EDFA 的 ASE 噪声。

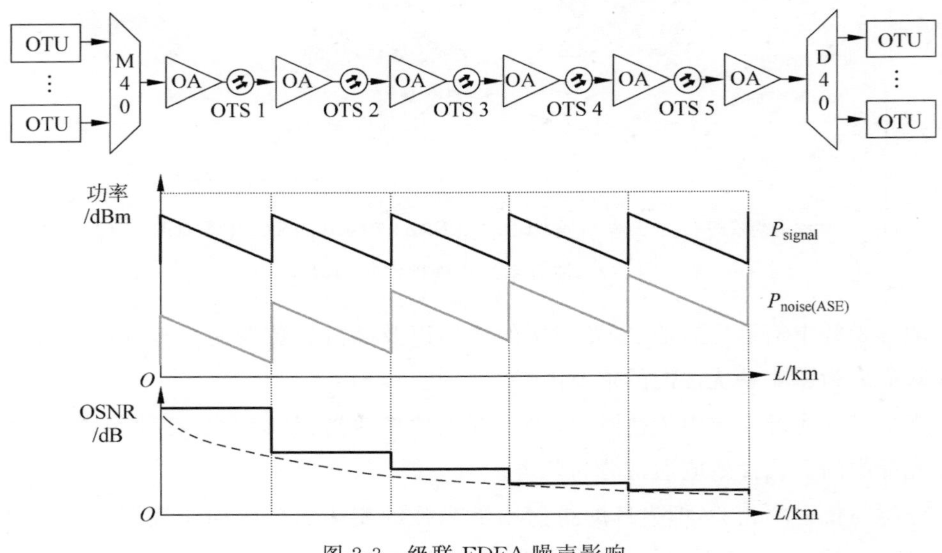

图 2-3 级联 EDFA 噪声影响

为了使波分系统传输距离更远，有时需要提升系统 OSNR，使得系统 OSNR 满足传输的要求。提升波分系统 OSNR 的方法包括提升光信号入纤功率、采用噪声指数更低的放大器和优化光纤质量减小跨段损耗等措施。

2.2　线路技术

在 OTN 系统中，客户侧信号最终映射到线路侧进行传输，中间的 OEO 转换需要通过光模块来完成。光模块是由光电子器件、功能电路和光接口等组成。光电子器件包括发射和接收两部分，简单地说，光模块的作用就是发送端把电信号转换成光信号，通过光纤传送后，接收端再把光信号转换成电信号，是进行光电和电光转换的光电子器件。

(1) 发射部分，输入一定码率的电信号经内部的驱动芯片处理后驱动半导体激光器(Laser Diode，LD)或发光二极管(Light Emitting Diode，LED)发射出相应速率的调制光信号，其内部带有光功率自动控制电路，使输出的光信号功率保持稳定。

(2) 接收部分，一定码率的光信号输入模块后由光探测二极管转换为电信号，经前置放大器后输出相应码率的电信号。

通俗来讲，线路侧是将信号汇聚到主干光纤传输网链路的功能模块，对应的光模块就叫线路侧光模块。线路侧光模块面向长距离传输，要求高性能、大容量；客户侧面向业务设备的局内互连，特点是短距离、高密度、热插拔、低功耗。

相干通信技术是当前主流的长距离传输技术，线路侧相干光模块的性能在很大程度上决定着相干 WDM 系统传输性能和距离。线路侧相干光模块关键技术主要包括码型调制技术、相干接收技术、FEC 技术、光数字信号处理(optical Digital Signal Processing，oDSP)技术，如图 2-4 所示。本节重点介绍线路侧相干光模块技术。

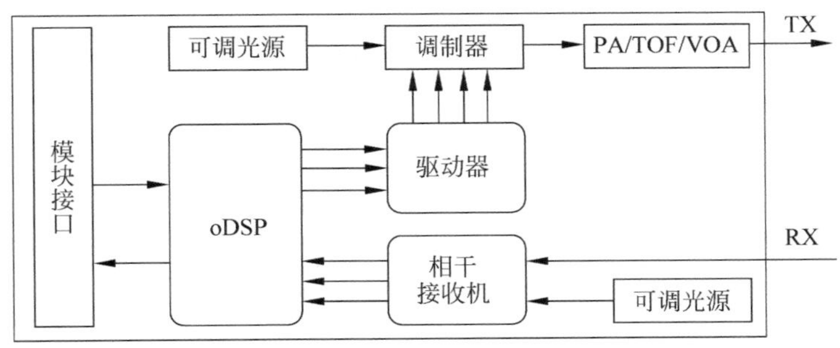

图 2-4　线路侧相干光模块结构图

1. 码型调制技术

从 10Gb/s 超长距离传输开始，码型调制技术一直是波分系统技术研究的重点。随着比特速率的增加和传输距离的延长，波分长距离传输系统将遇到一系列物理限制因素的挑战，包括 OSNR 要求的增高、色散容限降低、非线性效应增强以及 PMD 效应的增加等。这些物理效应都和传输的波特率有关，波特率越高，这些物理效应及其对系统性能的危害也随之而加剧。

例如，在不改变传输码型的前提下，当波特率从 10Gb/s 提升到 40Gb/s 时，光信号的 OSNR 要求将提升 6dB，色散容限将降低到前者的 1/16，PMD 容限将降低到前者的 1/4，光纤非线性危害程度也随之增加。为了消除或者降低这些效应对传输的影响，除了对色散和非线性效应进行控制和管理外，采用更先进的光调制格式是改善系统性能的重要方法之一。

码型调制技术可以分为基于强度调制、基于相位调制和基于偏振调制 3 种。

(1) 基于强度调制的码型技术主要应用于 10Gb/s 及以下速率的光模块。

(2) 基于相位调制的码型技术主要应用于 40Gb/s 及以上速率的光模块，是当前相干 WDM 系统主流调制技术。

(3) 基于偏振调制的技术目前在 WDM 通信系统还未见广泛使用。

100Gb/s 时代主流应用的码型调制技术是正交四相移相键控(Quadrature Phase Shift Keying，QPSK)和偏振复用，偏振复用将传输光信号的波特率再降低一半，如图 2-5 所示。目前也有其他更复杂的调制技术，如正交振幅调制(Quadrature Amplitude Modulation，QAM)、正交频分复用(Orthogonal Frequency Division Multiplexing，OFDM)等用于 200Gb/s 或 400Gb/s 系统，这些更复杂的调制技术未来可能在 400Gb/s

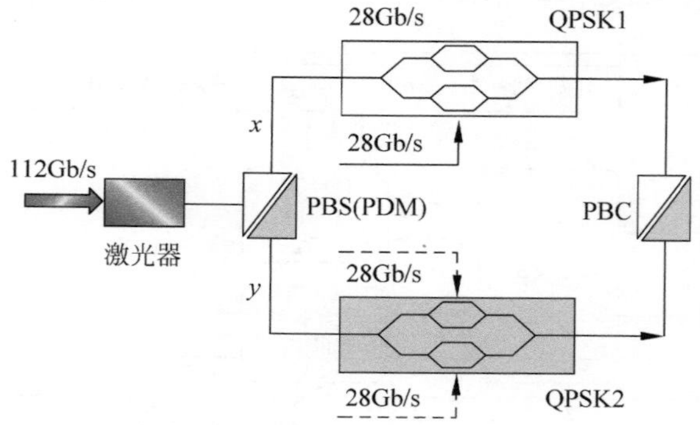

图 2-5　PDM-QPSK 调制的实现方式

或 1Tb/s 或 2Tb/s 传输领域更能发挥其优势。随着单波速率的不断提升，未来还会不断出现更多更先进的码型调制技术。

2. 相干接收技术

相干接收技术使得光传送系统具有足够的色散容限和偏振模容限，无须考虑线路上的色度色散和偏振模色散的影响，这给网络建设和运维带来一系列好处。相干接收的工作原理如图 2-6 所示，在发送端，采用外调制方式将信号调制到光载波上进行传输。当信号光传送到达接收端时，首先与本振光信号进行相干耦合，然后由平衡接收机进行探测。相干光通信根据本振光频率与信号光频率不等或相等，可分为外差检测和零差检测。前者光信号经光电转换后获得的是中频信号，还需二次解调才能被转换成基带信号。后者光信号经光电转换后被直接转换成基带信号，不用二次解调，但它要求本振光频率与信号光频率严格匹配，并且要求本振光与信号光的相位锁定。相干接收相对于非相干接收一个明显的特征是相干接收需要本振光源。

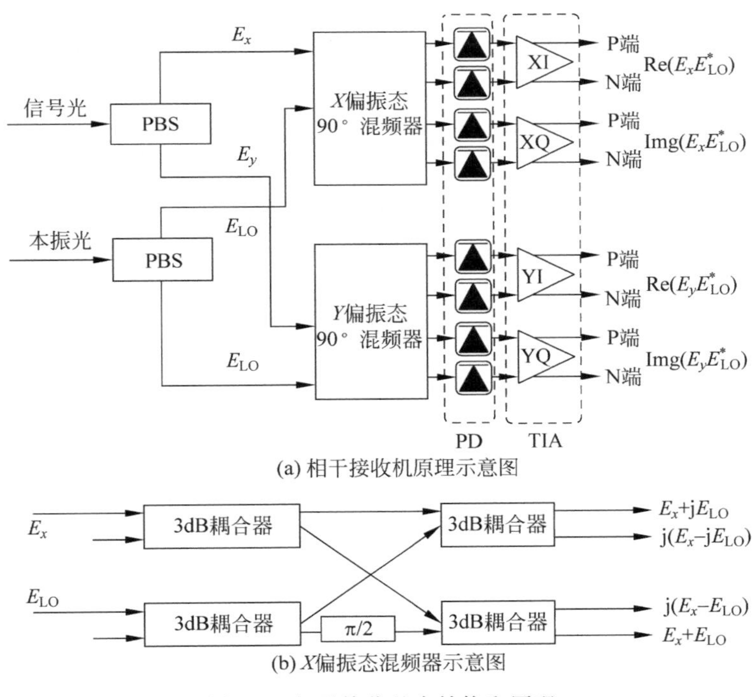

(a) 相干接收机原理示意图

(b) X偏振态混频器示意图

图 2-6　相干接收基本结构和原理

3. FEC 技术

FEC(前向纠错)一直是光传送技术中降低 OSNR 要求的重点技术之一，并随着光传送速率的提升而得到迅猛的发展。FEC 技术的原理是在发送端对 k 比特信息进行分组编码，并加入 $(n-k)$ 比特冗余校验比特组成长度为 n 比特的码字；而在接收端则通过译码来完成错误比特的筛选和纠正，以提高通信系统的可靠性。FEC 的核心思想是发送方通过使用纠错码(Error Correcting Code，ECC)对信息进行冗余编码。在 WDM 系统长距离传输中，前向纠错码和信道编码是在不可靠或强噪声干扰的信道中传输数据时用来控制错误的相关技术。前向纠错编码技术具有引入级联信道编码等增益编码技术的特点，可以自动纠正传输误码的优点。FEC 的纠错性能主要取决于如下 3 个因素：编码开销、码字方案以及判决方式。其中判决方案的选择在相干技术中扮演了越来越重要的角色。

4. 相干数字信号处理技术

当前业界普遍采用的典型的发送端及接收端 DSP(Digital Signal Processor，数字信号处理器)的功能如图 2-7 所示。

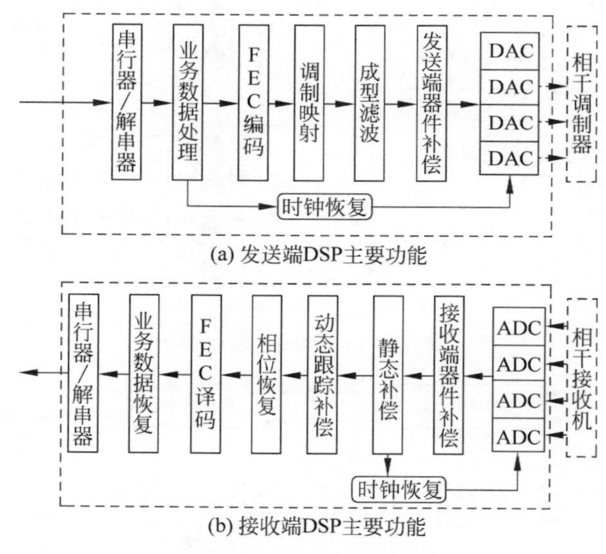

图 2-7　相干数字信号处理(DSP)原理

在发送端，DSP 首先通过串并转换器(Serializer/DeSerializer，SDS)将需要发送的数据码流进行恢复，然后将原数据码流中弱的前向纠错码替换为性能更优的模式，以提升传输距离,减少中继。之后数据码流映射为不同的调制格式,进行该映射的主要目的为通过映射复用降低对光口信号的波特率及器件的带宽要求,同时也可通过该映射更好地适配光传送系统的要求。进行映射后的符号进行脉冲成型及发送端器件非理想的补偿后就可以通过数模转换器(Digital to Analog Converter,DAC)发送至相干调制器。

在接收端,DSP 不仅需要处理接收端器件的非理想补偿,还需要对整个光系统中的损伤进行补偿,通常将损伤分为几乎非时变的静态损伤和随时间变化的动态损伤。静态损伤通常包含比如色散、光器件的滤波等,进行补偿时对补偿系数不需要实时跟踪和改变。动态损伤主要包括光纤中的一系列动态变化,比如偏振模色散、偏振态旋转等,需要算法进行实时跟踪并对补偿系数进行动态调节。由上面的描述可见,DSP 存在两个器件用于连接模拟和数字的两个界面,分别为与系统交接的串并转换器及与相干调制器/接收机交互的数模/模数转换器。

相干技术的演进及创新均围绕着光源技术、调制解调器件、调制解调技术、前向纠错编码及光系统损伤补偿技术开展。随着波长速率的不断提升,未来更多更先进和更复杂的光模块线路技术还会不断涌现,不断地提升和优化光模块的性能。

5. 新一代相干 oDSP 算法关键技术

当前 400Gb/s 或 600Gb/s 传输的最大限制在于距离,单从系统能力上看,已经十分接近香农极限了,如图 2-8 所示。但是,很多时候依然会有疑问:为什么在实验室测试的时候可以传输上千千米,结果到实际网络中变成了几百千米。是什么导致传输性能缩水?如何提高真实网络系统的传输性能是新一代相干 oDSP 算法的核心价值所在。

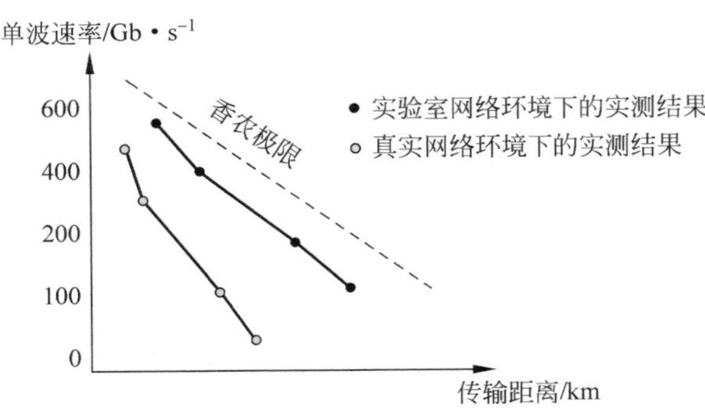

图 2-8　单波速率和传输距离的关系

通过研究可以发现，造成性能差异的主要原因是产品化器件性能差异和现实网络环境的差异。在实验室环境下可以采用性能最好、最可靠的器件，在最稳定的环境下进行测试，以得到非常接近于理论极限的结果。但在真实网络中，情况则与实验室环境完全不同。光纤质量不同、光纤内功率分布不同、放大器的噪声不同、滤波器的曲线也不同、光纤链路的环境温度不同、天气情况不同等，每一类的不完美因素都会给实际光网络系统引入一点代价，最终诸多来源不同的代价叠加导致整体系统性能劣化，缩减传输距离或者导致链路彻底失效。因此对于实际网络系统而言，如何消除这些现实网络中种类繁多的不完美因素，补偿其所带来的系统代价，对于实际的网络使用者来说，是一个更加现实和更加急迫的问题。为此，产生了新一代相干 oDSP 算法技术 CMS(Channel Matched Shaping，信道匹配整形)。

如图 2-9 所示，CMS 是指相干算法基于真实传输链路的情况对信号进行系统级的传输性能优化，以实现信号传输的容量和距离最大化的一种技术。

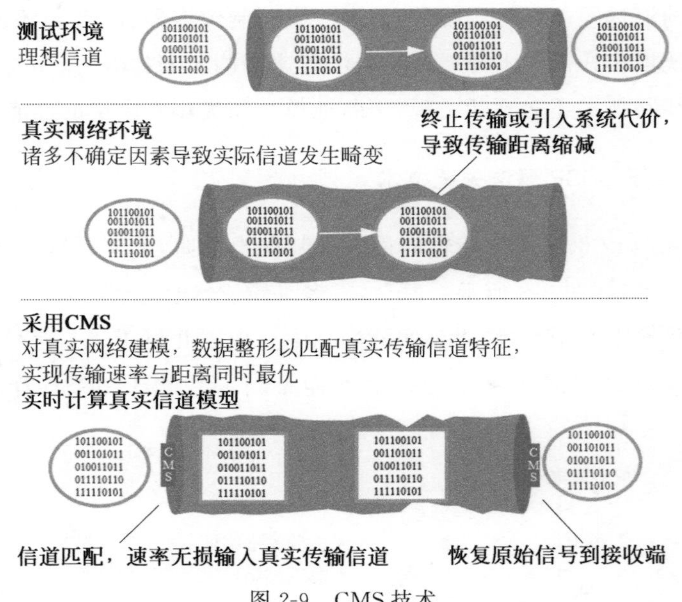

图 2-9　CMS 技术

CMS 技术首先通过检测真实信道的传输效果，获取信道损伤模型信息，然后一方面在发送端对光信号进行压缩、整形以匹配传输信道模型，另一方面在接收端对接收的光信号采取补偿、纠错进行数据恢复。其中所采用的整形、压缩、补偿、纠错算法均依据真实信道损伤模型，由内置算法实现自动优化设置，达到传输链路实时动态自我优化的效果。同时，CMS 通过快速迭代信道模型参数，提升信道模型的精确程度，实现更好的信道匹配效果。整个优化过程完全由 oDSP 芯片自动完成，无须人工干预。

具体来说，CMS 包含以下几项关键技术，用于应对来自 3 个维度的系统代价。

(1) 星座整形：降低系统噪声代价。

系统噪声代价主要由发射机、光放大器、驱动芯片等部件引入，难以精确测量，且会随着器件老化、光功率变化而实时改变。

解决方案在星座图上选取匹配信道模型的、更加优质的星座点来传输信号，尽可能避免使用受噪声影响大的星座点，以削弱噪声的影响。关键技术如图 2-10 所示。

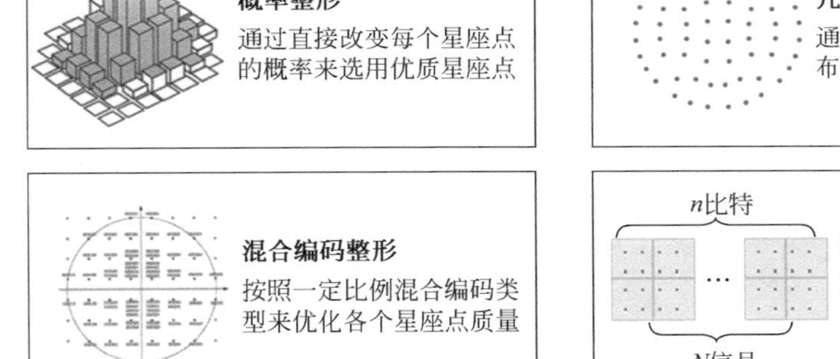
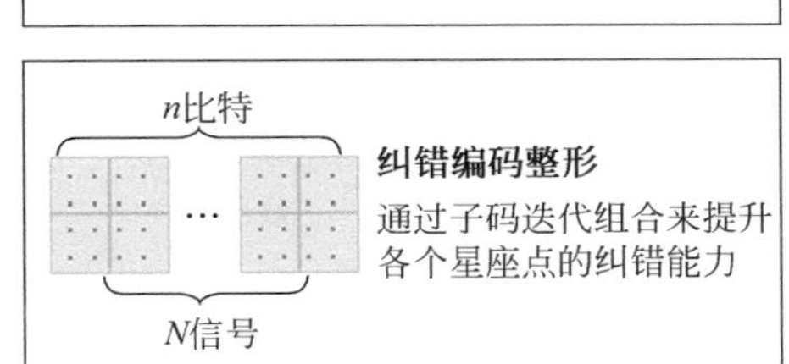

图 2-10　星座整形

(2) 频谱整形：降低信道带宽代价。

信道带宽代价是指传输信道中调制器、滤波器、模数转换器/数模转换器、接收机等器件的物理带宽受限导致信号畸变严重所带来的传输代价。

解决方案是通过多种频谱整形技术对信道带来的损伤进行匹配补偿，降低其影响。关键技术如图 2-11 所示。

(3) 动态损伤补偿：降低动态干扰代价。

真实网络中存在大量不确定因素，如光纤的晃动和碾压、器件的故障和老化、突发的恶劣天气等，这些意外会导致传输信道发生无法预知的剧烈畸变。

解决方案以动态损伤整形(Dynamic Distortion Shaping)为基础，算法实时匹配真实的传输信道，对信道变化做快速跟踪补偿，将动态干扰的代价做到最低，提升整体系统的可靠性。关键技术如图 2-12 所示。

预加重
在发送端对信道带宽曲线进行匹配和补偿，从而提高接收端接收到的信号质量

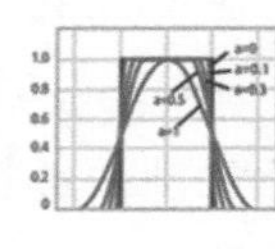

超奈奎斯特
最大幅度压缩信号，并通过FTN算法消除信号交叠干扰，避免性能代价

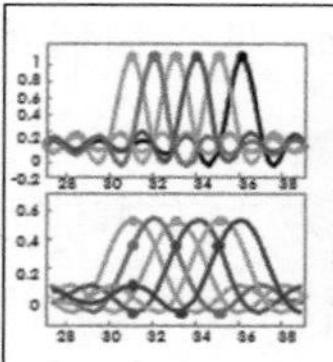

奈奎斯特整形
在收发端采用相互匹配的滤波器设计，降低信号传输的频谱需求，从而提高信道频谱效率

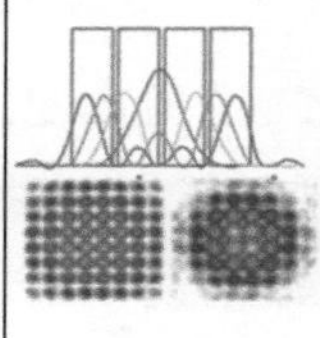

数字子波整形
根据信道频谱情况对信号频谱进行灵活分配，从而获得最大的信道容量、最好的频谱效率

图 2-11　频谱整形

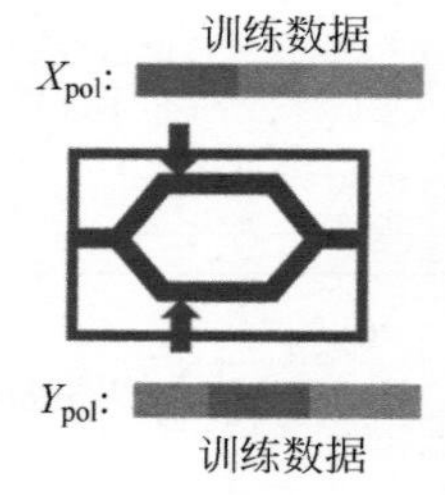

训练序列
对X路和Y路的训练数据进行快速跟踪恢复，识别动态链路损伤

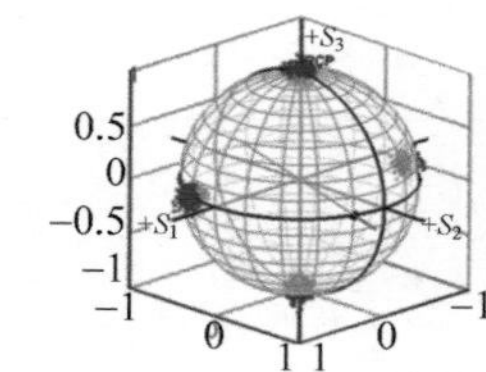

斯托克斯追踪
对信号的斯托克斯向量进行快速计算恢复，对各偏振态的信号进行时域混合编码

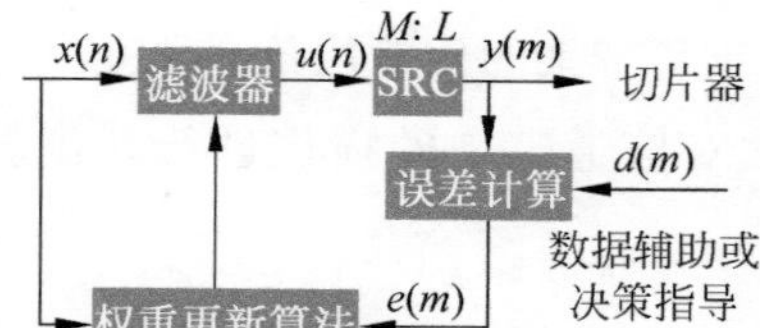

速率自适应
对均衡环路进行动态带宽调整，结合前后向的处理，降低环路延时，实现动态损伤的动态补偿

图 2-12　动态损伤补偿

CMS 通过多种技术组合相互补充，自动建立真实网络模型并实时优化，可以迅速调整到与真实信道匹配的最佳设置，解决了滤波代价、抗非线性等问题，传输距离提升70%以上，满足高速率光信号的传输距离需求。

6. 高速线路技术发展趋势

实现高速线路的主要技术方向有 3 个，如图 2-13 所示，一是采用更高波特率提升信号速率；二是采用更高阶的调制格式，实现更多幅度和相位的复用；三是增加子载波的数量来提升总线速率。

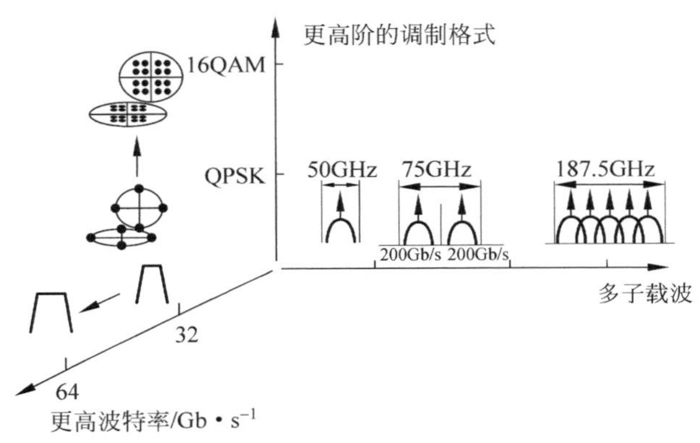

图 2-13 提高 WDM 系统线路速率的技术途径

1）提高信号的波特率

提升信号的波特率是提升线路速率最直接的方法，可以直接提高线路速率，并降低单位比特的传输成本。例如，目前业界主流的相干 100Gb/s 采用 PDM-QPSK 编码，其波特率为线路速率的 1/4。考虑到 FEC 开销，其波特率都在 30Gb/s 左右。如采用 60Gb/s 左右的波特率（实现方法是增加波分侧电信号的速率），则单载波 QPSK、16QAM 调制的信号速率可以分别提升到 200Gb/s、400Gb/s。

为了在工程实现上采用高波特率的同时不带来额外的传输性能降低，必须实现如下关键技术点，并突破相应的技术挑战。

（1）与高波特率相适配的、更高速的模数转换器（Analog to Digital Converter，ADC）/数模转换器（Digital to Analog Converter，DAC）技术。

（2）高波特率下的频谱压缩算法。

（3）光电器件窄带滤波补偿算法。

目前这些关键技术已经可以商用。此外，这些技术如何更进一步提升性能，仍然在持续探索中。

2）采用高阶调制格式

采用高阶调制格式，在产品上是依靠更先进的调制器实现的。采用高阶调制格式的一个好处在于无须提高信号的波特率即可提升频谱效率，从而提升信号的总承载速率。比如，采用32Gb/s的波特率，分别采用8QAM、16QAM和32QAM，则单个子载波可传输的业务净荷分别为150Gb/s、200Gb/s和250Gb/s。此时，由于光谱宽度大致相同，这些码型都可用于50GHz波长间隔系统的传输。表2-1给出了相同波特率下多种码型的特性对比，包括每符号点比特数、线路速率、星座图、OSNR要求、典型入纤光功率等。

表2-1　WDM系统相同波特率下调制格式的特性对比

类　别	PDM-QPSK	PDM-16QAM	PDM-64QAM
比特位率/符号	2×2	2×4	2×6
线路速率	100Gb/s或200Gb/s	200Gb/s或400Gb/s	400Gb/s或800Gb/s
星座图	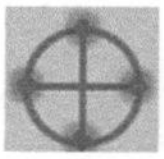	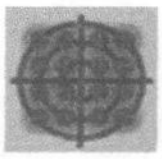	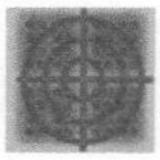
OSNR差异/dB	0	−4	−8
输出功率差/dB	0	−3	−5
OSNR代价/dB	0	−7	−13

虽然高阶调制可以显著提升系统的频谱效率，但由于受到香农极限的限制，高阶调制对接收OSNR有更高的要求，这意味着传输距离的下降。如考虑“背靠背OSNR要求”以及“入纤光功率”两方面的差异，16QAM的OSNR要求比QPSK要高7dB左右，这意味着16QAM的传输距离不到QPSK的1/4。同时，高阶调制在工程实现上需要突破以下关键技术和挑战。

(1) 实现高阶调制，必须采用结构和控制更复杂的新型多电平相位调制器。

(2) 高阶调制会带来OSNR容限和传输距离下降，需要更高效、更高净编码增益的FEC算法加以补偿。

(3) 高阶调制对相位噪声、光纤非线性更加敏感，因此oDSP芯片的相位噪声和非线性噪声的抑制、补偿算法更加重要。

(4) RxDSP的载波和时钟恢复是相干接收oDSP算法的关键，在高阶调制下实现载波和时钟恢复比QPSK具有更大的技术难度。

(5) 更高的速率、更复杂的算法意味着需要更高的运算量和更多点芯片逻辑门数量，需要更先进的(如28nm ASIC)工艺才能实现，并把芯片功耗控制在工程可接受的范围内。

3）多子载波

当前业界已经实现单波 100Gb/s、200Gb/s 的超长距传输。对于单波 400Gb/s，如果采用单载波 400Gb/s 的方案，实现路径是高波特率配合 16QAM/32QAM 等高阶调制，适合城域和中长距传输。单波 400Gb/s 如果要支持纯 EDFA 配置场景下 1600km 以上超长距传输，则不能单纯依赖高阶调制，需要使用更高的波特率才能提升 OSNR 容限，这需要在器件技术上取得新的突破。

从表 2-2 中可以看出，受香农极限的限制，系统容量（频谱效率）和传输距离是 400Gb/s 光传送最大的矛盾。单一解决方案无法保证不同场景下容量、距离和成本的最优，400Gb/s 需要不同的解决方案来满足不同应用场景的需求。

表 2-2　光传送解决方案比较

载波数/调制格式选择	典型工程传输距离[a]		系统容量[b]	应用场景
	EDFA	Raman+EDFA		
1×800Gb/s 16QAM	<90km	<110km	48Tb/s	城域短距、大容量数据中心互连
1×400Gb/s 16QAM	1520km	2880km	24Tb/s	中长距解决方案
1×200Gb/s QPSK	2720km	4400km	16Tb/s	长途干线解决方案

a：基于当前的传输能力，常规 G.652 光纤计算，每跨 80km，跨损 22dB。

b：6THz 总带宽，400Gb/s 或 800Gb/s 按 100GHz 通道间隔计算，200Gb/s 按 75GHz 通道间隔计算。

2.3　光层技术

2.3.1　频谱技术

OTN 系统以波分复用（WDM）技术为基础，波分复用技术是光纤通信中利用一根光纤同时传输多个不同波长的光载波的传输技术。光的波长不同，在光纤中的传输损耗就不同。为了尽可能减少损耗，保证传输效果，需要找寻到最为适合传输的波长。如图 2-14 所示，经过长时间摸索和测试，1260～1625nm 波长范围的光，由色散导致的信号失真最小，损耗最低，最适合在光纤中传输。

光纤可能应用的波长划分为若干个波段，每个波段用作一个独立的通道传输一种

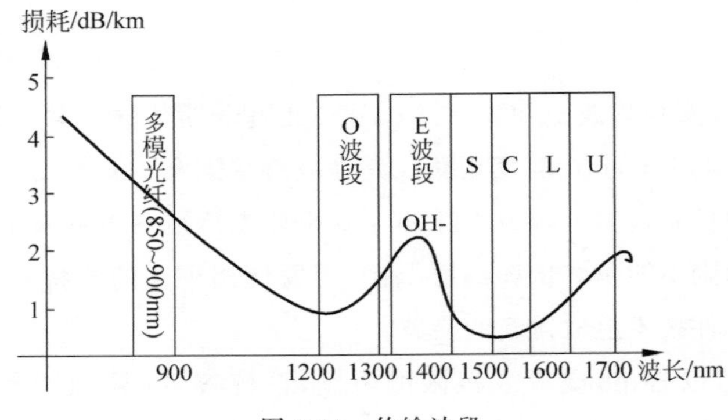

图 2-14 传输波段

预定波长的光信号，ITU-T 将单模光纤在 1260nm 以上的频带划分为 O、E、S、C、L 几个波段，如表 2-3 所示。

表 2-3 波段

波　　段	描　　述	波长范围/nm	谱宽/nm
O 波段	原始	1260～1360	100
E 波段	扩展	1360～1460	100
S 波段	短波段	1460～1530	70
C 波段	传统波段	1530～1565	35
L 波段	长波段	1565～1625	60

O 波段是原始波段 1260～1360nm。O 波段是历史上用于光通信的第一个波长波段，信号失真(由于色散)最小。

E 波段(扩展波长波段：1360～1460nm)是这几个波段中最不常见的波段。早期的时候，因为工艺限制，光纤玻璃纤维中经常残留有水(OH 基)杂质，导致 E 波段的衰减最高，无法正常使用。后来，发明了玻璃制作过程中的脱水技术，E 波段中最常用的光纤(ITU-T G. 652. D)的衰减变得比 O 波段低，这类光纤也被称为低水峰光纤或无水峰光纤。然而，由于在 2000 年之前安装的许多现有光纤光缆在 E 波段都显示出高衰减，因此，E 波段在光通信中仍有一些使用方面的限制。

S 波段(Short-wavelength Band)(短波波段：1460～1530nm)中的光纤损耗比 O 波段的损耗低，S 波段作为许多 PON(无源光网络)系统使用。

C 波段(Conventional Band)范围为 1530～1565nm，代表的是常规波段。光纤在 C 波段中表现出最低的损耗，在长距离传输系统中占有较大的优势，通常会在与 WDM 结合的许多城域、长途、超长途和海底光传送系统中使用 EDFA 技术。随着 DWDM

(密集波分复用)的出现,C 波段的容量进一步提升,变得越来越重要。

L 波段(Long-wavelength Band)(长波段：1565～1625nm)是第二低损耗的波长波段,常常在 C 波段不足以满足带宽需求时被使用。随着针对 L 波段新掺杂方案光纤放大器的应用,DWDM 系统向上扩展到了 L 波段,最初常被用于扩展地面 DWDM 光网络的容量。现在,它已被引入海底光传送系统,提升系统总容量。

因为 C 波段和 L 波段这两个传输窗口的传输衰减损耗最小,所以 DWDM 系统中信号光通常选择在 C 波段和 L 波段。

新兴的业务网络,如 5G、云计算、VR、超高清视频等,使网络业务流量不断增长,对传送网络的传输速率、传输性能提出了更高的要求。单波速率与性能提升,需要消耗更多光纤频谱资源,而实际的光纤部署缓慢,利用现有光纤资源,扩大光纤的使用频谱以提高单纤容量是解决网络流量逐年增长的最有效途径。

从 2000 年开始,DWDM 系统大量成熟商用。如图 2-15 所示,每对光纤传输 80 个 50GHz 间隔的波长一直是长期以来的历史标准。此后,行业利用扩展的 C 波段将每对光纤传输的波长增加至 96 个 50GHz 间隔波长,通常称为扩展 C 波段。扩展 C 波段与传统的 C 波段传输 80 个波长相比,最多可支持 96 个波长,从而使每对光纤的带宽提高了 20%。例如,波长为 100Gb/s 时,传输带宽从 8Tb/s 增加到 9.6Tb/s。扩展的 C 波段运行利用了传统的 C 波段光线路系统,从而以最小的线路系统增量成本实现了带宽提升。

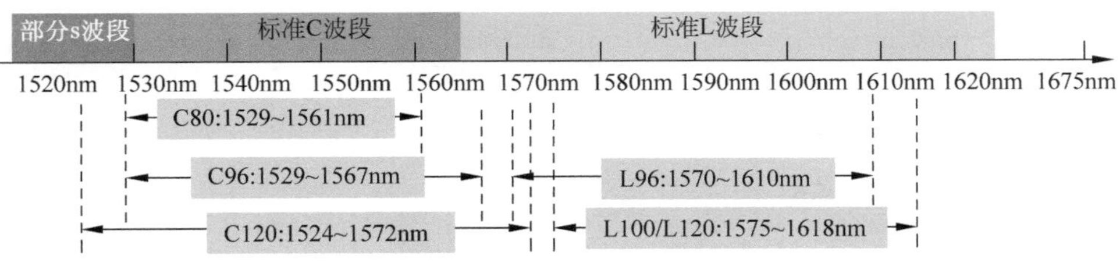

图 2-15　DWDM 系统频谱定义

随着带宽需求的不断增长和频谱技术的不断发展成熟,大约从 2016 年开始,人们在扩展 C 波段(96 个波长)的基础上进一步拓展了波分系统的光谱,实现了 120 个 50GHz 间隔波长的传输,通常称之为 Super C 波段,与扩展 C 波段传输 96 个波长相比,Super C 波段最多可支持 120 个波长,又使得每对光纤的带宽提高了 25%。例如,波长为 100Gb/s 时,传输带宽从 9.6Tb/s 增加到 12Tb/s。同样,Super C 波段也利用了扩展 C 波段光线路系统,在扩展 C 波段频谱技术的基础上进行改进和增强,从而以最小的线路系统增量成本实现了带宽提升。

随着单波 400Gb/s 超长距离传输技术的进一步发展，单波 400Gb/s 的频谱带宽需求达到了 150GHz，为进一步提升单纤系统容量，单波 400Gb/s 的传输对频谱资源的需求日渐迫切，因此，波分系统演进的下一步将是 Super C+L 波段。根据支持的波长数量，L 波段通常可以分为标准 L 波段和 Super L 波段。标准 L 波段支持 96 个 50GHz 频谱波长，Super L 波段需要支持大于 96 个 50GHz 频谱波长。

2.3.2 光调度技术

以 5G、4K/8K 视频、大数据、移动互联网等为代表的数据业务爆发式增长，推动着电信运营商进入划时代的转型阶段，纷纷构建 IP/MPLS Over OTN/WDM 的大容量、多业务承载网络。新型的电信业务与传统电信业务相比，具有更高的动态特性和不可预测性。作为基础承载网络的光网络需要提供更高的灵活性和智能化功能，以便在网络拓扑及业务分布发生变化时能够快速响应，实现业务的灵活调度。目前电交换矩阵在速度上受限于器件、工艺以及功耗要求，电交叉矩阵的扩展性与未来节点容量需求将存在较大差异，而光层交叉调度在功耗、成本和容量上都存在较大的优势。因此，为了满足 IP 网和网络运维等方面的需求，光传送网的建设已逐渐采用一种以可重构光分插复用设备为代表的光层灵活组网技术，从简单的点对点网过渡到环网和多环相交拓扑网，最终实现网状网，如图 2-16 所示。

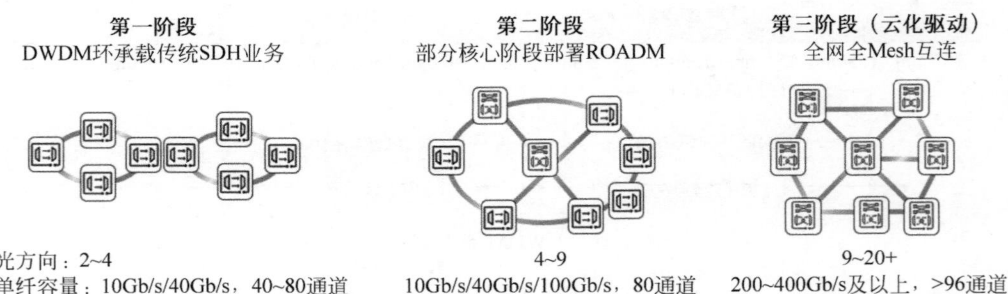

图 2-16 光层调度技术

随着网络拓扑架构的演进和发展，光层交叉调度主要经历了 3 个阶段，以 TFF、AWG 技术为代表的 FOADM，以 WSS 技术为代表的 ROADM 和以光背板技术为代表的超大容量全光交叉 OXC。

FOADM，即静态光分插复用器，是指上路和下路固定波长的合分波复用，不能动态地随意调整波长设定。根据实现的光器件技术划分为基于 TFF 技术的 FOADM 和基于波导阵列光栅(Arrayed Waveguide Grating,AWG)技术的 FOADM。基于 TFF 技术的 FOADM 通常支持少数波长端口(≤8)上下波,通过单板/模块级联可以实现 16 波上下,其他的波长穿通。基于 AWG 技术的 FOADM 支持全波长上下或者穿通,通过跳接可以任意组合上下波和穿通波,如图 2-17 所示。

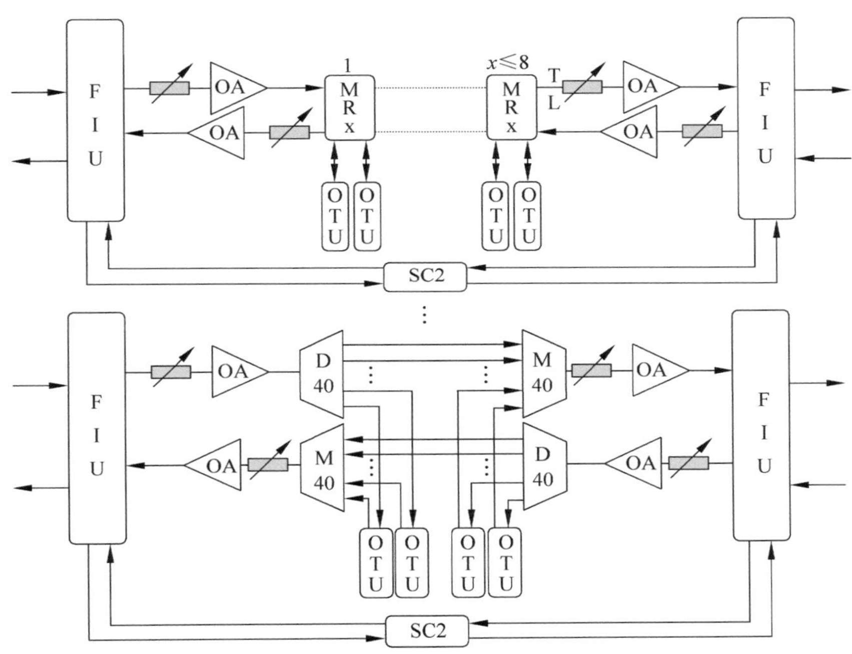

图 2-17 基于 TFF 技术的 FOADM 站点和基于 AWG 技术的 FOADM 站点

ROADM 基于 WSS 技术,可实现波长级别的光交叉调度,通过波长无关、方向无关、冲突无关等多种 ROADM 站点架构的应用组合,满足不同网络的应用需求。

1. 波长无关——Colorless ROADM

如图 2-18 所示,Colorless 特性是指站点内同一上下路端口可以任意选择重构为不同波长。

上下波长具备 Colorless 特性的好处主要有两方面。一是本地上下的业务在进行波长变换时不需要现场的人工干预,这可以为波长交换光网络(WSON)的路由和波长分配技术提供物理实现。任意波长能分配到上下波站点的任意端口,完全由软件控制,无须技术人员在站点操作。二是降低了 Mesh 组网多维节点中同一方向业务的规划难度。一个需要业务多维调度的节点可配置背靠背的OTU，通过端口波长可调，实现多维节点的业务调度。

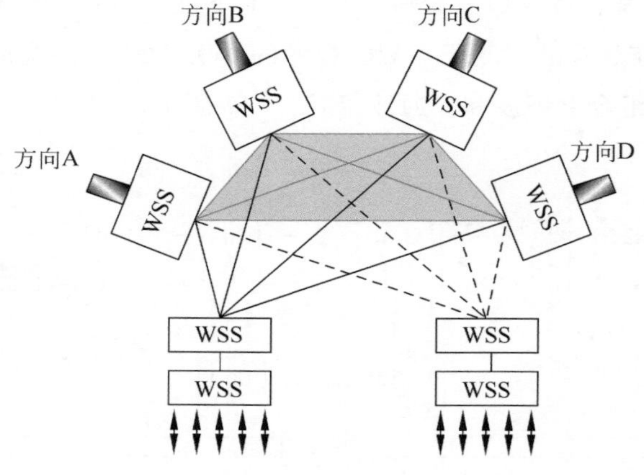

图 2-18　Colorless ROADM

2．方向无关——Directionless ROADM

如图 2-19 所示，Directionless 特性是指站点内同一上下路端口可以重构到不同线路光方向。

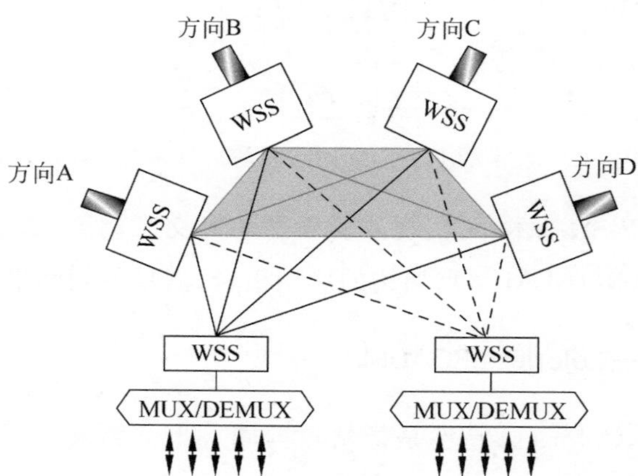

图 2-19　Directionless ROADM

ROADM 站点的上下路具备了 Directionless 特性的好处主要有两个方面：一是本地上下的业务在不同线路光方向之间切换时不需要现场的人工干预，这可以为 ASON 的保护恢复功能提供物理实现；二是降低了节点不同光方向业务的规划难度。

3. 波长冲突无关——Contentionless ROADM

如图 2-20 所示，Contentionless 特性是指站点内不同上下路端口在重构到不同方向的相同波长时没有限制。

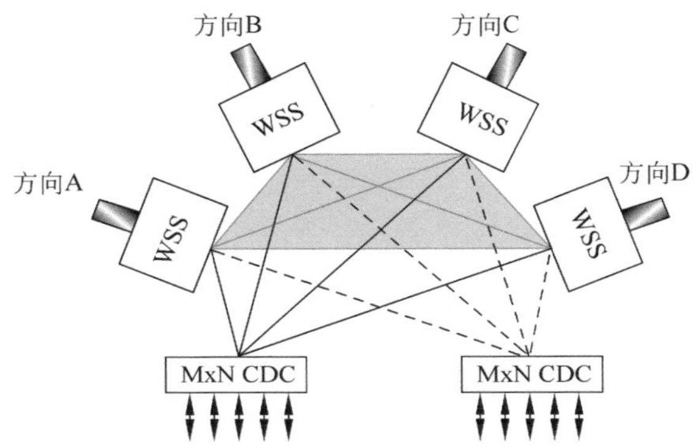

图 2-20　Contentionless ROADM

ROADM 站点的上下路具备了 Contentionless 特性的可以提高全网规划的灵活性，不同方向的同一波长可以在本站点灵活地上下路。Mesh 组网的多维节点中有了 Contentionless 特性后，就可以使上下波长无阻塞，来自不同方向的相同波长在同一个节点上下无冲突。

光层 ROADM 调度网络，一般是同时使用 Colorless 和 Directionless，即 CD 组网。使用 Contentionless 时，会同时使用 Colorless 和 Directionless，即 CDC 组网。

相对于 FOADM，ROADM 具有以下应用优势。

(1) 在无人工现场调配的情况下，ROADM 可实现远程对波长的上下路及直通配置，增加了网络的弹性，简化了网络规划难度。

(2) ROADM 易于实现组播/广播功能，适合视频/VR 等新型业务的开展。

(3) ROADM 设备的灵活性可以充分满足数据业务的动态需求，易于实现网络升级扩展，随业务发展逐年增加投资。

(4) 通过 ROADM 节点的重构能力极大地提升工作效率及对客户新需求的反应速度，大大缩短业务开通时间，同时有效地降低运营和维护成本。

(5) ROADM 网络结合 ASON/GMPLS 控制平面，支持多种网络保护/恢复，大幅提高网络可靠性。

(6) 统一网络管理平台，支持光功率的自动管理和端到端的波长管理。

4. 全光交叉 OXC

超大容量全光交叉 OXC 是在 ROADM 方案基础上的一种高维度和高集成设备，其波长调度的功能和 ROADM 是一样的，但在支持的维度数和维度间互连方式上进行了提升和优化。可支持的维度数提升至 32 维，未来还会向 48 维、64 维以及光集群发展和演进。维度间互连方式由光纤跳线直连优化为光背板互连，无须人工连接，做到即插即用，如图 2-21 所示。

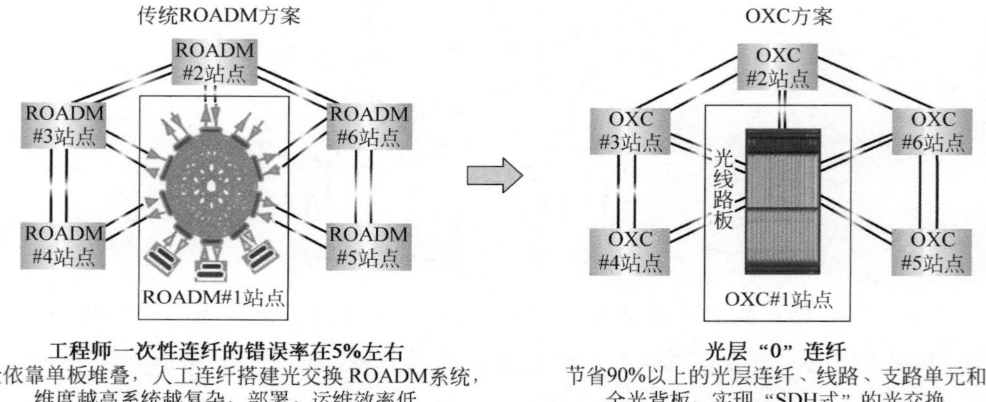

图 2-21　全光交叉 OXC

超大容量全光交叉 OXC 相对于传统 ROADM 在维护性、集成度、维度、管理和应用等方面得到了提升，具体表现在以下几点。

(1) 可扩展性和可维护性更好：光交叉线路维度的扩展导致内部连纤数量指数级增长，人工连纤成本及错连率剧增。通过采用 WSS＋光背板新型超大容量全光交叉节点结构，满足大容量调度节点的简化运维要求，可实现面向更大容量、超高速系统的平滑演进。

(2) 集成度和能耗更优：采用超大容量全光交叉技术的节点比传统 ROADM 节点在空间上可节省 50％～75％，光纤连接数量下降＞90％，功耗可下降 20％～40％，单子架支线路间、线路维度间实现零人工连纤，可应对骨干机房高维度应用的挑战，且有效节省了机房空间、降低了机房能耗。另外，全光交叉技术通过多种方式[例如，把原有光放、WSS、OSC 等分离的板卡按一个维度一个单元（One Direction One Unit，1D1U）方式集成在一块板卡中]提供更高集成度并进一步降低功耗。

(3) 交叉容量和调度维度更大：超大容量全光交叉 OXC 通过采用 WSS＋光背板

的新型节点结构，并伴随 WSS 器件维度增加(20 维或 32 维及以上)，使其线路可调度维度和交叉容量显著增加，也具有更好的维度可扩展的能力。

(4) 管理优势更明显：区别于传统 ROADM，超大容量全光交叉 OXC 由于其更优的集成度、更好的维护性，在管理方面体现出更多优势——可以实现波长级的路径可视功能，完成光物理路径、光波长、光功率、OSNR 以及其他信息等的在线检测；还可以用于波长信息资源的快速识别、波长路由可视和错误排查、闲置波长回收、波长全面梳理、基于波长统计的业务规划等应用场景。

新型业务需求、交叉技术革新、能耗和集成度等多种因素推动超大容量全光交叉 OXC 技术逐步发展和应用，是未来光交叉技术的主要发展趋势。

2.3.3　光放技术

光放大器是光纤通信系统中能对光信号进行放大的一种子系统。光放大器能够在光域上直接提升信号功率，它的产生给光通信带来了一场革命。在光放大器诞生之前，信号通过 O/E/O 中继再生来完成长距离传输，大量的电中继带来了可靠性、可维护性等方面的问题，且大幅增加了网络成本。光放大器让波分系统从这一困局中解脱出来，通过提高信号发射功率和补偿传输中的功率损失而延长无电中继的传输距离，从而简化系统架构，降低系统成本。

通信系统中使用的光放大器有多种类型，如掺铒光纤放大器、半导体光放大器、受激拉曼散射放大器等，根据工作原理可以分为受激辐射光放大器和受激散射光放大器。掺铒光纤放大器和半导体光放大器(Semiconductor Optical Amplifier，SOA)属于受激辐射光放大器；受激拉曼光纤放大器(Fiber Raman Amplifier，FRA)和受激布里渊光纤放大器(Fibre-Brillouin-Amplifier，FBA)属于受激散射光放大器。目前 WDM 系统中主流应用的是 EDFA 光放大器，少量场景使用受激拉曼光纤放大器。

掺铒光纤放大器是 1985 年首先由英国南安普敦大学研制成功的光纤放大器，是光纤通信中最重要的发明之一。如图 2-22 所示，EDFA 的工作原理是在光纤纤芯中掺入了少量的稀土元素三价铒(Er)离子。在泵浦源的作用下，在掺铒光纤中出现了粒子数反转分布，产生了受激辐射，从而使光信号得到放大。由于 EDFA 具有细长的纤形结构，使得有源区的能量密度很高，光和物质的作用区很长，这样可以降低对泵浦源功率的要求。

EDFA 通常由 5 部分组成：掺铒光纤(Erbium-Doped Fiber，EDF)、泵浦激光器(PUMP-LD)、光无源器件(光隔离器，光耦合器，光滤波器)，控制/监控单元和通信接口,如图 2-23 所示。

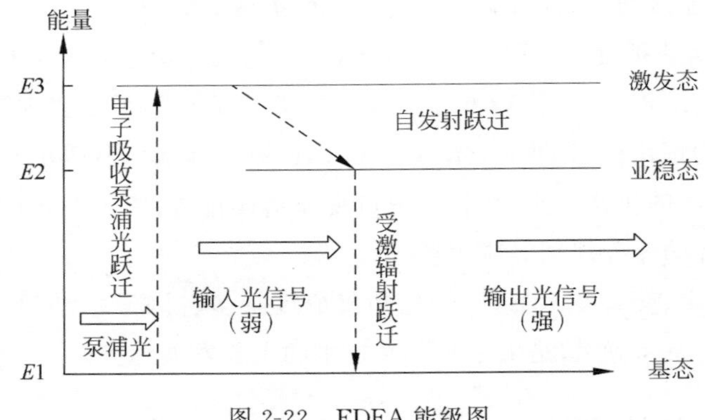

图 2-22　EDFA 能级图

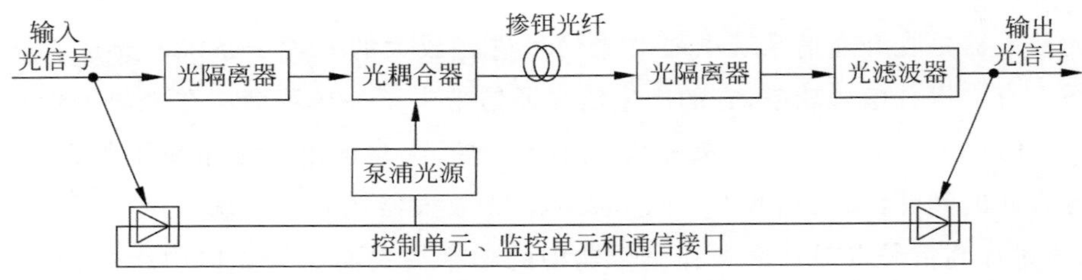

图 2-23　EDFA 基本结构

光纤拉曼放大器是基于受激拉曼散射机制的光放大器,利用受激拉曼散射(Stimulated Raman Scattering,SRS)原理进行光放大,SRS 是电磁场与介质相互作用的结果。一个弱信号与一个强泵浦光波同时在光纤中传输,并使弱信号波长置于泵浦光的拉曼增益带宽内,弱信号光即可得到放大,如图 2-24 所示。

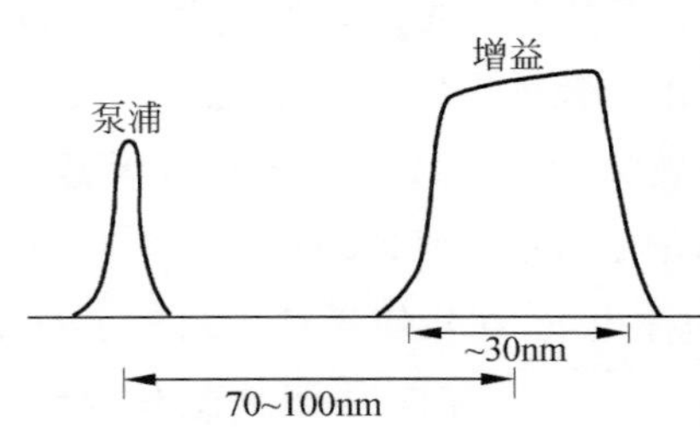

图 2-24　光纤拉曼放大器增益示意图

拉曼放大器具有低噪声、大带宽、分布式放大等优点,但增益较小(只有几 dB 到十几 dB),实际应用中通常和普通的 EDFA 光放一起组合使用,以提升大跨段场景光信号的 OSNR。与 EDFA 的增益介质 EDF 内置在光放模块内部不同,分布式拉曼放大器需要利用传输光纤作为增益介质,因此光纤质量和接头情况对拉曼系统至关重要。在选用传输光纤时,要求接头附加损耗尤其是靠近拉曼放大器端的附加损耗要小。拉曼的泵浦功率很高(＞2W),远大于 500mW 光功率等级的 CLASS4,因此拉曼放大器的工程开局相比普通 EDFA 单板开局需要增加连接端面和光纤质量的检查，以及光功率安全方面的措施确认，如在拔光纤头的时候，一定要在确定激光器关闭后才能拔出，以防强激光泄漏造成人体伤害。

光放大器是 WDM 系统中重要的构成部分，其性能直接影响着 WDM 系统的传输能力。由于超高速率、大容量、长距离光纤通信系统的发展，对作为光纤通信领域的关键器件——光纤放大器在功率、带宽和增益平坦方面提出了新的要求，因此，在未来的光纤通信网络中，光纤放大器的发展方向主要有以下几方面。

(1) 超低噪声特性的 EDFA。

(2) 宽频谱、大功率的光纤拉曼放大器。

(3) 将局部平坦的 EDFA 与光纤拉曼放大器进行串联使用，以获得超宽带的平坦增益放大器。

(4) 发展应变补偿的无偏振、单片集成、光横向连接的半导体光放大器光开关。

(5) 研发具有动态增益平坦技术的光纤放大器。

(6) 小型化、集成化光纤放大器。

(7) EDFA 从 C 波段向 L 波段发展。

2.4　电层技术

2.4.1　早期 OTN 技术标准

20 世纪 90 年代，随着 SDH 技术的广泛应用、光器件技术能力的提高、单根光纤中传送多波长技术的发展，以及业务带宽的持续增长等的多方促进下，诞生了 OTN 技术，由标准化组织 ITU-T 组织研究并制定的第一个版本的 OTN 标准建议在 2001 年推出。

最初的 OTN 技术是一种数字包封技术，主要解决 SDH 业务的大带宽、长距离的承载，可以认为是 SDH 网络到 WDM 网络的一个适配。终端业务主要是先通过 SDH 承载以后，再将 SDH 承载到 OTN 上。

初期的 OTN 定义了增强的 FEC 能力，使其适合 WDM 系统的传输；定义了级联监视能力，大大增强了业务端到端的管理能力，可以使得 OTN 链路穿越不同的运营商或者同一运营商的不同管理域都可以进行性能监视；定义了时钟透明传输能力，支持业务间时钟独立传输，不会相互影响，可以提供多个 SDH 时钟域承载在一个 OTN 网络上，使得不同 SDH 域之间的时钟同步可以解耦，互不影响。

如图 2-25 所示为 OTN 的基本帧结构，是 4 行 4080 列组成的块状帧结构。其中，前 16 列为帧同步、开销处理监视区域，提供丰富的业务监视功能；后 256 列为 FEC 区域，用于放置前向纠错编码校验区域，通过冗余编码，增加传输链路的容错能力，从而提升链路的传输距离。中间区域为承载用户数据。

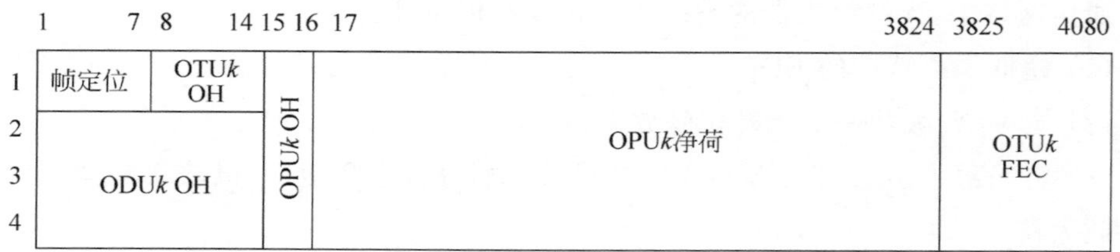

图 2-25　OTN 帧结构

OTN 帧结构中定义了丰富的开销，除了和客户信号映射相关的 OPU*k* OH 区域外，还定义了包含 6 层 TCM 处理的 ODU*k* 开销，以实现跨域的网络监视能力，也定义了 OTU*k* 的开销用于监视一对光模块间的跨段，如图 2-26 所示。

<table>
<tr><th></th><th>1</th><th>2</th><th>3</th><th>4</th><th>5</th><th>6</th><th>7</th><th>8</th><th>9</th><th>10</th><th>11</th><th>12</th><th>13</th><th>14</th><th>15</th><th>16</th></tr>
<tr><td>1</td><td colspan="7">FAS</td><td colspan="7">OTUk开销</td><td colspan="2" rowspan="4">OPUk开销</td></tr>
<tr><td>2</td><td colspan="3">RES</td><td>TCM ACT</td><td colspan="3">TCM6</td><td colspan="3">TCM5</td><td colspan="3">TCM4</td><td>FTFL</td></tr>
<tr><td>3</td><td colspan="3">TCM3</td><td colspan="3">TCM2</td><td colspan="3">TCM1</td><td colspan="3">PM</td><td colspan="2">EXP</td></tr>
<tr><td>4</td><td colspan="2">GCC1</td><td colspan="2">GCC2</td><td colspan="4">APS/PCC</td><td colspan="6">RES</td></tr>
</table>

图 2-26　丰富的开销定义

在如图 2-27 所示的 TCM 示例中，可以将网络端到端划分成不同的管理域，这些管理域可以对应不同的运营商，实现不同运营主体之间的维护边界。

OTN 标准的第一版定义了 OTU1、OTU2、OTU3，分别对应于 STM-16(2.5Gb/s)、STM-64(10Gb/s)、STM-256(40Gb/s)的承载，客户信号 STM-*N*(*N*＝16、64、256)。

OTN 的不同链路速率的帧结构是相同的，不同的链路速率通过不同的帧速率提供，OTU1 的帧频约为 20.420kHz，OTU2 的帧频约为 82.025kHz，OTU3 的帧频约为 329.492kHz。不像 SDH，不同的链路速率通过多个 8kHz 的基本帧字节间插方式获得，STM-1 的帧结构为 9 行 270 列，STM-4 的帧结构为 9 行 1080 列，以此类推。

第一版 OTN 标准复用映射结构如图 2-28 所示。

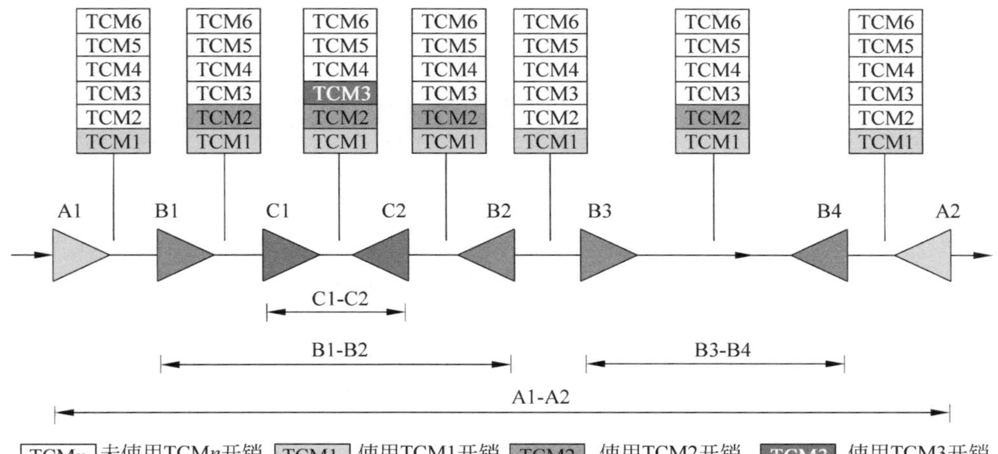

图 2-27　多层 TCM 的嵌套和堆叠监视示例

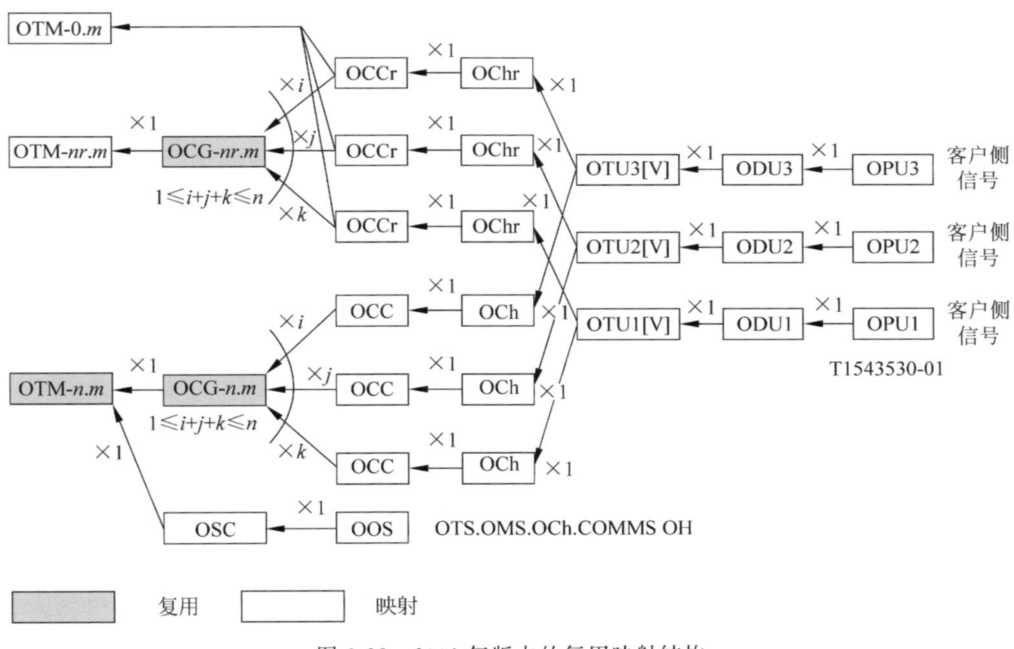

图 2-28　2001 年版本的复用映射结构

由于业务是先承载到 SDH 上，小粒度的业务调度由 SDH 设备完成，OTN 设备只定义波长级的交叉调度，对于电层来说，仅仅是一种接口技术，用于点到点的传输应用，TCM 可以用于监视多段电中继场景。

如图 2-29 所示，2003 年版本与第一版相比，增加了低速 ODU 到高速 ODU 复接的能力，提升了波长的带宽利用率，支持多个低速 ODUj 业务复接到一个 ODUk 传输，各个 ODUj 时钟相互独立地透明传输。复接功能不但节省了波长资源，客观上也驱动了低阶 ODU 网络级调度的需求，基于此标准的电层设备的形态仍然以 Transponder 和 Muxponder 为主，实现灰光到彩光的转换以及低速 ODUj 到高速 ODUk 的复接转换。由于 OTN 复接体系是异步的，不同级别的光通道数据支路单元(Optical Channel Data Tributary Unit，ODTU)的速率也不是整数倍的关系，给 ODU 在设备内实现调度功能带来了困难，这一时期只有少量设备可以支持有限的低阶 ODU 的调度能力，可以认为是 OTN 由接口技术向网络技术转变的萌芽期。

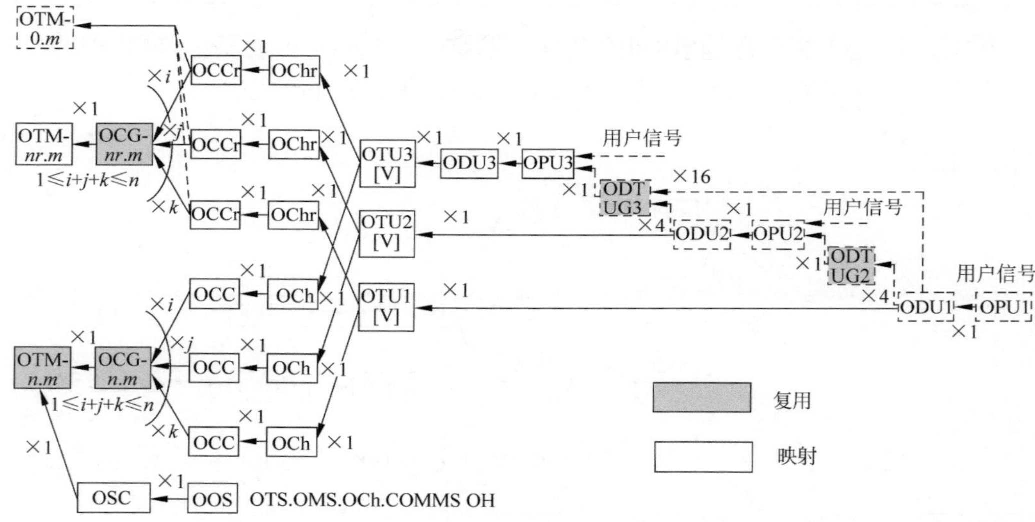

图 2-29　2003 年版本的复用映射结构

早期标准只定义了两种客户业务映射方式，即比特同步映射过程(Bit-synchronous Mapping Procedure，BMP)和异步映射过程(Asynchronous Mapping Procedure，AMP)方式映射到对应的光通道净荷单元(Optical Payload Unit，OPU)容器中。

如图 2-30 所示，客户业务映射处理包括同步映射处理和异步映射处理，处理方式由第 16 列的 JC 开销的多数判决结果来指示，同步映射要求 OTN 容器生成的时钟跟踪客户业务的时钟(和客户业务时钟是固定的比例关系)，在这种映射方式中，NJO(负调整机会)字节始终空闲，PJO(正调整机会)字节始终承载客户业务数据，此时 JC bit 始终为 2'b00。异步映射处理不要求 OTN 帧速率和客户业务同步，但有一个频偏范围(约±45ppm)，不同 OTUk 的频偏范围有少许差异。在异步映射处理中，当 JC=2'b00 时，

NJO 空闲，PJO 为客户业务数据；当 JC＝2'b01 时，NJO 和 PJO 都承载客户业务数据；当 JC＝2'b11 时，NJO 和 PJO 均空闲。通过 JC 的多种组合，实现客户业务数据速率和 OTUk 时钟的不同频偏差异的异步映射。由于异步映射支持的客户业务和容器间的频率偏差很小，因此，需要将容器中添加一定数量的填充位置，将容器和客户业务的频偏差异控制在 NJO、PJO 可调整的频偏范围内，不同的容器填充方式也不同。如图 2-31 和图 2-32 所示的 STM-64 到 OPU2 的映射和 STM-256 到 OPU3 的映射，填充后的格式是不同的。

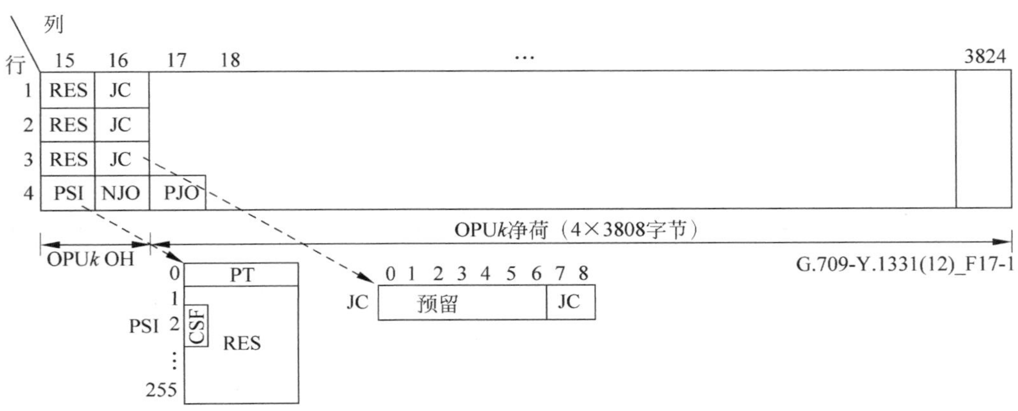

图 2-30　客户业务映射处理

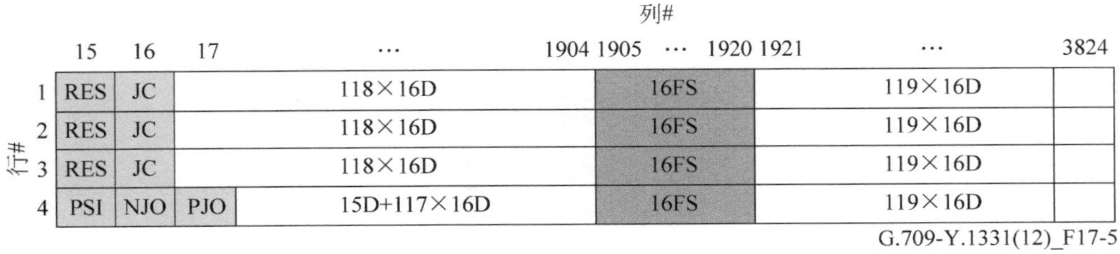

列#

行#	15	16	17 … 1904		1905 … 1920	1921 …	3824
1	RES	JC	118×16D		16FS	119×16D	
2	RES	JC	118×16D		16FS	119×16D	
3	RES	JC	118×16D		16FS	119×16D	
4	PSI	NJO	PJO	15D+117×16D	16FS	119×16D	

G.709-Y.1331(12)_F17-5

图 2-31　STM-64 到 OPU2 有一个 16 列的填充

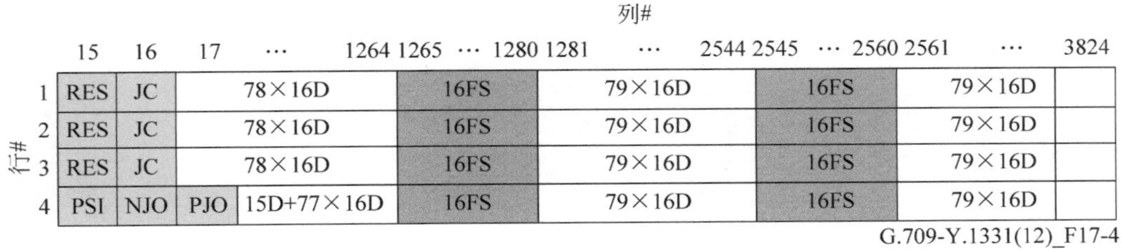

列#

行#	15	16	17 … 1264		1265 … 1280	1281 … 2544	2545 … 2560	2561 …	3824
1	RES	JC	78×16D		16FS	79×16D	16FS	79×16D	
2	RES	JC	78×16D		16FS	79×16D	16FS	79×16D	
3	RES	JC	78×16D		16FS	79×16D	16FS	79×16D	
4	PSI	NJO	PJO	15D+77×16D	16FS	79×16D	16FS	79×16D	

G.709-Y.1331(12)_F17-4

图 2-32　STM-256 到 OPU3 有两个 16 列的填充

除了客户业务到 OPUk 的映射有同步映射和异步映射，低级的 ODUj 到高阶的 ODUk 映射也使用了异步映射。

如图 2-33 所示，由于要承载 4 个支路信号，并且每个支路信号都需要正负调整开销指示和负调整机会，实现上采用对高阶进行 4 个复帧划分的方式处理，第一个帧的 POH 开销信号分配给第一个支路时隙信号，第二个帧的 POH 开销分配给第二个支路时隙信号，一直到第四个帧的 POH 开销分配给第四个支路时隙信号。到第五帧又将

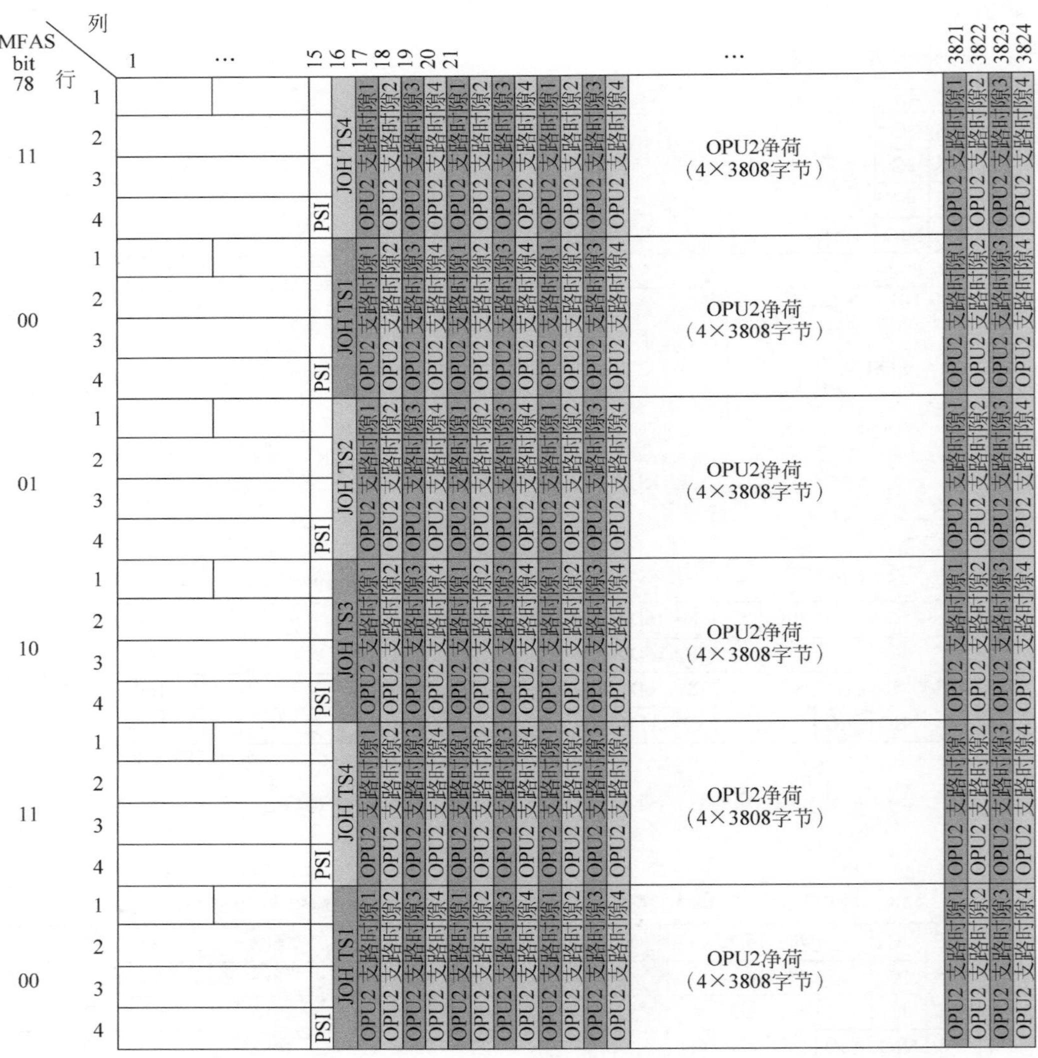

图 2-33　OPU2 的 2.5Gb/s 支路时隙分配

该帧的 POH 信号分配给第一个支路时隙信号，循环往复，4 帧循环的边界由 MFAS 开销的低 2b 指示。

如图 2-34 所示，OPU3 分成 16 个 2.5Gb/s 的时隙，时隙位置和 POH 开销的分配方式与 OPU2 类似，16 复帧循环的边界由 MFAS 开销的低 4b 指示。

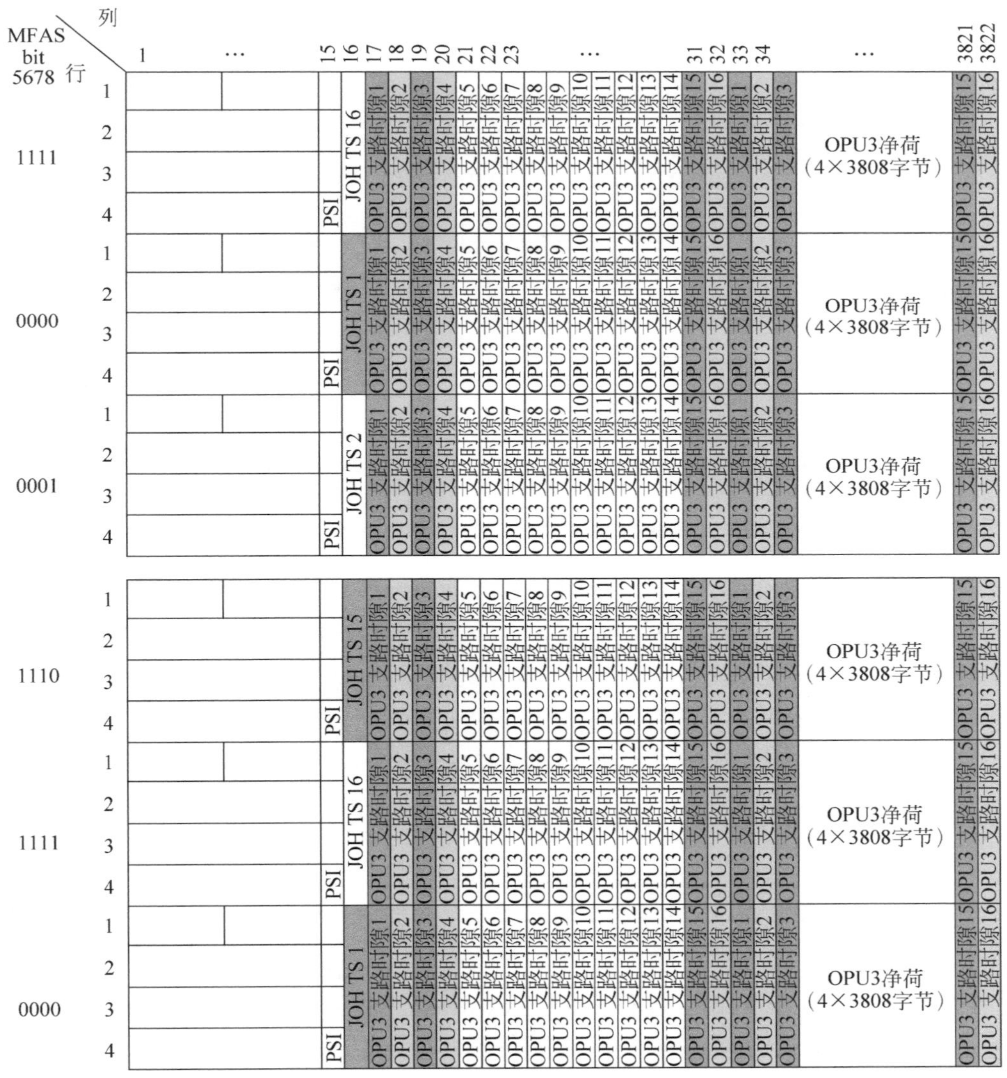

图 2-34　OPU3 的 2.5Gb/s 支路时隙分配

如图 2-35 所示，PJO 字节为 2 字节，原因是 OPU2 或 OPU3 的容器速率比 2.5Gb/s 低阶业务的带宽略大，需要增加正调整机会。

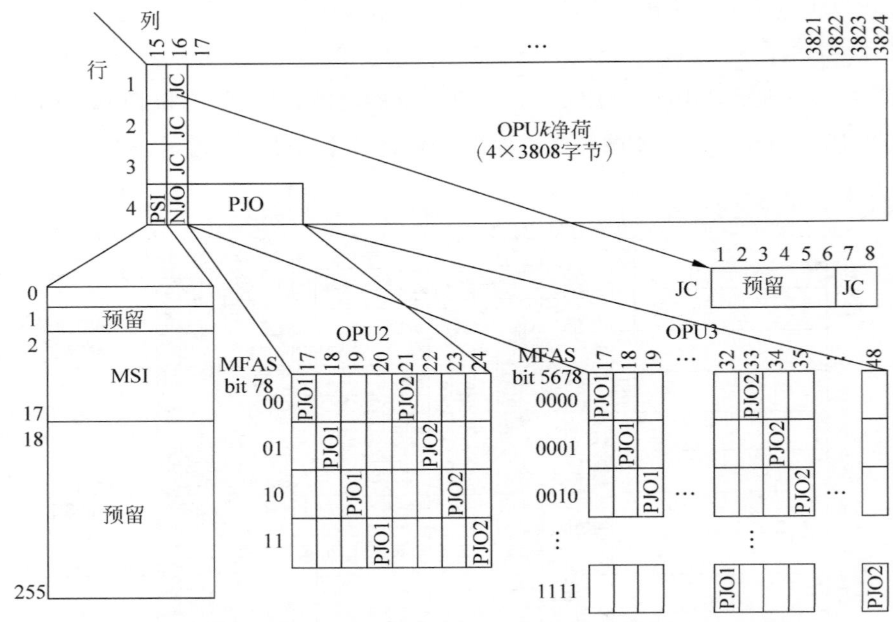

图 2-35　OPU2 和 OPU3 的 2.5Gb/s 支路时隙异步映射开销分布

可以看出,异步映射的速率调整范围较小,需要相对复杂的帧结构划分。

早期的 OTN 标准还定义了 ATM 信元和数据包经过 GFP 封装后到 OPU 的映射方式。ATM 信元的映射方式随着 ATM 的没落几乎没有应用。而数据包经过 GFP 封装后映射到 OPU 中承载,可以满足一部分的应用,但由于 OTN 容器只有 2.5Gb/s、10Gb/s、40Gb/s 几种,应用起来还是很不方便。

随着 IP 化的发展,分组业务的带宽需求持续高增长,业务带宽需求也更加多样化。由 SDH 发展而来的 MSTP 设备承载以太网业务的方式局限性越来越大,无法适应分组业务的大带宽粒度的调度需求,而 OTN 就是为大带宽调度应用设计的,因此,大带宽的分组业务直接通过 OTN 承载成了一个必然的选择。这一阶段 OTN 的电层处理技术也取得了很大的发展。ODU0 粒度的引入,适配 GE 业务的传输。GMP 映射技术和 ODUflex 灵活低阶颗粒,突破了 AMP 的小频偏范围的业务映射,可实现任意业务速率到 OPU 容器的映射,仍然能够满足业务时钟透明传输的要求。设备内部的低阶调度采用简化的 GMP 技术实现了任意低阶的调度,极大地简化了设备内部不同低阶 ODUk/ODUflex 的调度实现,支撑了 OTN 电层真正网络化技术的实现。

2.4.2　OTN的技术发展和标志性技术

(1) ODU0的引入。由于OTN技术最初是面向SDH接口的承载技术,GE接口的物理速率是1.25Gb/s,采用ODU1承载浪费严重。因此,将OPU1的净荷区一拆为二,得到ODU0的速率为1.24416Gb/s,去除ODU开销,实际承载能力约为1.239Gb/s。在承载GE业务时,将GE的1.25Gb/s速率(8B/10B编码后)进行TTT(定时透明转码)编码转换,再使用GMP映射到OPU0,既保证了GE业务的时钟透明传输,又不破坏OTN的速率体系,大大提升了GE的承载效率。

(2) ODU2e是为了适应10GE的透明传输而定义的,基于ODU2的帧结构,直接提频,通过同步映射(BMP)的方式生成一个新的频点来实现。

(3) 1.25Gb/s的时隙粒度划分。早期的基于SDH信号适配的是2.5Gb/s带宽的时隙粒度,ODU1只有一个时隙,ODU2有4个时隙,ODU3有16个时隙。随着ODU0的引入,新的1.25Gb/s时隙粒度的复接结构出现,新的1.25Gb/s时隙结构,前向兼容2.5Gb/s时隙粒度的时隙结构,复用结构通过PT字节MSI结构指示,2.5Gb/s时隙粒度对应的PT值为0x20,1.25Gb/s时隙粒度对应的PT值是0x21,MSI结构指示对应时隙的分配。

(4) ODU4的引入。随着相干技术的发展,以太高速接口标准化的快速推进,适应100GE传输的ODU4颗粒和100Gb/s线路接口也同步进行了标准化,也受限于线路接口技术的发展,OTN的4倍速率体系和以太的10倍速率体系也向着相互融合的方向发展。

(5) ODUflex的引入。ODUflex之前,一种客户信号对应一个ODU*k*颗粒,GE对应ODU0,STM-16对应ODU1,随着各种新型业务向OTN网络迁移,不大可能为每一种业务量身定制一种ODU颗粒。而ODUflex的引入恰恰解决了这个问题,对于任意的恒定比特率的客户信号,增加一个239/238的ODU包封,就成了ODUflex,ODUflex具有和ODU*k*一样丰富的开销,具有和ODU*k*相同的链路监视、组网特性,ODUflex是低阶颗粒。采用GMP的方式映射到高阶的ODTU时隙,ODTU时隙数的选择依赖域ODUflex的速率和高阶ODTU的承载能力,ODTU的数量只要能够覆盖ODUflex的速率和频偏即可。虽然原理上可以分配更多的ODTU,但为了避免带宽的浪费,分配的时隙数够用即可。

(6) GMP(Generic Mapping Procedure,通用映射规程)技术的引入。GMP是一种更为简单的异步映射方式,能够适用于任意的固定比特速率(Constant Bit Rate,

CBR)客户信号速率和各种客户信号频偏,而不需要事先定义映射图案。对比 AMP 和 BMP,包括固定填充字节、负调整机会(Negative Justification Opportunity,NJO)字节和正调整机会(Positive Justification Opportunity,PJO)字节。

GMP 采用了一种叫作 Sigma-Delta 的算法在每帧容器中产生均匀平滑的数据/填充的分布图案,如图 2-36 所示,适用于各种非 SDH 客户信号的映射。在映射端产生调整控制开销,代表有效信息的数量,并通过 Sigma-Delta 算法决定映射后的图案分布,调整控制开销传递到解映射端,在接收端提取调整控制开销,通过相同的 Sigma-Delta 算法,能够解析并确定高阶 OPUk 净荷中承载的有效信息的分布图案,即区分出哪些是有效信息数据,哪些是填充信息,其原理性的电路如图 2-37 所示。

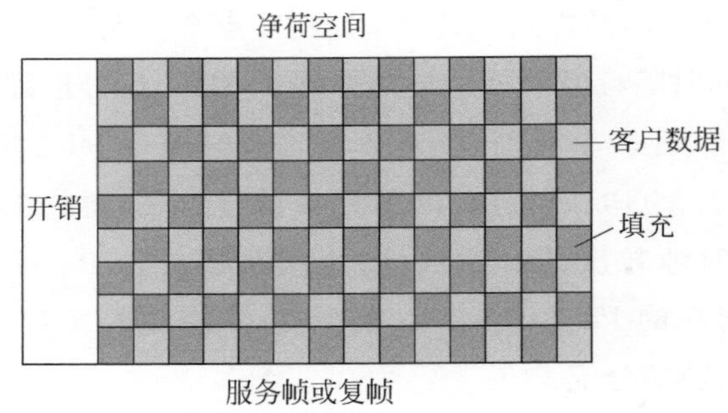

图 2-36　基于 Sigma-Delta 算法映射图案示意图

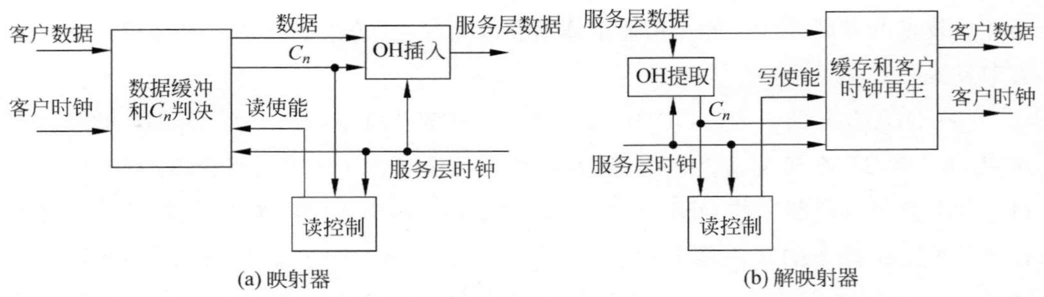

图 2-37　GMP 电路示意图

GMP 详细的算法参见 G.709 标准相关章节的描述。

图 2-38 为 1.238～2.488Gb/s 的业务映射到 OPU1 的示例,GMP 的映射开销占用 OPU1 帧的 15、16 列的前 3 行,JC1～JC6 位置分为两部分:JC1～JC3 用来指示下一帧中包含有效净荷数据数量信息;JC4～JC6 用来指示该业务有效数据的小数信息,这个小数信息不表示有效数据净荷,而是标识精确的定时信息。

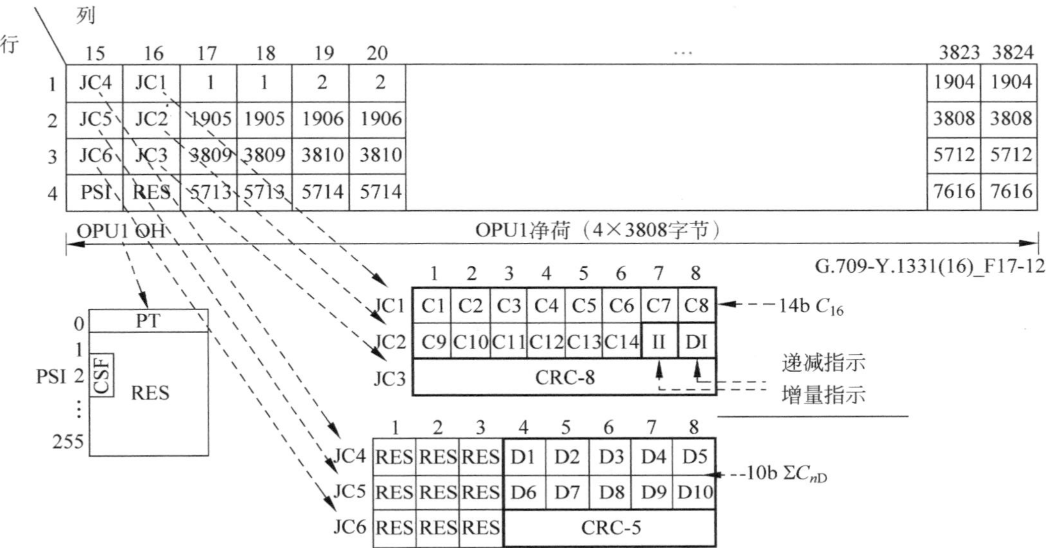

图 2-38　客户业务速率为 1.238～2.488Gb/s 的 GMP 映射示例

GMP 的引入极大地提升了 OTN 适配业务的能力，突破了 AMP 的数十 ppm 的频偏调整范围，实现了几乎不受频偏限制的映射。客户业务由原先的仅支持几种 SDH 业务速率扩展到数十种业务速率，几乎囊括了所有种类的客户业务。像 FC200 的业务速率是 2.125Gb/s，1.5Gb/s SDI 的速率是 1.485Gb/s，都可以映射到 OPU1 容器中。

表 2-4 为业务类型指示表，其中，绝大部分业务处理都和 GMP 相关。

表 2-4　业务类型指示表

PT 值	业 务 类 型
0x02	异步 CBR 业务映射
0x03	比特同步 CBR 业务映射
0x05	GFP 映射
0x07	PCS 码字透明以太网业务映射
0x08	FC1200 业务到 OPU2e 映射
0x09	GFP 到 OPU2 的扩展净荷区域映射
0x0A	STM-1 到 OPU0 的映射
0x0B	STM-4 到 OPU0 的映射
0x0C	FC-100 到 OPU0 的映射
0x0D	FC-200 到 OPU1 的映射

续表

PT 值	业务类型
0x0E	FC-400 到 OPUflex 的映射
0x0F	FC-800 到 OPUflex 的映射
0x10	比特流同步映射
0x11	比特流异步映射
0x12	IB SDR 到 OPUflex 的映射
0x13	IB DDR 到 OPUflex 的映射
0x14	IB QDR 到 OPUflex 的映射
0x15	SDI 到 OPU0 的映射
0x16	(1.485/1.001)Gb/s SDI 到 OPU1 的映射
0x17	1.485Gb/s SDI 到 OPU1 的映射
0x18	(2.970/1.001)Gb/s SDI 到 OPUflex 的映射
0x19	2.970Gb/s SDI 到 OPUflex 的映射
0x1A	SBCON/ESCON 到 OPU0 的映射
0x1B	DVB_ASI 到 OPU0 的映射
0x1C	FC-1600 到 OPUflex 的映射
0x1D	IMP 映射
0x1E	FlexE aware(部分速率)到 OPUflex 的映射
0x1F	FC-3200 到 OPUflex 的映射
0x20	低阶 ODU 到高阶 ODU 的复接(仅异步映射)
0x21	低阶 ODU 到高阶 ODU 的复接(具备 GMP 能力)
0x22	低阶 ODU 到超 100Gb/s 的 ODUCn 的复接

注：ODUCn：光通道数据单元[Optical channel Data Unit Cn(*n* 倍 100Gb/s 速率)]

线路低阶 ODU*j*/ODUflex 到高阶 ODU*k* 的时隙映射也因不需要复杂的填充处理而得到了极大的简化。

下面以 OPU2 为例说明时隙的划分和低阶业务的 GMP 映射过程。

图 2-39 的时隙划分兼容了早期标准的 2.5Gb/s 时隙和 1.25Gb/s 时隙的划分，区别是复帧循环周期不同，1.25Gb/s 时隙的一个复帧循环是 8 个 OPU2 帧，而 2.5Gb/s 时隙的一个复帧循环是 4 个 OPU2 帧，周期是两倍的关系，时隙带宽是 1/2 的关系。

将 8 个复帧中 1.25Gb/s 时隙的相同标号的时隙块合并到一起，就形成了 8 个 476 列 32 行的数据结构，并和对应时隙的 TSOH 一起，形成了一个时隙的 ODTU2 的帧结构。

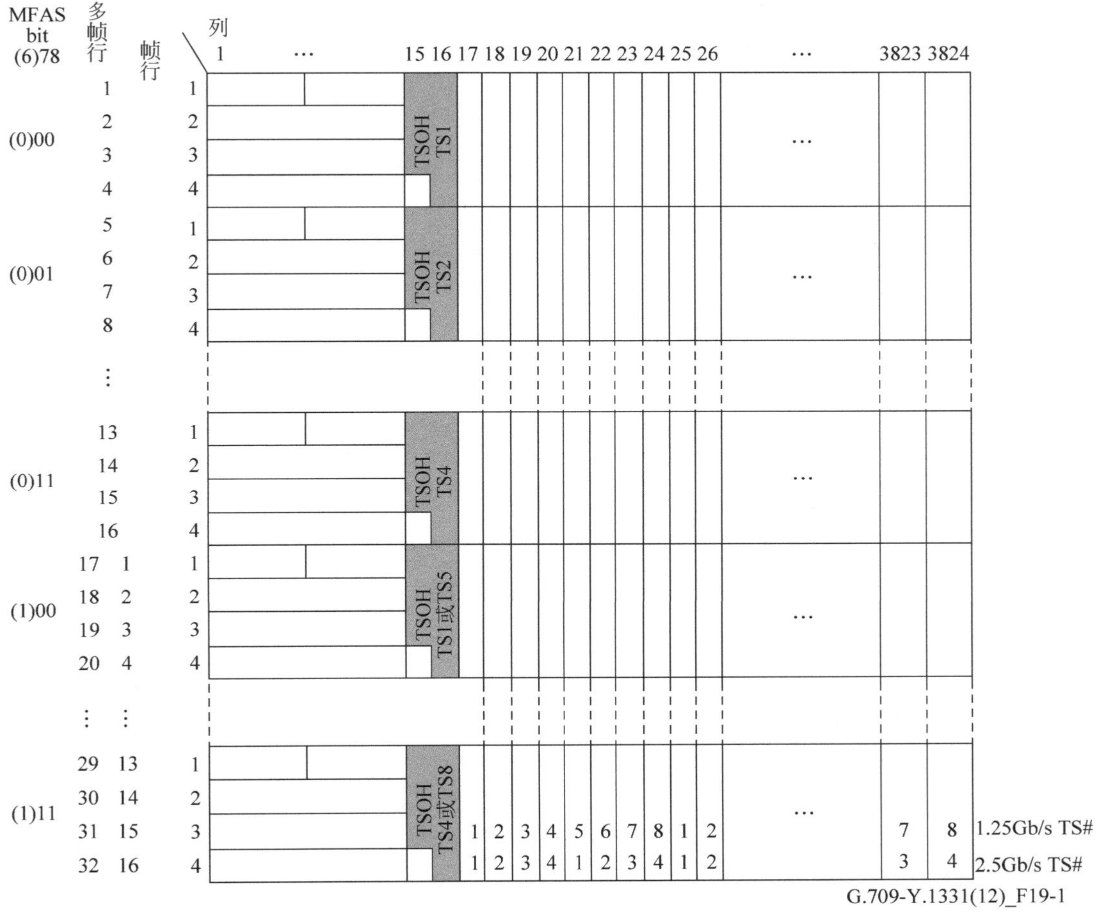

图 2-39　OPU2 的时隙划分

ODTU2.ts 的帧结构如图 2-40 所示。

对于 OPU2 来说，最大承载的业务可以占用 8 个 ODTU2 的时隙，ODTU2 的 ts 取值范围为 1～8。具体来说，低阶 ODU0 取 ts 为 1，ODU1 取 ts 为 2，由 FC-400 映射得到的 ODUflex 速率为 239/238×4.25Gb/s＝4.268Gb/s，需要 ts 取值为 4。以此类推，根据具体的低阶 ODU*k*/ODUflex 速率选择占用相应的时隙数。

对于只占用 1 个时隙的低阶 ODU0 来说，ODTU2.1 对应的 TSOH 承载的 GMP 开销信息指示下一个 ODTU2.1 的净荷数据量和时钟信息。而占用多个时隙的 ODTU2.ts，只有最后一个时隙对应的 TSOH 开销信息承载下一个 ODTU2.ts 时隙的净荷数据信息和时钟信息，其余的 TSOH 开销保留。

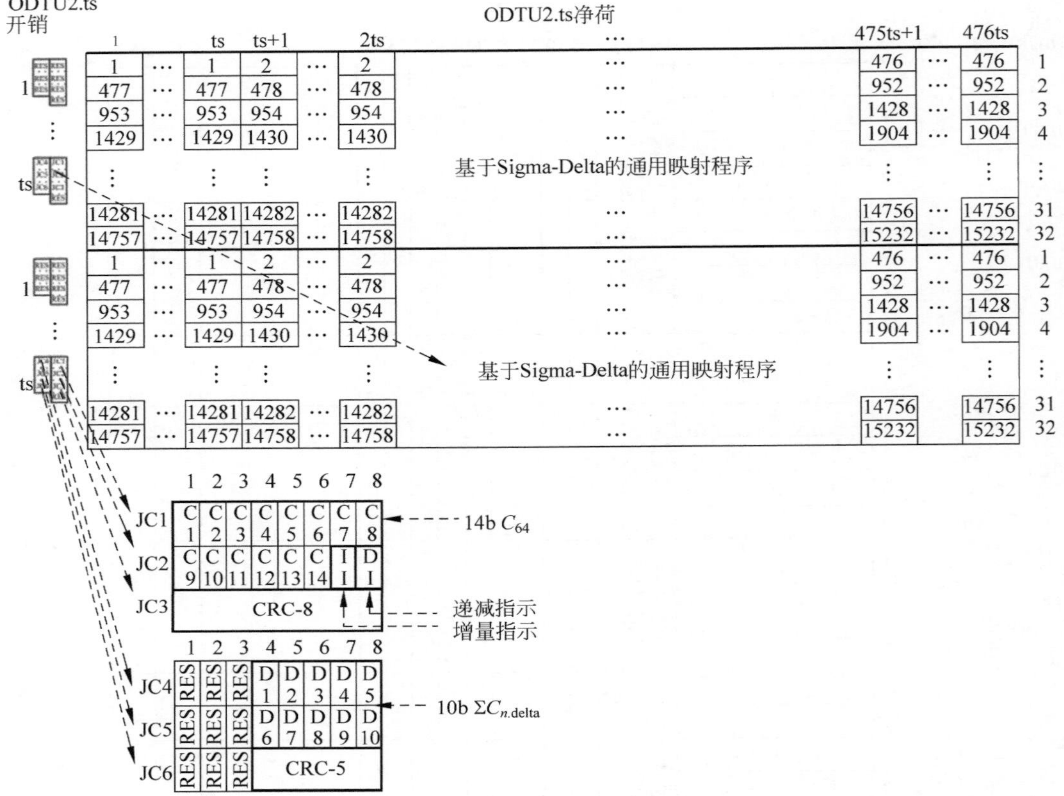

图 2-40　ODTU2. ts 帧结构

这里需要说明的是，对于低阶占用多个高阶时隙的情况，净荷数据单位和数据时隙数对应，即如果一个低阶 ODUflex 占用 4 个 ODTU2 的时隙，则映射数据的单位为 4 字节，以此类推。

采用 GMP 以后，帧结构划分规整，无须分别定义不同的帧结构，映射过程中的数据和填充图案由 Σ-δ 算法电路自动生成。

此外，随着光技术的发展，超 100Gb/s 的传输能力获得突破，相应地引出 OTN 对超 100G 线路接口的定义扩展，演进出 ODUCn。FlexO 的高速帧结构和接口格式定义，可以灵活适配光传送能力的持续提升。

2.4.3　分组增强型 OTN 技术

分组增强型 OTN(MS-OTN)技术结合了 GFP 的封装处理和 ODUflex 的灵活速

率，提供了适合分组传输的灵活分组传输管道。在 100Gb/s 以下的场景中，可以按照 1.25Gb/s 的粒度进行带宽分配，为 PKT 业务管道能够按需分配提供了前提，如图 2-41 所示。

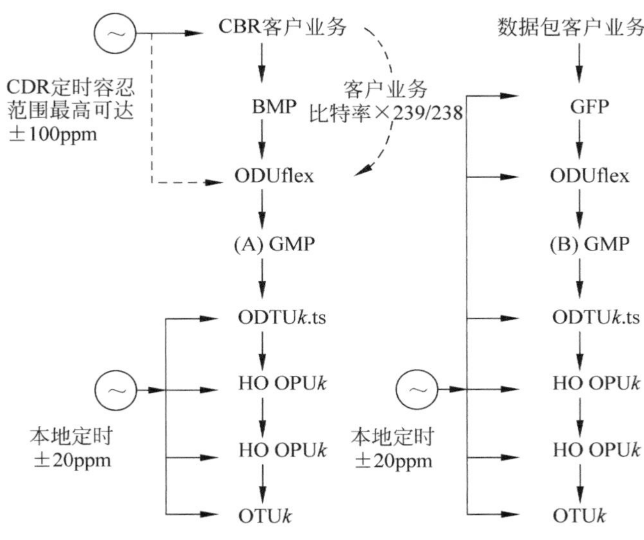

图 2-41　ODUflex 承载 PKT 客户业务和 CBR 客户业务

分组增强型 OTN 解决了小颗粒分组业务的汇聚处理问题，先将小颗粒业务经过分组处理平面整合之后，再经过封装映射到 ODUflex 中，避免 1.25Gb/s 的时隙粒度直接承载小颗粒业务而带来带宽浪费问题，同时还能提供较完善的分组处理特性，整合了分组设备和 OTN 设备两种特性，在城域应用中获得较广泛的应用。

ODUflex(GFP)配合 G.7044 定义的无损调整，可以为在线业务提供带宽调整。使用户根据业务需求动态调整管道的带宽成为一种可能，从而具备一定的智能特性。但是，由于 G.7044 定义的协议相对较复杂，需要红蓝两种协议的握手、步进调整等，对无损带宽调整过程约束较大，用户体验并不是很好，因此 G.7044 协议定义的无损带宽调整没有获得广泛部署。

从设备内核的处理上来看，分组增强型 MS-OTN 设备实际上是分组交换内核和 OTN 交换内核的叠加。得益于交换网技术的进步，可以实现协议无关的交换，分组增强型的 MS-OTN 设备仍然只有一套交换网，可以实现分组容量和 OTN 容量的平滑分配。

分组和 OTN 混合线路板可以实现分组业务和 OTN 业务的混合传输，两种业务的混合比例可以从 0～100％灵活分配，实现彩光波长资源的灵活共享，减少了两种业务分开处理导致的波长浪费，节省了彩光线路和光纤等的传输资源。由于分组处理和

OTN 处理难以统一处理，在线卡上一般还是分组、OTN 独立处理后再整合，这也是获得波长资源收益需要付出的处理代价，但综合起来看仍然有较大的收益。

SDH 交换核心也是类似的，一方面解决了 SDH 网络和 OTN 网络的平滑过渡问题，另一方面提升了彩光波长利用率，如图 2-42 所示。

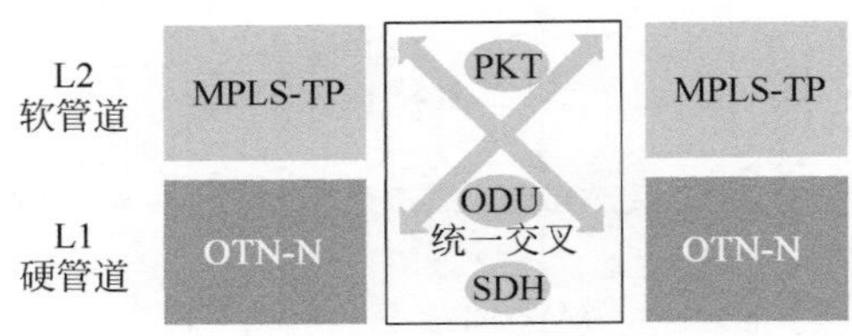

图 2-42　MS-OTN 设备逻辑框图

2.4.4　OSU 技术

OTN 技术经过 OTN、MS-OTN 的发展，在技术方面取得长足的发展，但仍然面临一些问题。

(1) OTN 的时隙粒度太大，经过分组平面整合小颗粒业务不具备硬管道属性。

(2) SDH 设备进入了生命周期末期，而承载在 SDH 上的业务并不会随之消失。比如企业专线业务，100Mb/s 以下甚至 10Mb/s 带宽的专线数量仍然占了绝大多数，如果采用 SDH 叠加 OTN 来承载，处理过程复杂，不但承载效率低下，维护也非常不方便。以以太网业务为例，业务经过了 Ethernet-VC12-VC4-STM-n-ODUk 的多层级处理，VC 颗粒和用户带宽需求往往不匹配，这又需要多个 VC 颗粒的虚级联处理(比如 5 个 VC12 虚级联承载一个 10Mb/s 的以太网业务)，都会给业务处理、链路管理带来巨大的复杂性。在此背景下，提出了 OSU 的概念。

(3) OSU 是融合了多种技术的灵活管道调度技术，集合了 ODUFlex 的单管道灵活带宽，GMP 映射的 Sigma-Delta 算法来保证管道带宽，类异步传输模式(Asynchronous Transfer Mode，ATM)/多协议标记交换(Multiprotocol Label Switching，MPLS)的标签业务标识等技术，OSU 实现了以 Mb/s 级带宽为基础，Mb/s 带宽为步进的大范围的灵活带宽管道。OSU 可以支持 Mb/s 的业务管道直接复接到 ODU4 中。一级复接无须经过多个中间颗粒的层层转接。

目前 ITU-T 标准意义上的 OSU 主要面向 1Gb/s 以下的带宽颗粒，但从业务实践来看，OSU 技术本身并没有限定业务速率，中国运营商企业标准中，就将业务速率范围扩展到 100Gb/s 以下。

2.5　高可靠组网技术

光传送高可靠组网主要是通过传送资源的冗余备份，实现对传送设备、链路、通道等的故障保护，从而达到实现网络高可靠的目的。根据实现技术的不同，网络保护技术可以划分为光层保护技术、电层保护技术和光电结合的自动交换光网络(ASON)技术。

2.5.1　光层保护技术

如表2-5和图2-43所示，根据保护实现方式、保护位置的不同划分，网络级保护主要有以下几类。

表2-5　网络保护类型

保护类型	保护子类型		描　　述
光层保护	光线路保护	1+1 OTS	当线路光纤故障时，系统利用分离路由对信号进行保护
		1+1 OMS	当光放大单元和线路光纤故障时，系统利用分离路由对信号进行保护
	光通道保护	板内1+1	通过运用光层保护类单板或OTU单板的双发选收功能，当工作通道的信号出现故障时对业务进行保护
		客户侧1+1	通过运用光层双发选收功能，在线路侧故障、单板故障情况下对业务进行保护

光层保护主要有光线路保护和光通道保护，通常基于"1+1"保护的工作原理。"1+1"保护的工作原理是"并发优收"，即发送端同时将光信号送入工作和保护通道，而接收端选择接收工作通道过来的信号，当工作通道发送故障时，接收端就发生倒换，接收保护通道过来的信号。

光线路保护指在相邻站点间利用分离路由对线路光纤提供保护，通常可分为"1+1"OTS(Optical Transmission Section，光传送段)段保护和"1+1"OMS(Optical Multiplex Section，光复用段)保护。

光通道保护是指在波分复用WDM中，对光信号的一个通道进行"并发优收"的保

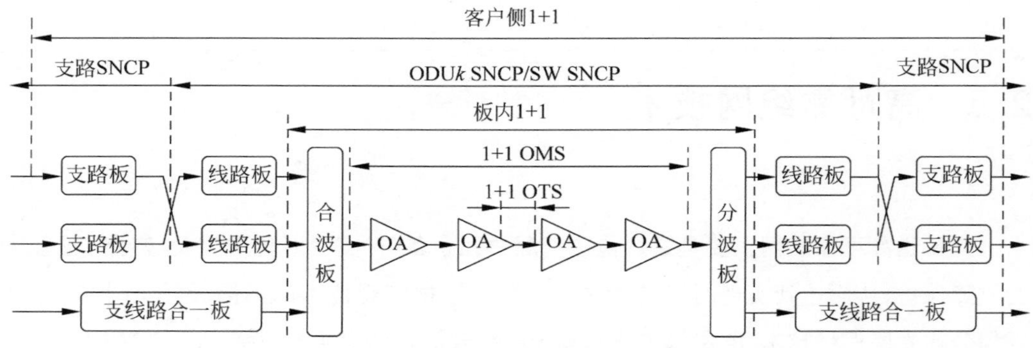

图 2-43　光层保护技术

护。一个"通道"就是指 DWDM 信号中的一个波长信号。通常光通道保护可分为板内"1+1"保护和客户侧"1+1"保护。

光层保护技术通过光功率检测实现线路的快速保护，自动切换恢复时间按 ITU-T G.783 和 ITU-T G.841 标准，小于 50ms。

2.5.2　电层保护技术

基于 OTN 电层 ODU*k* 层的 SNCP 保护，其保护结构为"1+1"方式，即每一个工作连接都有一个相应的备用连接，采用的是双发选收的工作方式。SNCP 在网络中的配置保护连接方面具有很大的灵活性，能够应用于干线网、中继网、接入网等网络，以及树状、环状、网状的各种网络拓扑。

依据监视方法不同，SNCP 保护可以分为以下类型，如表 2-6 所示。

表 2-6　ODU*k* SNCP 保护

监视方法	描　述
SNC/I：固有监视	保护 ODU*k* 链路上的业务(例如，服务层路径和服务层/ODU*k* 适合的功能)，不检测 ODU*k* 本层的故障 通过从服务层网络获得的固有数据来间接监视连接
SNC/N：非介入监视	端到端的保护 ODU*k* 的路径(ODU*k*P)层或者 ODU*k* 的 TCM(ODU*k*T)子层上的业务，检测 ODU*k* 本层的故障 通过非介入监视(非侵入性)的原始特征信息来直接监视连接
SNC/S：子层监视	保护 ODU*k* 的 TCM(ODU*k*T)子层上的业务，只有保护域内可以触发倒换，接入的 ODU*k* 层的故障不会触发倒换 部分的原始路径子层能力是可以修改的，通过子层中创建的路径来直接监视需要关注的连接

2.5.3 自动交换光网络技术

长期以来，光传送网络一直扮演底层传输的角色，承载着语音、数据等各种类型的业务。随着用户需求内容的扩大和网络智能手段的发展，传送网也成为业务网的一部分，OTN 系统的智能化成为目前光传送网发展的必然趋势，即自动交换光网络。在 OTN 系统上使能智能协议，支持灵活的业务带宽调整，业务路径可选择，断纤故障时可重路由恢复，并可基于业务优先级提供差异化处理。

自动交换光网络(Automatically Switched Optical Network，ASON)，基本思想是在光传送网中引入控制平面。通过控制平面，实现网络动态连接管理和资源分配，以及故障时的自动保护、恢复，使光网络智能化。控制平面是自动交换光网络与传统光网络的根本不同之处。

自动交换光网络传送网络＝传送平面＋控制平面＋管理平面，控制平面是整个网络的大脑，使得网络具备自动化分配网络带宽和自愈恢复的能力，如图 2-44 所示。

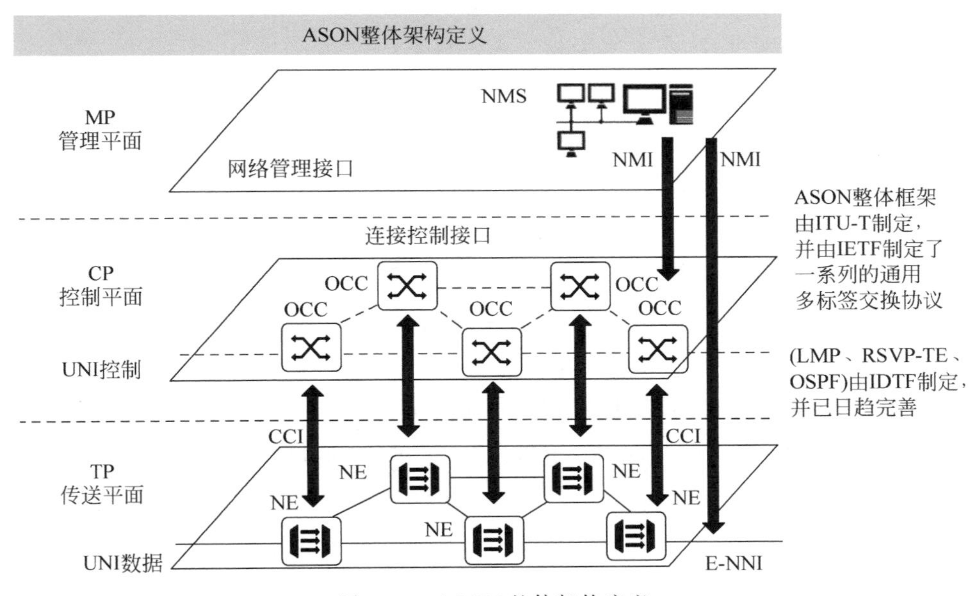

图 2-44　ASON 整体架构定义

传送平面主要提供点到点的双工或单工的用户信息传送，包括数据传送、路由交换等功能，同时也可以提供控制信号和网络管理信息的传送服务。传送平面由一系列的信息传递的硬件和组成逻辑构成，现今使用的传统网络的传输层一般只能传送用户的信息，而管理信息只能被动地通过人工来完成。自动交换光网络 ASON 的传送平面不仅可以传输点到点的用户信息，还可以实现控制信号与网络管理信息的传送，为智能网络的构建提供了基本保证。

控制平面可以实现网络路由信息、拓扑信息以及其他的网络控制与调换指令的动态交换，控制平面可以实现网络资源的调配，同时它还能动态地实现网络连接的建立及网络资源的释放。因此控制平面成为自动交换光网络三层结构中最重要、最核心的一层，从物理上讲，控制平面由通信网络的基础实体、光连接控制器（主要用来控制连接的建立与维护）和相应的接口组成。控制平面拥有大量的接口电路，这些接口可以有效地完成控制平面的其他两个平面及上层用户之间的连接，从而很便捷地将控制指令发送到整个系统的各个功能区域，以实现各平台之间的相互配合与智能管理。

管理平面主要是面对网络管理人员的网络管理平台，管理人员可能通过管理平面来管理控制平面和传送平面。由于路由分配、拓扑信息等控制信息由控制平面智能提供，因此 ASON 的管理平面较传统网络的管理平台要简单得多，很多烦琐枯燥的手工操作被控制平面自动完成，网络管理人员只需适时检查控制平台完成的结果，并对结果进行管理和监督即可，从而大大节约了人工成本。

在光传送网络中引入自动交换光网络 ASON 特性的主要好处有以下几点。

（1）高可靠性：保护和恢复相结合，以提高网络可靠性和业务安全性。

（2）简单易用：网络资源、拓扑可自动发现，支持快速创建端到端业务。

（3）便于管理：可管理、可预知的电路资源，业务可自动恢复到原始路径。

（4）节省投资：Mesh 组网方式资源利用率更高，快速扩容，即插即用。

（5）新的业务类型：提供差异化的服务等级服务（Service Level Agreement，SLA）。

按传送平面交换方式的不同来划分，ASON 可以分为光层 ASON 和电层 ASON（包括 OTN 电层 ASON 和 SDH ASON）。光层 ASON 通过 OXC/ROADM 的光交叉调度，对光波长进行调度，实现光层波长资源的调度和恢复功能。电层 ASON 通过 OTN/SDH 电交叉调度，实现对电交叉颗粒业务进行调度和恢复的功能。

一般地，光层 ASON 适合在光缆条件较好且以大颗粒业务为主的网络中部署，发挥光层调度节省线路板成本的优势；电层 ASON 适用于各种网络，尤其适合在以小颗粒业务为主的网络中部署，可以充分发挥电交叉的调度能力，提高带宽利用率。

ASON 可提供多种保护能力不同的业务，包括钻石、双归接入钻石、金、银和铜级业务。不同级别的业务可以更灵活地满足多样化的应用场景需求，如表 2-7 所示。

表 2-7　ASON 业务介绍

业务等级		业务特质
钻石级	永久 1+1	提供两条互为保护的路径，任意一条故障即重路由恢复寻找新的保护路径
	重路由 1+1	两条互为保护路径，第一次故障保护倒换，两条路径都故障启动重路由恢复
	1+1 保护	提供两条互为保护路径，无重路由恢复
银级	重路由恢复	提供一条工作路径，发生故障后启动重路由恢复功能，寻找新的工作路由恢复业务
铜级	非恢复无保护业务	提供一条工作路径，发生故障后不重路由，业务中断

自动交换光网络 ASON 是一种动态、自动交换的传送网。由用户动态发起业务请求，网元自动计算并选择路径，通过信令控制实现连接的建立、恢复、拆除、融交换、传送集于一体的新一代光网络。自动交换光网络 ASON 的关键技术包含硬光技术和软光技术。硬光技术指物理层的光技术及其硬件设备，软光技术指为控制光通路的建立和提供服务所需的软件，即网络智能，这是发挥光层潜能使静态光网变为动态自动交换光网络的关键。关键技术有如下几点。

（1）路由选择和波长分配技术。自动交换光网络和传统网络有着多方面的区别，其中自动交换光网络的突出特点表现在路由和波长的分配方法上。自动交换光网络的路由功能采用基于 IP 的技术方法，使其实现光路由的自动化选择、配置，并能实现断网的快速修复。以自动交换光网络为代表，自动交换光网络中的软件模块能够实现路由和波长分配功能，其模块主要包括路由模式选择、波长分配算法、路由分配算法、信令路由协议等，对实现自动交换光网络的业务功能起到极其重要的作用。新阶段自动交换光网络核心设备一般采用的是 OXC 交换机，对全网进行整体规划和系统管理，OXC 交换机将光波长信道视为基本操作单位，在波长级别上提供端到端的服务支撑，以满足用户对现代高效业务开展的需求。自动交换光网络在设计方面的核心问题即是光通道的优化和波长的分配方式，通过最优化光路由的选择来科学、合理地分配波长，其中在波长和路由的分配过程中，充分地对资源进行整合利用，并有效地提高通信信息量。

（2）传送技术。随着自动交换光网络相关技术的不断发展，通用多协议标记交换(Generalized Multi-Protocol Label Switching，GMPLS)/ASON 等传送技术逐渐应用于自动交换光网络传送技术之中，GMPLS 等相关传送技术能有效实现对多传送层的有效控制。其中控制平面从 SDH 拓展延伸到 WDM 以及 CE，这也是现代光网络传送技术的发展趋势。自动交换光网络的控制平面,能够有效拓展带宽服务范围并提高其服务的可靠性。同时,自动交换光网络虚拟专网技术、带宽点播等技术的引入,降低了网络传送技术的研发和应用成本,提升了网络运行的经济效益。就目前我国的自动交换光网络控制平面技术而言,其各方面的支撑技术还在发展之中,服务支持方面的软件和硬件技术尚未成熟,控制平面技术成为自动交换光网络传送技术发展的重点和难点问题之一。

(3) 控制平面技术。控制平面技术的主要功能包括路由功能、自动发现、连接控制等。其中,网络拓扑和自动资源的搜寻为自动交换光网络的维护和日常管理提供了便利性,更加有利于软、硬件的扩展与升级;此外,每个传输节点都配置控制平面,其所具有的自动化连接和路由控制功能,能够有效地实现业务的自动连接和删除功能,控制平面能够重启路由,当网络出现故障时,可以有目的地避开故障点而寻找连接的重新连接,这就使得网络不必预留专用的保护性带宽,既降低了网络建设成本,又改善了网络运行环境。

第 3 章

骨干网组网架构和方案

3.1 骨干网业务需求

骨干传输网络(简称骨干网)是用来连接多个区域或地区的高速网络,是跨城市、跨省、跨国的信息高速公路,骨干网需满足业务网络的互连和带宽流量需求。

近 10 年互联网发展快速,互联网流量年增长在 40%以上,而且随着数字新基建的启动,5G、数据中心等新型基础设施的建设,以及数字化办公、远程医疗、远程教育的发展,网络容量的增长速度更快。业务流量带的增长推动了骨干网带的发展,如图 3-1 所示,预计骨干网的容量、单节点的容量增长率均将保持在 20%以上。

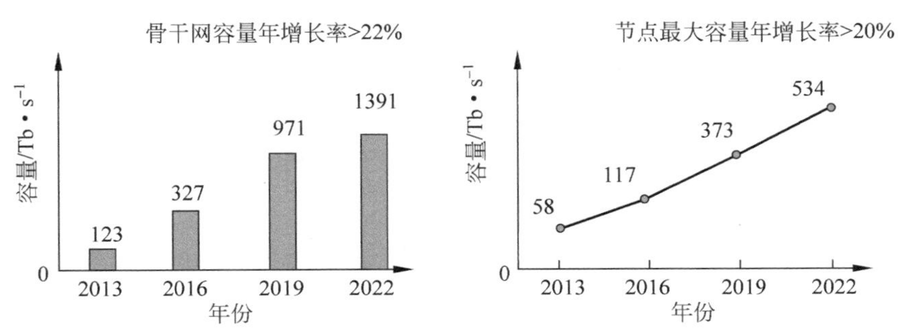

图 3-1 骨干网容量和增长率

互联网的业务流量以南北向为主,早期的骨干网以链形、环形网络为主,随着数据中心建设的加速,数据中心互连的东西向流量增加,骨干网络架构需要适配新的业务需求,网络架构向立体骨干网方向演进。高端跨省政企专线提速,对网络提出了 99.99%的可靠性需求,同时需要具备灵活调度能力。

骨干网需要满足线路超大带宽、节点大容量、灵活调度等需求,同时提升网络性能，实现低时延、低抖动、低丢包、高可靠、高安全，以支撑数字经济时代未来千行百业上云、工业4.0智造的网络诉求。为实现这些业务目标，骨干网需要在技术和架构上持续创新，引入200Gb/s或400Gb/s高速线路，OXC/集群大容量设备、光电协同、智能化管控(Software-Defined Networking，SDN)等先进技术。

立体骨干网是一种新的组网架构。针对大带宽、低时延、快速提供业务的诉求，在传统链形、环形组网架构的基础上，通过对网络接口进行调整，将网络架构Mesh(网格)化、扁平化、立体化，以支撑新的能力需求。

立体骨干网主要针对互联网业务、云间高速业务、政企专线业务等大带宽业务需求构建，同时兼容承载其他传统业务。

1. 互联网业务需求

互联网业务模型经过多层汇聚后，在骨干网上传输带宽大，主要是各省出口与核心节点间的大带宽连接，业务接口速率以100GE/10GE为主，未来将逐步演进要求支持400GE及以上。

2. 云间高速业务需求

(1) 低时延：数据中心对不同业务有不同的时延要求，同城双活要求数据中心间传输网络双向时延小于2ms，并且越低越好。跨城市的业务也要求时延尽可能低，以提升云间运算、存储的效率，业务组网时要求尽可能按最短路由直达，减少转接和绕远。

(2) 大带宽：云间计算和存储需要大带宽互连，云间带宽一般以100Gb/s起步，大DC间带宽达到太比特每秒(Tb/s)级别以上。

(3) 高可靠：数据中心间数据实时频繁交互，需要高可靠的网络支撑，当网络间发生断纤类故障时，能提供保护，防止业务中断。

3. 政企专线业务需求

(1) 高可靠：OTN政企专线一般用于金融、政府、大企业等高端客户，对业务可靠性要求非常高，要求业务可用率高于99.99%。

(2) 稳定低时延：金融、证券类业务，交易时效性要求非常高，要求业务时延低，且时延抖动小。

(3) 硬管道独享：各个企业租赁政企专线，传输的信息涉及企业机密信息，不同企业间的传输管道不能共享,需要独立的硬管道隔离,实现信息隔离。

(4) 业务带宽及种类多:各类企业传输要求及内容差异,需要各种业务接口,包括以太网业务、SDH 业务、OTN 业务等各种业务接口,并且各企业带宽需求不一样,各自需求的带宽也不一样,需要网络能适配各种业务接口及各种带宽诉求。

下一代网络的骨干网架构需要考虑满足骨干网超大带宽的传输、节点间的流量不均衡、超高可靠性等要求。节点调度需考虑光、电多种调度技术,满足超大容量、全颗粒业务的按需调度。线路侧需满足干线长距离传输的能力需求,同时考虑更高带宽、更高速率技术,实现单纤更大容量传输。随着新型网络架构的使用以及对业务品质要求的提升,网络的运维能力也需要提升,需考虑智慧运维能力的提升。

3.2　骨干网当前组网架构和痛点

骨干网传统的组网方式以链形组网和环形组网为主,主要满足早期的以南北向业务为主的流量模型。

1. 链形组网

如图 3-2 所示,链形组网主要是点到点业务传输,链形组网适合比较固定的节点间业务传输,组网简单,单条链路运维简单。

图 3-2　链形组网

链形组网的主要不足是:

(1) 跨链路间业务无法调度,多节点传输需要建设不同的链形网络。

(2) 业务调度需要人工规划和跳纤,节点数量增加后,网络复杂,无法高效运维。

(3) 保护需跨链路,系统无法协同,需要人工规划和控制。

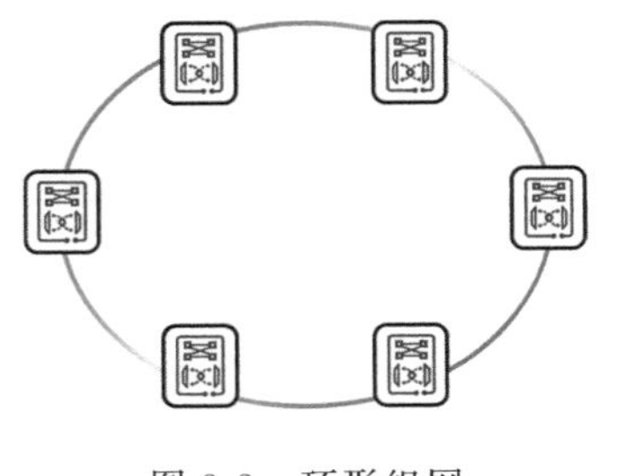
图 3-3　环形组网

2. 环形组网

如图 3-3 所示,环形组网是多个节点之间组成环,环上多个节点间业务可随意调度,环形组网优势是组网简单,在环上的两个方向都可以提供保护。

主要不足：

(1) 环形组网上节点到核心节点主备两条路径，远路径距离绕远，时延大。

(2) 环间业务调度时，需通过环相交节点调度，无法直达，存在路径绕远情况。

(3) 环上两条路由保护，双纤故障后，无法满足99.99%的高可用率要求。

传统的组网架构较好地满足了早期业务的需求，但随着业务种类和需求的增加，已经无法满足新的骨干业务需求，无法实现业务低时延、灵活调度、超高可靠，需要新的网络架构以满足新的业务需求。

3.3 骨干网新的组网架构和方案

3.3.1 骨干网新架构

传统骨干网是分层建设的，分为国干、省干，业务分层转接。随着数据中心业务、政企专线业务的发展，骨干传送网架构需要升级调整适配这些新的业务需求。

新的业务模型存在如下特点：

(1) 业务不均衡，部分区域流量大，导致部分段落提前用满。

(2) 新建的DC节点不在原先的骨干网络上，需要调整网络架构，满足低时延要求。

(3) 数据中心间业务可靠性要求高，并要求低时延直达。

1. 骨干网组网原则

根据业务流向和传输距离，以核心节点为中心，划分不同的子区域，再由多个子区域组成一张网络。业务流量大的网络节点间，可以建立直达链路，构建超高速平面，减少网络拥塞。

2. 骨干网组网方式及特点

骨干网按Mesh化、扁平化、立体化的方式建设。

传统骨干网以链形或环形组网为主，新的DCI业务、专线业务的发展，要求低时延，要求骨干网架构满足新的需求。

（1）Mesh化：如图3-4所示，骨干节点间增加多方向连接，形成Mesh化的组网，业务可以按需选择最短路由，传输距离更短，有效降低时延。

（2）扁平化：如图3-5所示，新增的DC节点、大业务量节点，通过网络扁平化，直接纳入到骨干网中，可以有效减少不同网层间转接绕远，减少传输距离。例如，国干省干融合、省本一体化，减少网络层次，达到扁平化的目的。

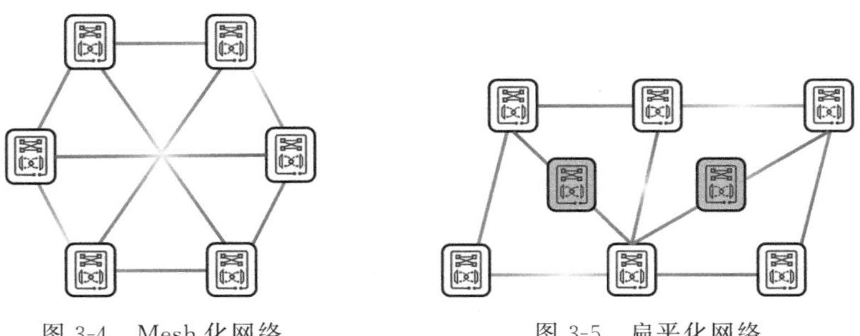

图3-4　Mesh化网络　　　　图3-5　扁平化网络

（3）立体化：如图3-6所示，骨干网核心节点间，业务流量比较大，核心节点间链路提前用满，导致网络总体流量不均衡，形成拥塞，需要建立核心节点间的直达超高速链路，形成立体化网络，不仅能均衡网络流量，还可以实现核心节点间的高效传输。

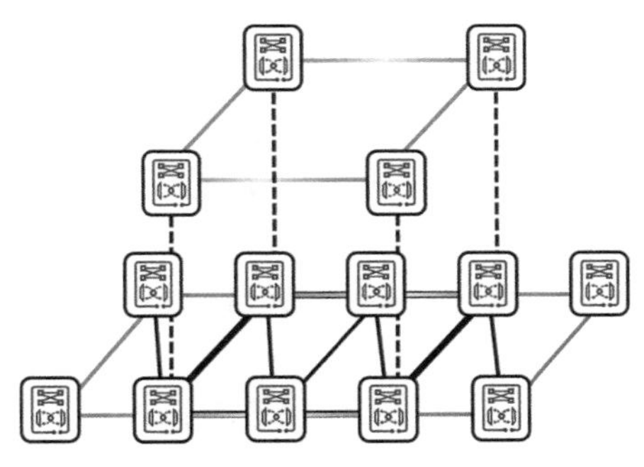

图3-6　立体化网络

（4）业务调度：在子区域内，波长直接传输，无须加中继，可以基于波长级光交叉调度技术完成业务调度。各子区域间传输距离较远，部分业务需要增加电中继，且可能存在波长冲突，通过OTN电层的电交叉调度技术实现业务调度。在骨干网络中，需要光交叉、电交叉协同调度，实现高效调度。

3. 骨干网架构及关键技术

骨干网业务的主要特点有传输距离长、带宽大，为了实现高效传输，要求线路侧单波带宽尽可能大、并且传得远，同时要求单纤传输带宽尽可能大。考虑到新型网络架构下的光电调度需求，骨干网需要在如下技术支撑的网络中构建。

骨干网实际组网应用时，综合考虑网络光缆路由、站点分布、业务路由及业务需求等因素后，多种组网方式会在同一网络中并存，会同时存在 Mesh 化、扁平化、立体化，综合后的组网架构如图 3-7 所示。

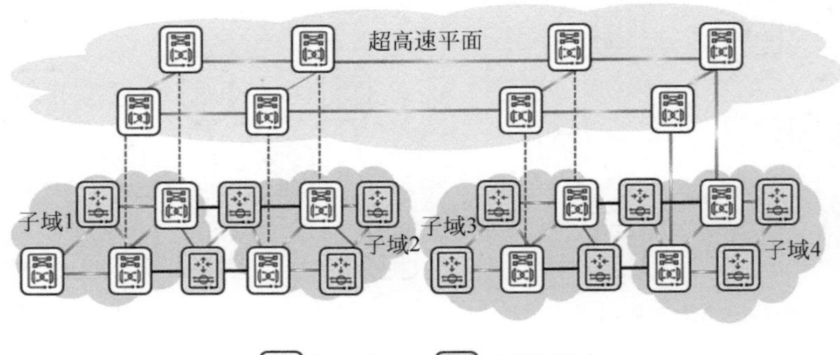

图 3-7　骨干网架构

多种新型组网方式融合的网络，统称为立体骨干网，可以满足业务的低时延要求，Mesh 化后，可选择最短路由，扁平化可以减少网层间转接，有效降低时延。

Mesh 化和立体化后的网络，单节点光方向数超过两个，主备双断后，可通过 ASON 重路由的方式恢复业务，实现业务高可靠承载。

(1) 高速长距线路：骨干业务传输平均距离在 1500km 以上，要求支持无电中继传输 1500km 以上，考虑线路大带宽，需要单波 200Gb/s 及以上技术，满足单纤 ≥16Tb/s 大容量传输。

(2) 光调度：为实现一跳直达，骨干网需要支持波长调度。核心机房的空间、供电紧张，传统的 ROADM 设备无法满足未来的扩容需求。基于波长级调度的新型 OXC 设备，支持节点内多方向间波长任意调度，成为骨干网核心节点的第一选择。骨干网线路维度数量多，本地上下波数多，需要更多的维度，并考虑网络可扩展性，需使用 20 维/32 维的高维度 OXC 设备。

(3) 电调度：骨干单节点容量大，需要设备单机支持 32Tb/s 及以上大容量 OTN 调度，支持框间调度，多框容量在 100Tb/s 以上。

(4) 光层频谱：为实现骨干大容量传输，需要挖掘光纤频谱的潜力。新型掺杂工艺的 EDFA 放大器支持更宽的增益频谱，可以在原有 C 波段 4THz 频谱(对应于

50GHz 间隔的 80 波）的基础上，通过频谱扩展到 6THz（对应于 50GHz 间隔的 120 波），有效提升可用频谱。对于光纤资源紧缺的网络，未来可以考虑同时使用 C 波段和 L 波段，进一步增加到可用频谱达到 10THz 甚至更高。

（5）ASON：数据中心互连业务、政企业务，安全性要求高，骨干网络传输距离远，存在多次断纤风险，传统的 1+1 保护无法适应 Mesh 化组网的需求。骨干网需要备抗多次断纤能力，通过引入光层和电层 ASON，提升网络业务的自愈能力，保障网络的安全性。

3.3.2　长距离传输解决方案

骨干网实现跨地市、跨省、跨国的业务承载，传输距离远。骨干网节点间传输带宽大，但光缆敷设成本高，需要单纤实现超大容量传输。为满足骨干的长距离、大带宽传输需求，需要多项技术配合满足要求。

1. 长距传输系统的组成与关键因素

骨干传输系统主要由线路侧板卡（OTU）、分合波、光放大器等多个部件组成。主要系统组成如图 3-8 所示。

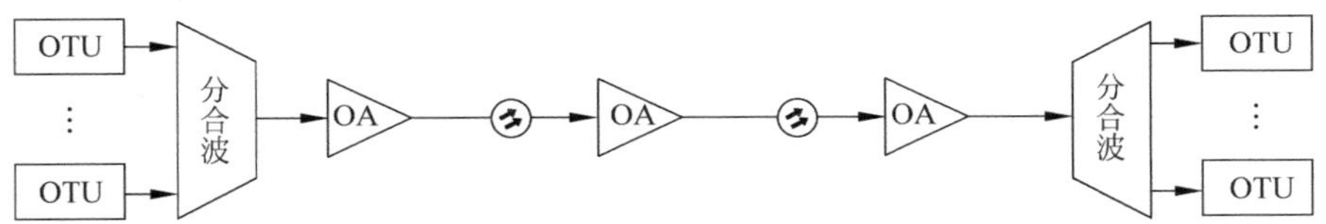

图 3-8　长距传输系统组成

对于长距传输系统来说，决定传输能力的关键因素有线路侧的 OSNR 容限、光放大器的噪声系数（NF）、系统代价。

（1）线路侧 OSNR 容限越低，对应系统的 OSNR 容限越低，可传输的距离增加。

（2）光放大器噪声系数越小，每经过一级放大器 OSNR 下降得越慢，就能传输越多的跨段。

（3）系统代价包括色散代价、PMD 代价、非线性代价、滤波代价等，代价越小，系统可用 OSNR 余量增加。

2. 系统容量影响因素

系统容量受限因素包括单载波速率、系统频谱宽度。

（1）单根光纤所能传输的光信号的容量取决于信号的频谱效率和可用频谱带宽，当前主流的线路侧速率是100Gb/s、200Gb/s，正在向400Gb/s演进，在速率提升的同时，需要保持传输能力不变，且能提升频谱效率，这面临着较大挑战。

（2）系统容量的另一个受限因素是频谱宽度，当前主要应用是C波段，有80波、96波系统（50GHz间隔），业界已经在技术上实现了Super C（120×50GHz）频谱扩展，同时在研究使用L波段。

3. 长距传输系统优化方法

在高速线路侧、EDFA光放器性能已经确定的情况下，如何进一步提升系统传输性能，也是一个研究方向，目前业界主要使用的方法有以下两种。

（1）减少跨段距离，减缓OSNR劣化速度。

如图3-9所示，系统中存在100km以上或损耗大于30dB的跨段时，收端光放信号输入光信号偏小，光放增加的噪声总量是相对固定的，输入信号越小，OSNR比值越低，经过放大器的系统OSNR劣化更多，对传输距离影响较大。

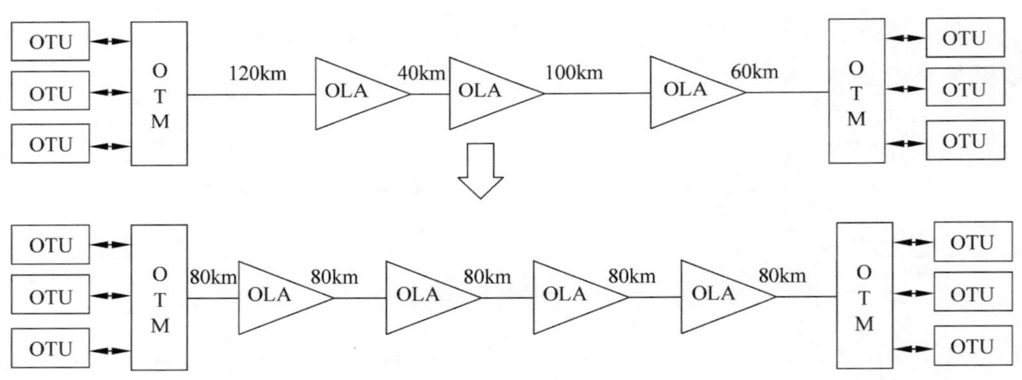

图3-9 调整跨段距离

通过调整跨段距离，例如，调整到80km每跨，则传输距离能增加，如果调整到60km每跨，则传输距离还能再次增加。

（2）长跨使用拉曼放大器。

网络中存在一些长跨系统，一般是穿越无人区、跨海等地方，中间无法增加光放站，传统的EDFA无法传输，通过使用拉曼放大器，在光纤中对光信号进行放大，能有效提升系统OSNR值，实现更远距离的传输，如图3-10所示。

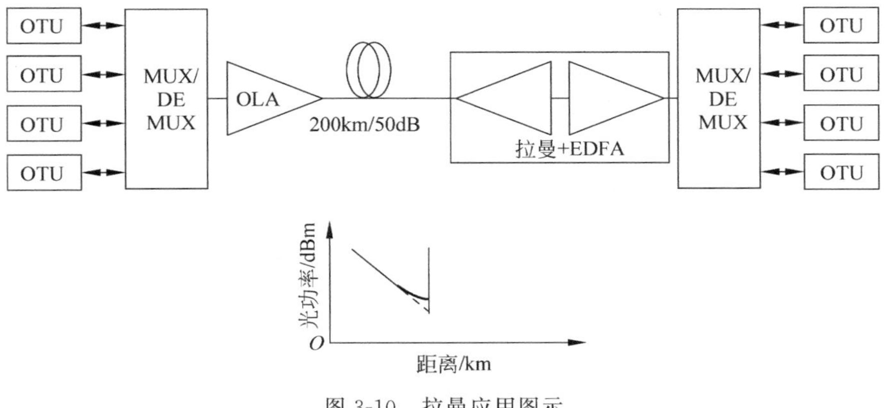

图 3-10　拉曼应用图示

3.3.3　大容量节点解决方案

在骨干系统中，在业务交汇节点需要进行业务调度，常见的业务调度方式有电层交叉调度和光层交叉调度。骨干系统容量大，对节点的电层、光层需要较大的调度容量。

1. 电交叉调度

骨干传输，客户侧接入的业务种类的多样化，线路侧速率逐步提升并大于客户侧业务速率，业务还需要能灵活调度，为了满足这些需求，可采用 OTN 电层调度。

网络应用时，电交叉调度主要完成业务上下和不同方向间业务的调度，如图 3-11 所示。

业务上下：客户侧不同颗粒的业务，通过电交叉调度后，统一送到对应方向的 OTU 处理后，输出到光缆进行长距传输。接入的业务可以是 1～100Gb/s 不同速率的业务。

业务调度：不同方向的 OTU 输入的业务，在调度站点不落地，需要继续传输，需要电交叉调度到对应目的方向的 OTU 板卡上，继续传输。

骨干节点需要调度的业务较多，要求节点的 OTN 设备电交叉设备具备大容量调度能力。当前业界可以实现单设备 32Tb/s 的电交叉容量，可满足较多站点的电交叉调度需求。

通过引入电交叉集群技术，可以实现跨子架的电交叉调度，支持单节点电交叉大容量调度。

1）OTN 集群实现方案

现有网络和核心节点的调度容量超大，达到 100Tb/s 以上，基于单设备继续提升

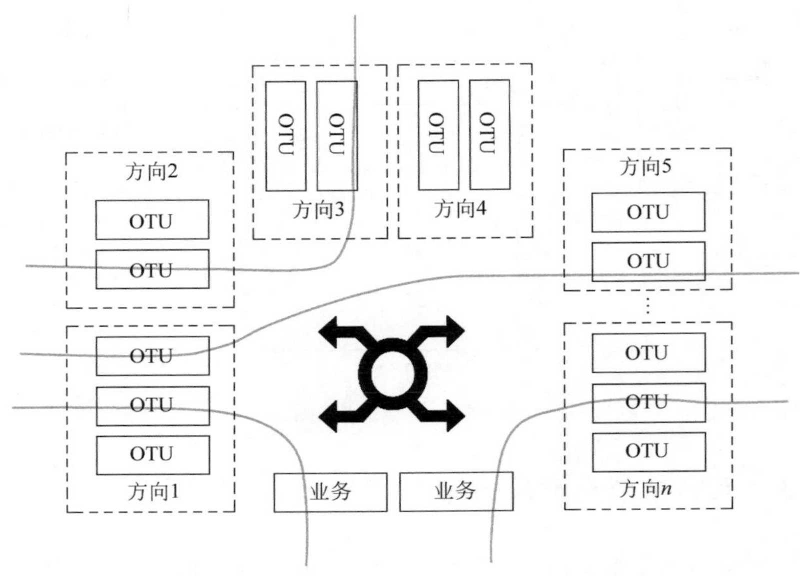

图 3-11　核心站点多方向电层调度示意图

交叉容量调度,主要有两个问题。

(1) 槽位数量限制。即便单槽位能力提升到 1Tb/s,甚至 2Tb/s,单机的槽位容量终归是有限的,无法满足多个方向、多层网络聚合带来的端口数量需求。

(2) 可部署性。当前业务量的井喷式增长,使得单机业务密度快速提升,每 3 年达到 2 倍甚至更多倍的增长,因此设备的功耗持续增长,导致机房局部制冷能力跟不上,产生局部热点问题。

通过引入电交叉集群技术,可以实现跨子架的电交叉调度,支持单节点电交叉大容量调度。

(1) OTN 集群系统的组成。

如图 3-12 所示,OTN 集群系统由业务框和中央交换框两部分组成。业务框的作用是进行业务的接入,包括客户侧业务和线路侧业务;中央交换框的作用是进行多个业务框框间业务的交叉调度功能。业务框和中央交换框之间用集群光模块将各自的交叉板互连,则各个业务框的支路板或线路板业务可以通过交叉层面实现互连互通。

(2) OTN 集群的连接方式。

在业务框中,支路业务和线路业务分别从支路板和线路板接入,通过框内的高速背板分发给业务框交叉板。业务框交叉板既可以将任意一个业务槽位的业务交叉给业务框内其他槽位业务板,也可以将业务交叉到框间。

业务框交叉板和中央交换框交叉板之间一一对应地通过框间互连光纤连接，形成多个交叉平面。业务框交叉板接收来自任何一个业务框的框间业务，可以实现任意两个框、任意两个槽位的业务交叉功能。

2）OTN 集群应用场景

OTN 集群主要用于枢纽节点和核心节点的调度，也可以灵活应用于跨环/跨平面的业务调度和业务扩展。

(1) 超大站点部署场景。

① 国干枢纽节点：作为连接周边省份、业务中继、业务调度和业务上下功能型节点，如武汉、南京、北京、广州、上海等关键节点，如图 3-13 所示。

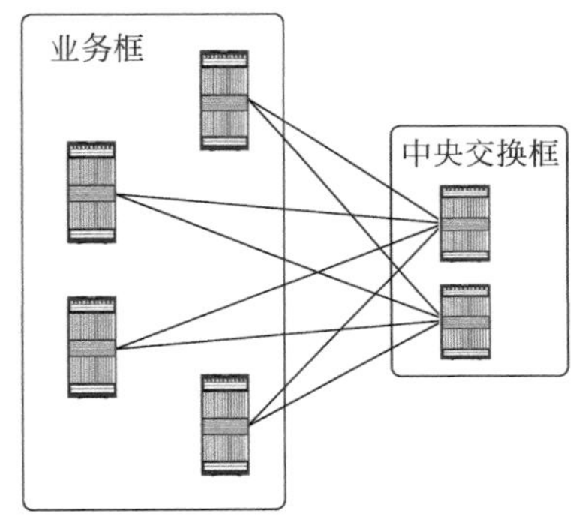

图 3-12　OTN 集群实现方案

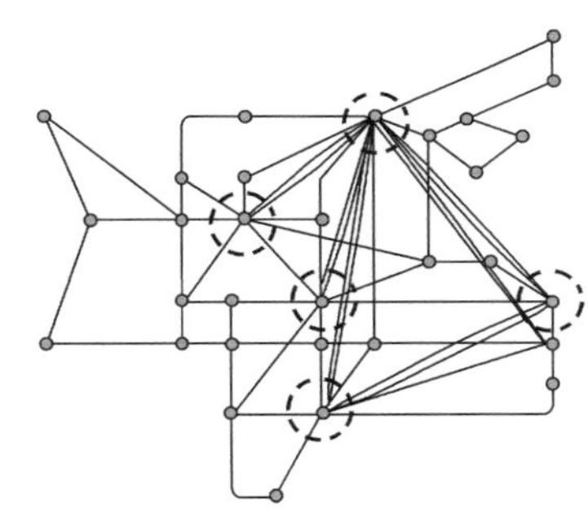

图 3-13　国干枢纽节点

② 城域核心站点：作为核心层 Mesh 互连的调度功能和衔接多个汇聚层功能型节点，往往形成容量超大的核心节点，如图 3-14 所示。

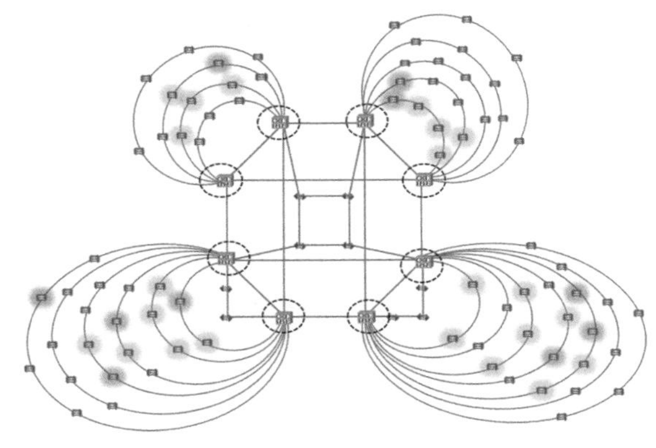

图 3-14　城域核心站点

集群在这类大容量调度应用场景中，提供了更多的槽位，同时分摊了功耗密度，解决了大容量 OTN 设备的容量增长和可部署性的矛盾。因此可以完成在可部署前提下的大容量、干线业务处理。

(2) 跨环/跨平面业务调度场景。

由于网络平面数量的快速增加，有的业务需要进行跨环、跨平面调度。当前基于传统 OTN 的普遍做法是在环间的 OTN 子架上各自配备线路板并进行背靠背互连。这种做法不仅占用业务槽位，同时由于线路板卡的高功耗和高成本直接导致投资成本增加，另外，在维护角度，必须以互连的线路板卡为节点分段式配置和监控业务状态，使用复杂。

OTN 集群采用低功耗和低成本的专用集群光模块在交叉层面实现互连互通，不仅不占用业务槽位，实现了更低功耗和更低成本，而且由于集群子架采用主从子架的方式实现，多个子架在逻辑上是一个子架，实现业务端到端一站式配置和监控，使用更简单。传统 OTN 与 OTN 集群的差异如图 3-15 所示。

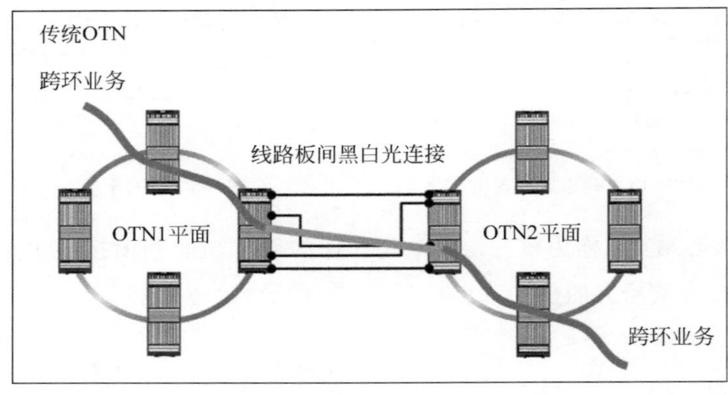

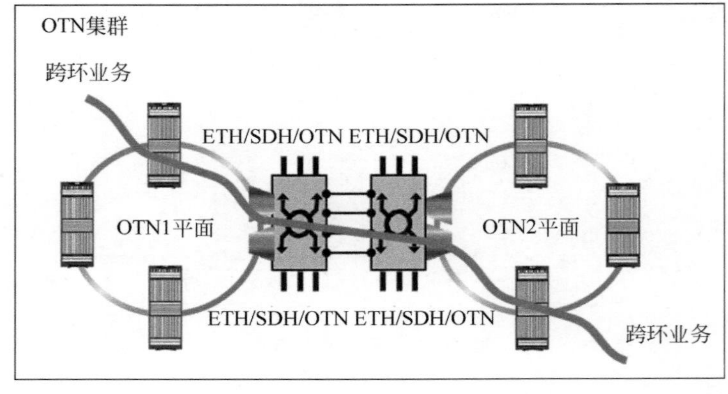

图 3-15　OTN 集群跨环业务调度示例

(3) 扩展站点槽位资源场景。

如图3-16所示,在当前业务规划中,有时会出现线路侧业务需要落地时,用于落地的支路板槽位不够的情况。当前的解决办法是新增一个业务框,将包含原有已落地或穿通业务在内的支线路板割接到新子架中,再新增支路板卡用于新落地业务的处理。这种操作比较复杂,且会中断原有业务。采用集群扩展则不需要割接,直接通过新增子架与原子架形成集群系统,只要在新子架中配置支路板,进行业务配置落地即可,操作简单且不会中断原有业务。

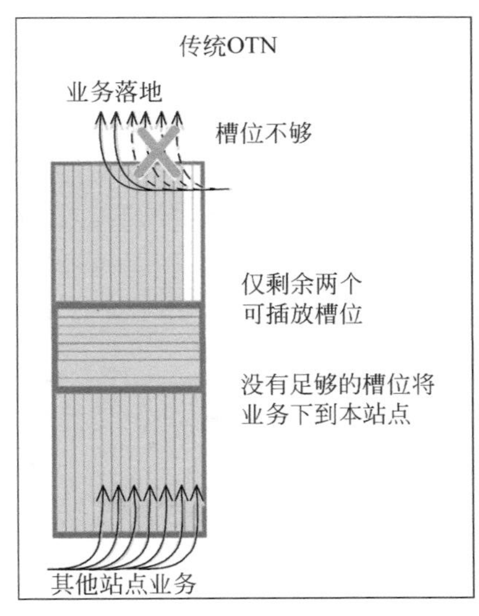

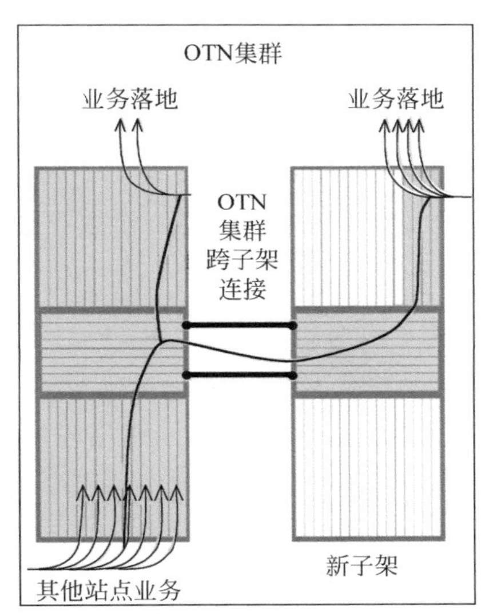

图3-16　业务落地能力提升场景

3) OTN集群需要的关键技术:大容量芯片和高速互连电缆

(1) 大容量和多通道交换芯片技术。

OTN集群在保留单框交换能力的基础上,增加框间交叉功能,这实质上要求交叉芯片的处理能力成倍提升。

图3-17给出了传统OTN单框和OTN集群应用上对交叉芯片的处理要求差异。在传统单框OTN应用中,交叉芯片只需要支持N条链路总线及这N条链路上的业务交叉功能。而在OTN集群应用时,除了保留原有框内N条链路和其业务处理,还需要增加框间的M条链路及其业务交叉功能,实际上要求支持OTN集群的交叉芯片在高速链路数和处理容量上相比单框成倍增长。

(2) 可插拔集群光模块技术。

因为集群系统中每个单框具备各自框内的交换能力,所以在部署初期,可能不需

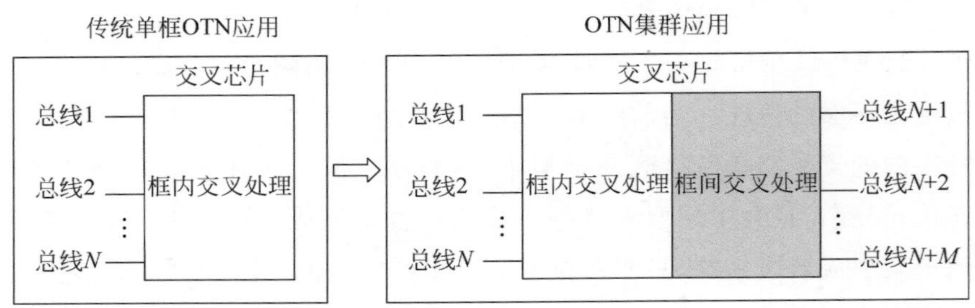

图 3-17　OTN 集群交叉芯片处理能力要求

要配置集群光模块或者配置少量带宽的集群光模块，未来业务量增长时再进行扩容。另外，由于集群系统往往在一个站点，不需要太长的传输距离，因此对于集群互连光模块来说，应具备如下几个特征。

① 低功耗。集群光模块的作用类似背板延长技术，越低功耗则系统实现代价越低。

② 高密度。对传输设备来说，面板空间是一种重要的资源，要实现具备从交叉板输出整框业务调度能力的带宽，其光模块的密度需要远高于普通客户侧光模块。

③ 低成本。当前往往通过使用短距离的垂直腔面发射激光器（Vertical Cavity Surface Emitting Laser，VCSEL）技术来实现集群光模块的低成本。

④ 满足距离应用需求。网络应用中存在少量跨机房的互连场景，跨机房应用下，互连光缆长距一般需要 100m 左右，集群互连光模块需要满足 100m 传输能力要求。

2. 光交叉调度

如图 3-18 所示，大数据时代，业务数据种类多样，数据价值更加凸显，进一步加剧数据流量的爆发式增长，对传输网络骨干节点的处理容量及调度能力提出直接挑战。

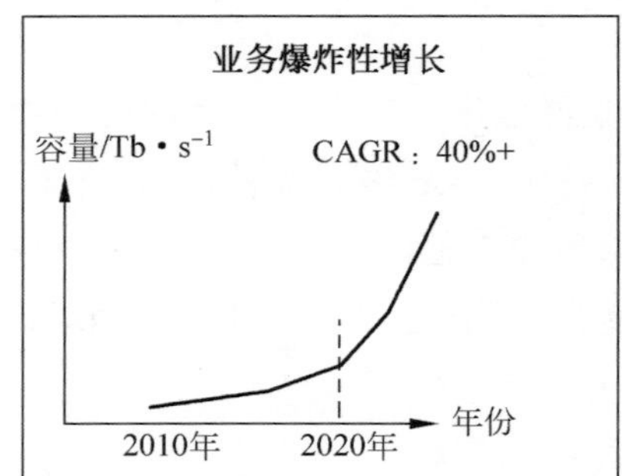

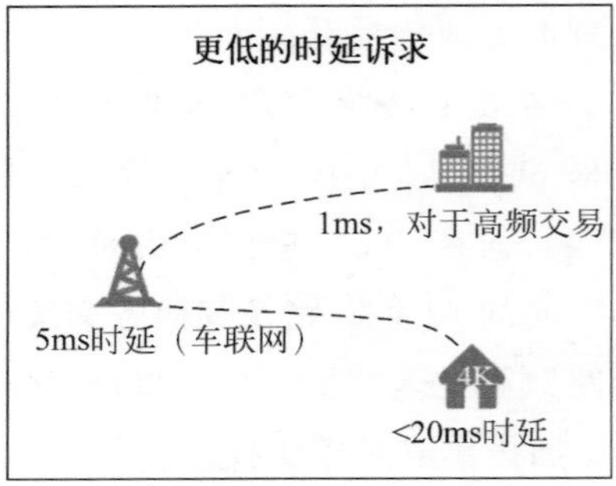

图 3-18　大带宽、低时延的网络需求

低时延网络已渐渐成为人类生活中愈发重要的高感知基础设施，如4K视频的极致体验，需要超低时延网络保障，而传统传输网络骨干节点存在机制性时延，难以满足不断降低的时延诉求。

全光交换具备大颗粒业务调度能力、天然超低时延等优势，是应对流量洪流与超低时延诉求的最佳选择。

如图3-19所示，最初的光层只具备分合波功能，是FOADM的方式实现，上下业务波长固定，且无法调度，只能人工跳纤。后续通过引入ROADM技术，可实现光交叉调度。

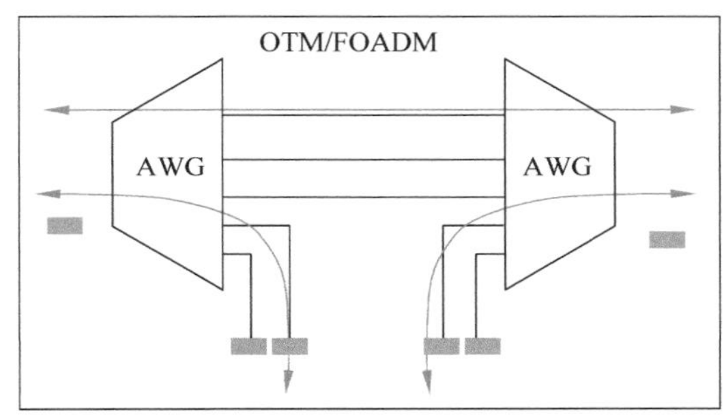

图3-19　OTM/FOADM调度

1）ROADM光交叉调度

ROADM基于WSS技术，可实现波长级别的光交叉调度，通过波长无关、方向无关、冲突无关等多种应用的组合，满足不同网络的应用需求，具体请参考2.3.2节。

2）OXC光交叉调度

传统ROADM设备将交叉能力构建在单模块上，当调度维度逐渐增大时，需要多个ROADM设备共同组网才能满足高维度业务调度需求，占用大量机房空间，同时还需预防高维交叉调度时的波长冲突问题，难以实现端到端动态全光交叉。

传统ROADM设备由于架构设计的特点，在搭建光交换ROADM系统时完全依靠单板堆叠，导致在业务上下路节点和再生节点均需要大量复杂的人工连纤，耗时长，存在错连风险，且调度维度越高系统越复杂，后续运维挑战大。

如图3-20所示，8维ROADM站点的ROADM连纤达到56根，32维的达到992根，随着维度数增加，内部连纤数量呈倍数上升，存在连纤错误或连接不良的情况，需要更可靠的设备形态，实现光交叉。

OXC由光线路、光支路、光背板组成，采用极简架构设计，通过集成式互连构建全

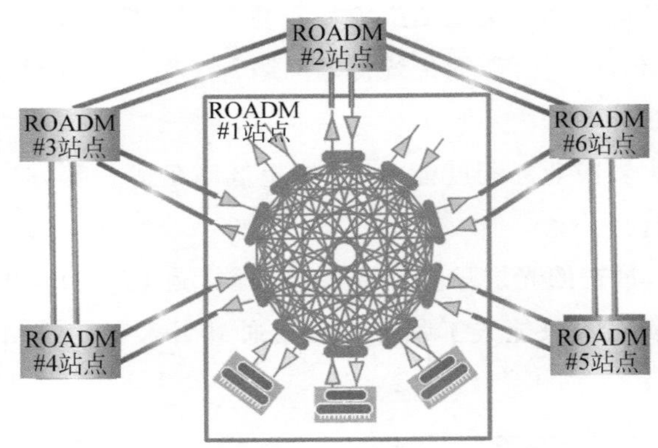

图 3-20　多维 ROADM 调度节点内光纤连接示意图

光交叉资源池，免除板间连纤，实现了单板即插即用，极大地降低了运维难度。

OXC 是一种更灵活的全光交叉方式，天然具备超大容量、超低时延传输能力，还能实现高集成度、单板即插即用的全光交叉，有效提升了大颗粒业务的交换效率。

OXC 支持环形、Mesh 化和立体化骨干网多种场景下的应用。

(1) 环形组网方式中所有业务在源节点和目的节点配置光电转换 OTU，在中间节点全部采用光层波长直通方式；当源宿节点间的距离过长时，可在中间合适节点进行电再生。

(2) Mesh 化网络中所有业务在源节点和目的节点配置光电转换 OTU，而在中间节点全部采用光层波长直通方式；当源宿节点间的距离过长时，可在中间合适节点进行电再生。

(3) 立体骨干网通过 OXC/ROADM 的光交叉调度，可实现任意方向、任意节点间的光波长调度，可让系统选择直达路由、最短路由。

光交叉设备目前具备最多 32 维能力，根据网路网络方向数、上下波维度数、未来扩容需求，选择合适的设备；光交叉设备需具备波长无关性和方向无关性，支持无冲突特性。32 维光方向的全光交叉节点，可实现 320～640Tb/s 超大容量全光交叉能力。

OXC 实现的光交叉，通过内部数字化管理，实现全方位监控。

(1) 通过对波长增加数字化调顶信号，可以监控波长在 OXC 内部的调度方向和信号强弱。

(2) 通过内部监控点，监控设备内部的衰减异常，提供具体排查点，降低故障处理难度。

3.3.4　骨干网智慧运维解决方案

1. 自动化运维：在线监控（OSNR/光功率、衰耗、平坦度）

网络从链形、环形组网、Mesh 化、扁平化、立体化发展后，组网架构变复杂，运维难度增加，需要有自动化运维接收端提升运维效率。主要通过如下功能特性实现。

1）在线监控

在线监控功能对波分网络光层性能进行端到端、精细化、数字化管理；通过一键式功能配置，完成网络性能自动化监控、分析。在线性能监控包括在线 OSNR 监控、在线光功率监控、在线衰耗监控、在线平坦度监控。

（1）在线 OSNR 可实时监控中间节点及接收端每个波长的 OSNR 值，用于判断对应波长的接收端性能，如图 3-21 和图 3-22 所示。

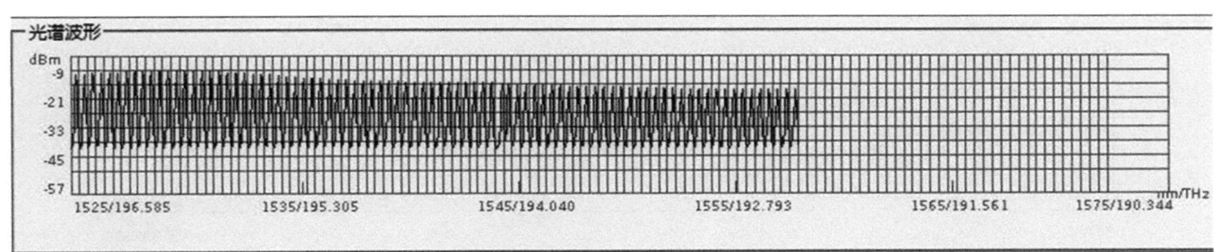

图 3-21　在线 OSNR 可实时监控

光谱数据

序号	波长组	标准波长(nm)/频率(THz)	中心波长(nm)/频率(THz)	波长偏差(	频率偏差	光功率(dB	OSNR(dB)	衰减调节量(dB)
1	-	196.650THz+-25.000GHz	1524.5/196.650	0.0	0.000	-10.8	---	/
2	-	196.600THz+-25.000GHz	1524.89/196.600	0.0	0.000	-10.5	---	/
3	-	196.550THz+-25.000GHz	1525.27/196.550	0.0	0.000	-10.3	---	/
4	-	196.500THz+-25.000GHz	1525.66/196.500	0.0	0.000	-10.2	---	/
5	-	196.450THz+-25.000GHz	1526.05/196.450	0.0	0.000	-10.0	---	/
6	-	196.400THz+-25.000GHz	1526.44/196.400	0.0	0.000	-9.9	---	/
7	-	196.350THz+-25.000GHz	1526.83/196.350	0.0	0.000	-9.7	---	/
8	-	196.300THz+-25.000GHz	1527.22/196.300	0.0	0.000	-9.6	---	/
9	-	196.250THz+-25.000GHz	1527.61/196.250	0.01	0.000	-9.4	---	/
10	-	196.200THz+-25.000GHz	1527.99/196.200	0.0	0.000	-9.3	---	/

图 3-22　频谱数据

（2）在线光功率监控。监控系统中的单波功率和合波功率，如图 3-23 所示。

2）在线 OTDR

在线光时域反射仪（Optical Time Domain Reflectometer，OTDR）依据光纤的瑞利散射、菲涅尔反射两种独特的物理现象实现对光纤的测量，可以探测出光纤的断纤

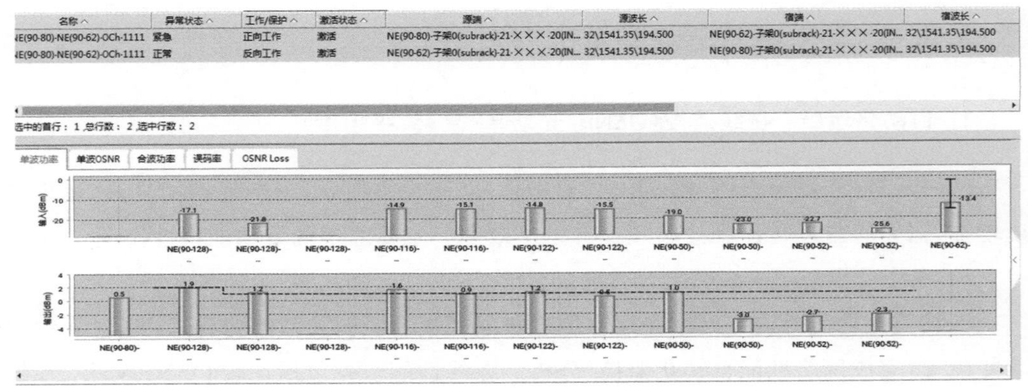

图 3-23　在线光功率监控

点、异常接头点的具体位置，利于快速光缆故障定位。在线 OTDR 可以在业务正常运行的时候进行实时探测，且不影响运行的业务，实现实时探测，如图 3-24～图 3-26 所示。

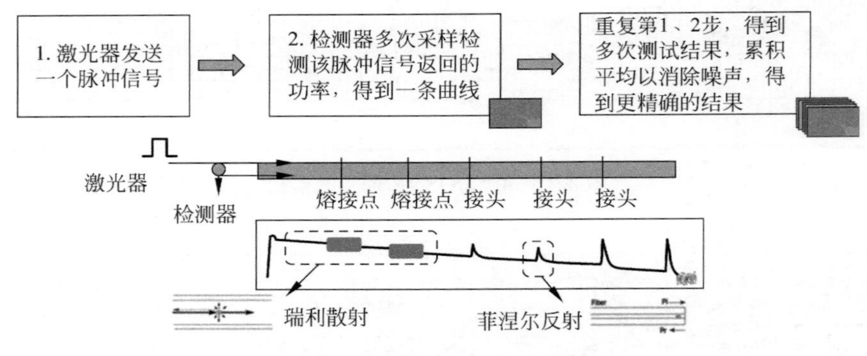

图 3-24　在线 OTDR 探测

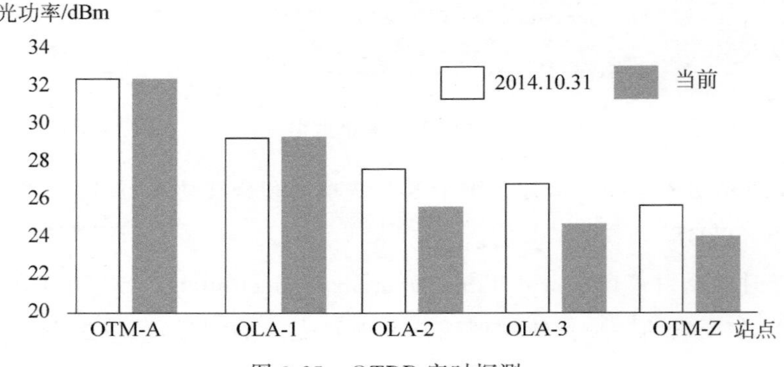

图 3-25　OTDR 实时探测

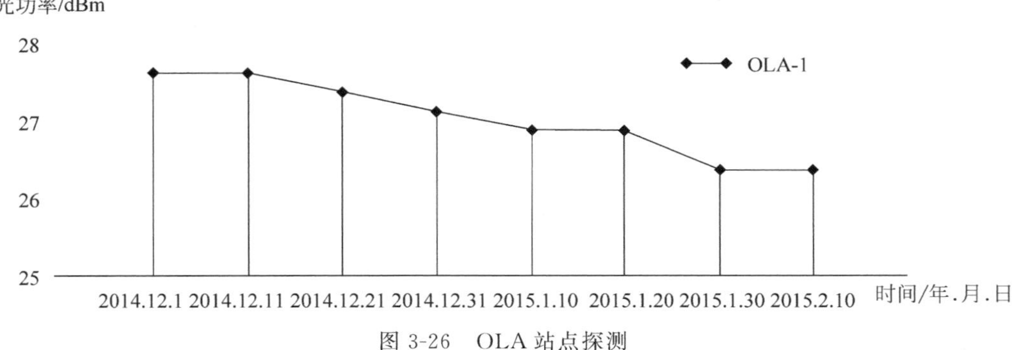

图 3-26　OLA 站点探测

2. 自动调测：开局调测、扩容调测、在线优化

波分系统完成物理网络搭建后，需要进行系统光功率调测，需要根据站间衰耗调整线路 VOA、光放增益，系统中同一个段落的波长间需要进行光功率调平，让接收端的 OSNR 保持平坦，这样可以让系统工作在较优的工作状态，保持稳定运行。

早期系统主要由人工调测，需要对系统参数进行反复查询、计算和调整设置，调测耗时长、效率低，且精度不高。引入自动调测后，能根据系统当前状态，自动判断需要调节的参数，计算出要调整的值，并进行反馈式调测，可大幅提升调测效率和精度，如图 3-27 所示。

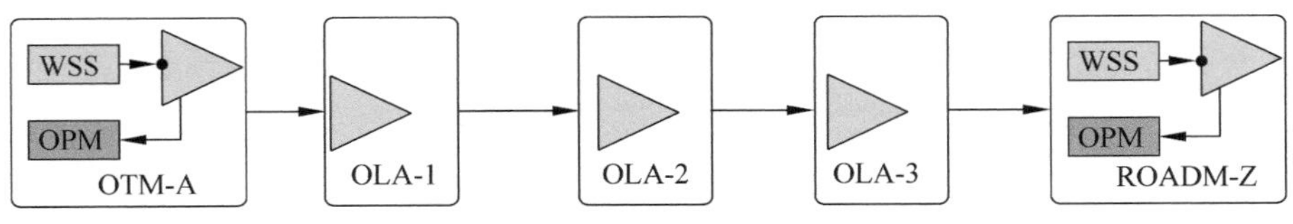

图 3-27　自动调测

自动调测主要包括以下功能特性。

(1) 开局调测：新建设的设备系统安装完成后，启用调测功能，系统会进行全面调测，包括站间 VOA、光放增益、平坦度等参数。

(2) 扩容调测：在正在运行的系统上，对新增扩容的波长进行调测，主要是新增波长光功率和老波长保持一致，同时不能影响到已有波长的正常工作。

(3) 在线优化：如图 3-28 所示，系统运行一段时间后，由于光纤、激光器老化，系统的平坦度、站间衰耗会发生变化，需要进行参数优化，在不影响系统业务的情况下，进行优化调测，让系统重新工作在最佳状态。

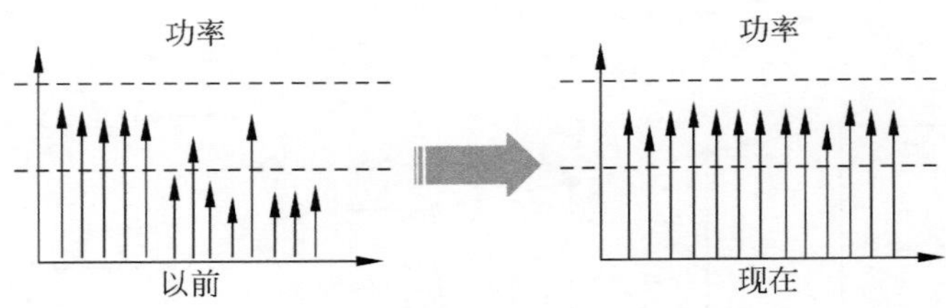

图 3-28　系统平坦度优化

第 4 章

城域网组网架构和方案

4.1 城域网业务需求和当前组网架构痛点

城域网业务经历了移动业务从 2G 到 5G，家庭业务从语音到超高清视频多代技术的发展，以及品质多样的政企专线业务，其承载网络经历了多种网络、多技术长期共存发展的局面，对应的光传送技术经历了数代的发展，如图 4-1 所示。

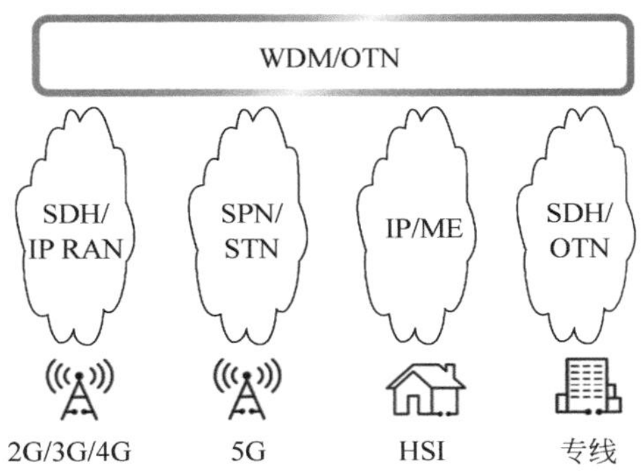

图 4-1 城域承载网络现状

如图 4-2 所示，随着 5G、4K/8K 视频、VR/AR、全行业应用上云等业务类型的不断丰富，网络流量激增。运营商期待未来的承载网络具备超大容量来应对海量连接与流量洪水。然而，超大容量的承载网络往往伴随着大量的机房空间与供电的消耗，大量的运维人力投入与每年超高的运营支出(OPerating EXpense，OPEX)投入。从资源配比的角度来看，运营商所拥有的资源不可能无限扩充，具体表现在运营商所具备的光纤和频谱资源、机房和站点的空间、供电能力以及运维人力都是有限的。所以如何实现单纤容量最大、单比特集成度最高、单比特功耗最低、单比特运维成本下降，将成为未来运营商能否平稳地应对新业务激增与流量大爆炸所带来挑战的关键。上述所有挑战都可以归纳为运营商不断对单比特传送成本最优的追求，所以下一代综合业务承载网络，将必然会基于单比特成本最优的解决方案构建，这也将成为运营商应对新时代挑战的唯一出路。

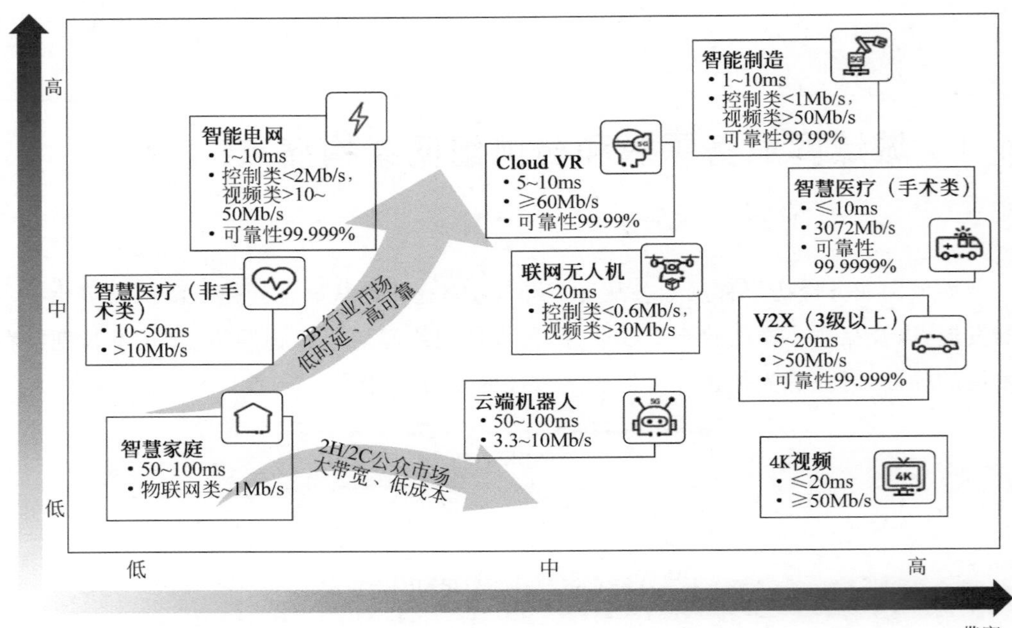

图 4-2　新兴业务品质需求

除了带宽激增需求，面向公众市场和面向行业市场的各类新兴业务还对网络时延、可靠性、安全性等方面有高品质要求，但各类业务的品质要求存在一定差别。这要求承载网络不仅要满足激增的带宽需求，还要满足差异化的时延、安全、可靠性等需求。同时，以 DC 为中心的建网思路逐步被国内外运营商认可。因此，在公众和行业市场高品质新业务和网络全云化新技术的双重驱动下，现有城域承载网络的组网架构弊端逐渐暴露出来，主要表现在如下几方面。

（1）烟囱状网络：家宽、移动承载和专线是 3 类独立的网络，导致了网络规划、设计、建设和运营的复杂性。

（2）对应用体验缺乏保障：对用户的体验缺乏感知和管理手段，缺乏对业务和应用差异化承载的手段[只有静态配置的服务质量（Quality of Service，QoS）]。

(3) 移动承载环网需要逐跳上下业务，大带宽扩展能力弱，网络时延指标差。IEEE 1588v2 光纤不对称补偿是痛点，需要逐跳调测或者边缘部署 Atom GPS 作为参考，部署成本高。

(4) 业务网与承载网耦合严重：用户业务发放时都需要对接入设备和 BNG 设备进行配置，不像有线数据传输业务接口规范(Data Over Cable Service Interface Specification，DOCSIS)那样只配置网络控制面；宽带网络业务网关(Broadband Network Gateway，BNG)控制面与认证、授权和计费(Authentication，Authorization，and Accounting，AAA)控制面耦合严重，新业务上线往往都要依赖 BNG。OLT 与用户业务有较大关联，如家庭终端认证、业务模板选择、用户上行通道限速等。新业务上线也需要修改 OLT。当业务变更时，管道配置也要变更。

(5) 网络运维效率低：运营支撑系统(Operations Support System，OSS)直接管理底层资源和硬件实现强耦合，导致每引入一个新的单板就需要修改 OSS；设备部署、升级、替换、演进都缺乏自动化工具辅助。

4.2 城域网业务目标

以全光网和云为代表的新型基础设施建设在支撑中国经济高质量发展中的战略性地位进一步凸显。在数字经济时代，行业提出了“数字经济强度∝算力强度×运力强度”的理念。云为数字经济提供了算力，全光网为数字经济提供了运力，二者缺一不可。因此，以城域智能全光网为基石的新型基础设施在国内城市各个领域和行业的数字化转型过程中起到了关键的运力增强作用，为千行百业的创新筑牢“数字基础”，推动供给能力进一步优化、支撑消费升级、助力中国经济的高质量发展。

在数字经济时代，大量实践已证明网络价值 V 由“新梅特卡夫定律”定义，如式(4-1)所示。

$$V=\sum_{\text{Slice 1}}^{\text{Slice }N}\frac{K\times B\times N^2}{T} \tag{4-1}$$

式中，K = 价值系数、B = 网络带宽、N = 网络节点规模、Slice 1→N 为网络切片 1→N、T = 网络时延。

网络带宽 B、网络节点规模 N 是常见的网络价值提升措施。国内运营商已实践多年。但随着行业数字化转型加剧，运营商网络定位正由消费型网络向生产型网络演进。网络时延，特别是端到端网络时延 T 是评价全光网运力价值 V 的关键指标之一，是决定各垂直行业数字化转型目标能否达成的关键网络能力。

因此，运营商需要实现如下几点业务目标：

（1）从带宽经营转向体验经营。通过“业务感知＋E2E 切片＋基于体验的承载策略”，运营商可面向各类终端用户/政企客户提供场景化的解决方案。

（2）提高投资和运营效率。智能化管控手段实现精准规划。发现用户潜在需求、提高营销效率、精准扩容；业网分离实现一张物理网络承载多业务，有利于未来平滑新增场景和业务，缩短产品上市时间（Time To Market，TTM）。

（3）提高维护效率。网络架构归一，降低运营和维护成本；fabric（无阻塞，全光交换）组网，扩容简单，提高物理网络带宽复用效率；操作自动化，模型驱动简化新场景和新厂家对接难度；维护智能化，设备具备主动维护能力，可提前暴露潜在问题。

为实现城域网业务目标，需要在如下 3 方面采取具体措施。

4.2.1　运力升级夯实城域新型基础设施

行业数字化转型加剧，ICT 业务系统持续深度融合。企业内各类办公/生产业务系统逐步上云。综合参考各类业务系统的安全等级要求、目标用户群、ICT 技术成熟度（含配套软/硬件生态链）、人员技能升级周期等，整个上云过程可分为“初级”、“中级”“高级”3 个阶段，如图 4-3 所示。

随着企业生产/业务系统的云化节奏从初级阶段逐步走向高级阶段，企业各类业务云/生产云之间存在越来越多的云间协作流量互通需求。根据业务云和生产云可提供的云服务能力，可把云间互通流量归纳为“算力”的互通和 AI“智力”的互通。

计算核心是支撑业务发展。一方面，工业互联网、金融证券、灾害预警、远程医疗、视频通话等智能化的应用场景日趋多元化。同时，不同业务场景还需考虑离线分析、训练，近线业务推理，实时响应等差异化的 AI 场景需求。这势必要求有不同于算力的智力计算系统来支撑。例如，针对传统工业设计仿真、气象模拟等的科学计算，数值精度要求高；而自动驾驶、智慧医疗等 AI 训练，则可以使用数值范围大、精度低的 16 位浮点类型；对于 AI 推理，由于推理要求速度快、耗能少，则可以在更低的数值精度下处理。AI 的应用引入了新的计算类型，从推理到训练，跨度更大，同时，数据量也从 GB 级到 TB 级，再到 PB 级不断提升，网络时延从 10ms 级到 ms 级，甚至 100μs 级提升，类型从结构化到半结构化、非结构化，更加复杂多样。

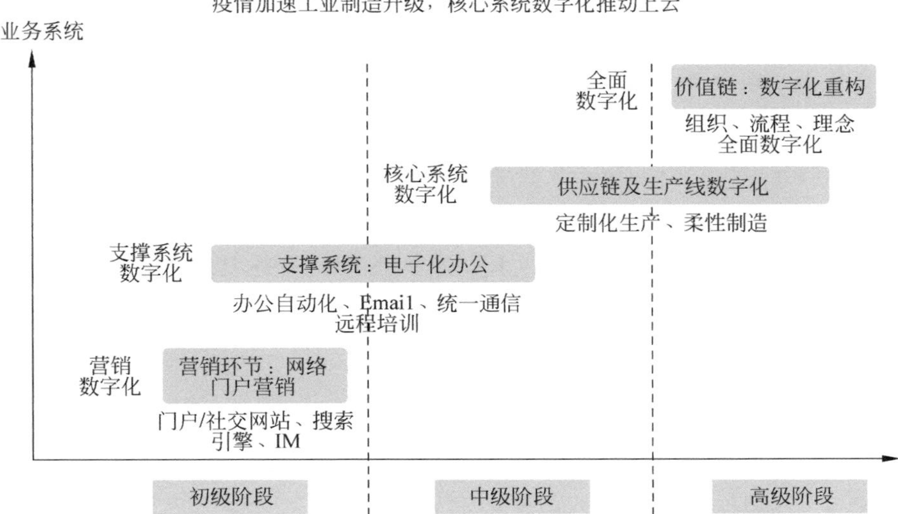

图 4-3　企业 ICT 业务/生产系统上云阶段划分

图 4-4 展示了企业各阶段云化业务和生产系统对承载网络有不同的能力需求，需要承载网络有相应的 SLA 匹配，比如，在业务/生产系统云化的各个阶段，企业云间互通的"算力"和"智力"流量对承载网络有不同的能力需求。

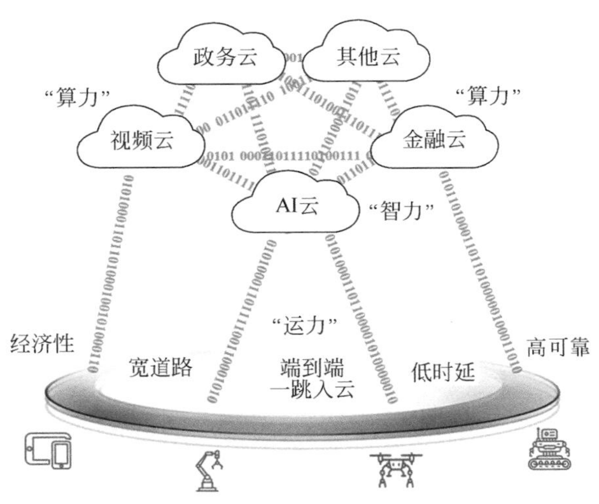

图 4-4　运力、算力、智力关系模型

（1）在初级阶段，门户网站等业务系统具有的典型特点为"系统安全性一般、公众消费者为主要用户群、承载在公众网络上"。承载网络仅需具备连接可达性，以及一定的网络带宽等网络 KPI 指标即可。

(2) 在中级阶段和高级阶段,制造等生产系统具有的典型特点为"系统安全性高、企业员工为主要用户群、企业内网为主或有严格安全保障措施的公众网络"。承载网络除了需要具备连接可达性和一定的带宽等网络 KPI 指标外,还需要具备超大带宽、稳定且超低时延、高可靠性、高安全性等网络 KPI 指标。

随着不同云化阶段下企业生产和业务系统逐步上云,需要以城域智能全光网为代表的城域新型基础设施为其提供综合承载能力,匹配企业各类云化系统的差异化网络需求。

综上所述,在企业整个 ICT 系统中,城域智能全光网好比城市轨道交通网,为业务云和生产云的"算力"和"智力"提供到端到端、大带宽、低时延、高可靠的"运力"保障,释放数字经济新动能,支撑千行百业的创新。

4.2.2 架构升级使能品质业务体验

随着企业生产/业务系统持续数字化、云化,以及新兴业务的推出,近年来,全球数据流量一直呈爆炸式增长。参考 OVUM 全球数据流量最新统计数据,如图 4-5 所示,预计到 2024 年,全球数据流量相比 2018 年增长至少 5 倍。其中以 4K 视频、Cloud VR 等为代表的品质视频类流量增长最为迅猛,流量占比超过 78%。

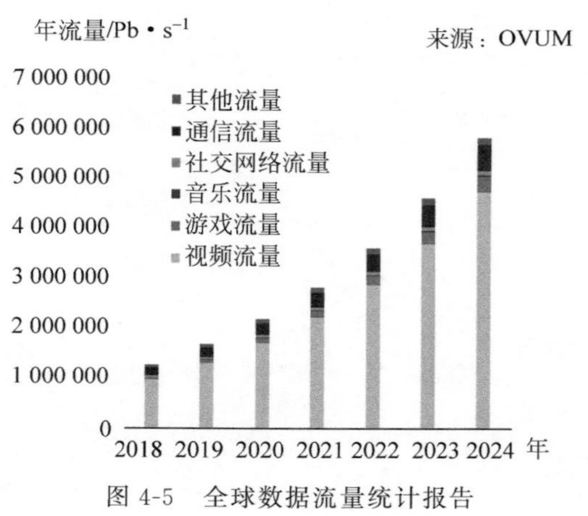

图 4-5　全球数据流量统计报告

但运营商并未从网络的爆炸式流量增长中获得明显收益。根据 3GPP 最新的一份调研数据,如图 4-6 所示,运营商年收入增长率近几年来持续跑输国内生产总值(Gross Domestic Product,GDP)大盘。业务流量持续增长,运营商"增量不增收"的矛盾变得更加突出。

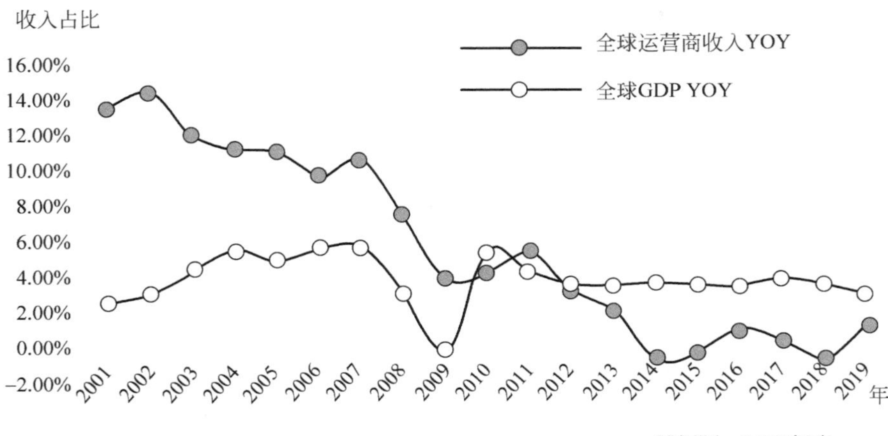

图 4-6　全球运营商收入和 GDP 同比变化(Year on Year Percentage,YOY)统计报告

为了缓解此矛盾,运营商普遍采取的一种应对措施为发挥城域内传统 IP 网络“统计复用”的技术特点,采取“网络超卖”策略,“尽力而为”转发业务流量。这种超卖策略虽然可以缓解带宽的困境,但带来的问题是业务流在高峰时段并发严重时,业务流量总带宽需求远大于物理网络可提供的链路带宽,业务间随机抢占物理网络链路带宽,导致“业务被尽力而为承载,业务品质很难得到保障”。

以“上网”为代表的传统业务对网络主要需求为“连通性”,为公众用户提供内容可被访问能力。因此,网络超卖策略对传统业务影响有限,至少不会出现业务功能的可用性问题。但随着企业生产系统和业务系统云化演进,数字经济的发展也同步带动了业务应用升级,应用场景和配套的网络架构也同步发生了变化。参考业界典型划分,品质业务分为“政企专线”“5G ToB”“品质视频”3 类。

1. 政企专线

随着行业数字化转型加速,政企业务从传统的集中办公转变到企业上云,除了关注带宽外,金融行业会重点关注时延,政务/医疗会重点关注可靠性,大型企业/互联网 OTT 则会重点关注自助式服务体验。同时,为了更好地支撑企业数字化转型,分支与总部的组网专线、企业入云专线等需求日益增多,也为服务于更多中小型企业提供了可能。

2. 5G ToB

2019 年是 5G 商用的元年，在 5G 发展的初期阶段主要以 ToC 业务为主，带宽提速是关注的焦点，目前 5G 套餐用户数量已经突破 5000 万。2020 年，随着运营商基础设施网络的加快部署，将会加速 5G 在 ToB 市场面向垂直行业的全面布局。相比于 ToC 业务，ToB 业务对网络的上下行带宽、时延、可靠性等有更高要求，需要网络提供业务保护及运维管理等功能。

3. 品质视频

高清、4K、8K、Cloud VR 等视频是当前城域网主要的消费流量，在城域网宽带流量占比中已超 50%。根据 Gartner 的最新统计数据，预计到 2021 年年底，将有 82%的带宽流量是视频流量。从微信抖音到云办公、云教育、云游戏，再到网红直播，视频应用将无处不在，每秒将产生 1 亿分钟时长的视频流量。高带宽、高可靠、低抖动、低时延是品质视频承载网络的关键指标。

如图 4-7 所示，品质业务承载网络的关键需求可总结归纳为“三低四高”。

图 4-7　品质承载“三低四高”需求

为满足品质承载需求，典型的传统承载组网方案是为每一类业务选用相应技术搭建一张承载网络。在当前流量激增的背景下，这种建网策略肯定因投资过大问题而无法落地。运营商急需构建一张统一城域承载网络，接入层广覆盖，核心层网络架构立体化多路由，可同时满足各类业务的差异化承载需求。同时，技术上通过不断挑战摩尔定律，持续降低综合建网单比特成本。

城域智能全传送光网凭借刚性硬管道、超大带宽、稳定且超低时延的独特优势，通过确定性的承载能力和超高性价比，为品质业务提供可承诺的性能保障。

4.2.3　智慧运营自动化网络全生命周期

基于算法的 IT 运维(Algorithmic IT Operations)即平台利用大数据、现代的机器学习技术和其他高级分析技术,通过主动、个性化和动态的洞察力直接或间接地、持续地增强 IT 操作(监控、自动化和服务台)功能。AIOps 平台可以同时使用多个数据源、多种数据收集方法、实时分析技术、深层分析技术以及展示技术,如图 4-8 所示。

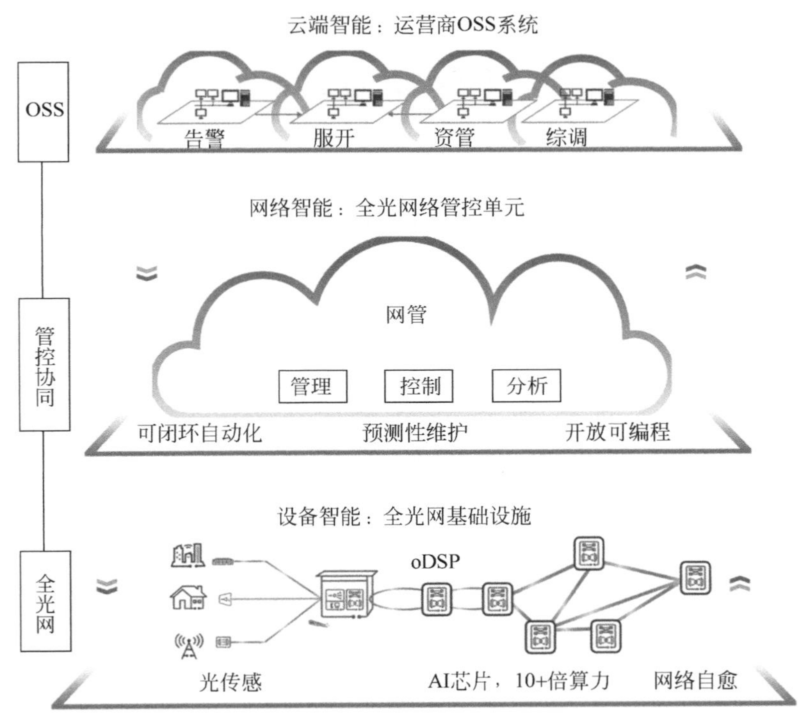

图 4-8　AIOps 平台

1. 云端智能

基于云平台提供数据业务服务,模型与训练服务,生态开放与开发者服务。

2. 网络智能网络管理系统

基于开放架构提供网络异常感知、网络故障原因分析、网络运维意图闭环能力。

3. 设备智能

嵌入式 AI 能力提供实时异常感知、边缘推理、实时自愈决策。

4. 全生命周期自动化

(1) 健康可视：对整个网络上的资源(包括光纤、OCh、业务等)部分关键参数进行可视化呈现，并对整个网络中的异常事件、网络事件和业务事件(比如丢包事件、设备告警、配置异常等)进行实时监控。

(2) 诊断分析：收集完成各种异常事件后，对异常事件进行聚类处理，并通过告警压缩 90%的衍生告警，对故障根因进行精准分析，提升故障定位准确度，然后通过 AI 算法进行根因推理，并给出相应的处理建议。对于常见的故障进行相关特征画像，以便能够更好地识别各种异常。

(3) 故障恢复：对于设备能够自动处理的故障，进行网元级的故障自愈处理；对于无法自动处理(或存在业务中断风险)的故障，选择恢复预案，自动生成客户工单，并下发实施。

4.3 城域网新的组网架构和方案

为满足企业用户云化系统按需灵活部署、产品敏捷创新、缩短 TTM 等关键承载需求，城域网新的组网架构至少应具备如下 6 方面的能力。我们称之为智能城域网。具体组网架构如图 4-9 所示。

(1) 业网解耦、架构极简、敏捷高效。

(2) 全类型业务侧接口，全业务接入，10Gb/s、25Gb/s、100Gb/s 灵活入云，综合承载。

(3) 边缘智能识别业务，灵活导流入品质差异化承载隧道。

(4) 端到端软/硬承载链路多业务隔离(VPN/ODU*k*/OSU/波长)。最高品质业务承载可以采用波长一跳直达方式，保障业务的承载品质。

(5) 云间高速互连，通过 OTN 一跳入云提供大带宽、低成本、稳定超低时延的互联网络。

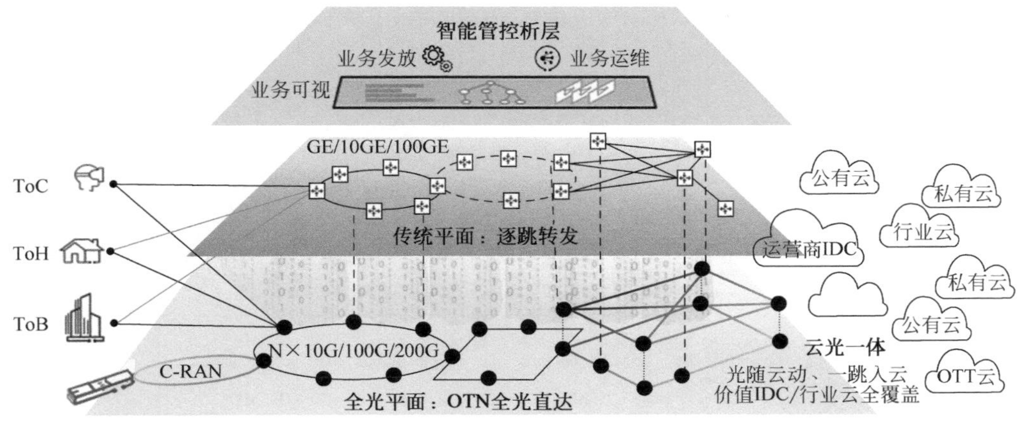

图 4-9　智能城域网目标架构

(6) 链路资源可视、AI 主动运维。

智能城域网目标架构主要分为“管控析层”“传统平面”“全光平面”3 个网层。

4.3.1　传统平面

实现上网、互联网专线等传统 ToC、ToH 和 ToB 业务的承载，以极低的网络成本架构满足这类传统业务在城域网内的连接可达性需求。比如，在传统 ToH 上网场景中，家庭用户的 ONT 通过城域接入层网络连接到运营商的 OLT 设备。OLT 根据预先配置的业务流识别模板感知识别出上网业务流后，将上网业务流分流到 BRAS，然后通过传统平面逐跳转发和统计复用方式转发上网业务流。

4.3.2　全光平面

城域全光传送网架构采用“4(网层关键功能节点)+1(管控组件)”的建网策略，使智能全光网具备“业务高效接入”“敏捷入云”“智能识别业务 SLA，引业务流入相应品质承载管道”“承载管道高效灵活调度”的端到端品质承载能力，达成智能城域全光传送网的业务目标，如图 4-10 所示。“4+1”建网策略的详细解读如下。

1. 全光云接入点

全光云接入点是全光传送网与云/DC 之间的接口，是全光网云端侧边界点。可以这么认为，它是全光传送网云业务层的网关，数据中心的边界网关(Data Center Gate

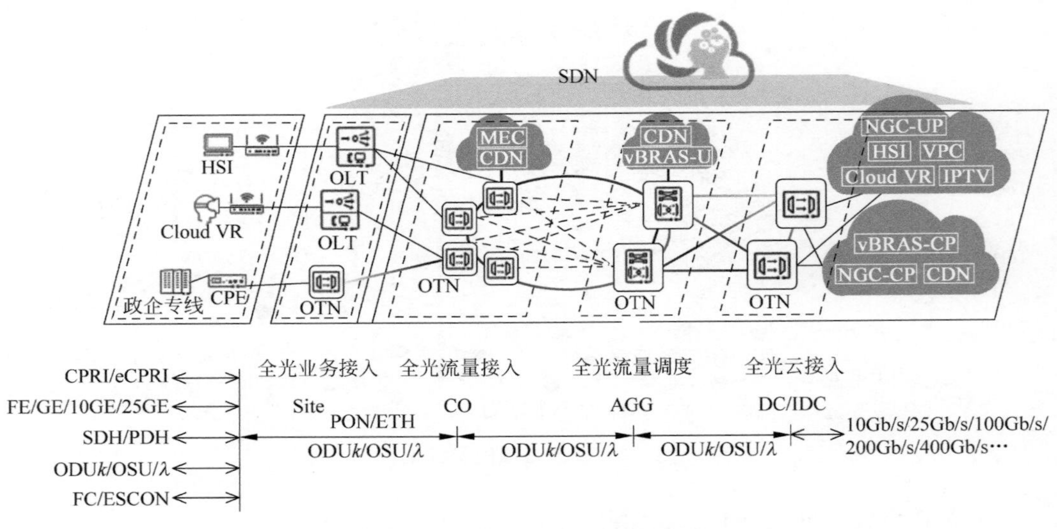

图 4-10　智能城域全光传送网架构

Way，DC-GW）是虚拟网络功能（Virtual Network Function，VNF）的业务网关，链路速率当前以 100Gb/s 为主，完整的理想入云业务管道是从用户终端（如手机/PC/Pad/摄像头等）一直连接到云内的 VNF。所以，全光云接入点类似于跨域 VPN 在两个自治系统边界路由器（Autonomous System Boundary Router，ASBR）之间的接口，实现网络和云的互连，如图 4-11 所示。

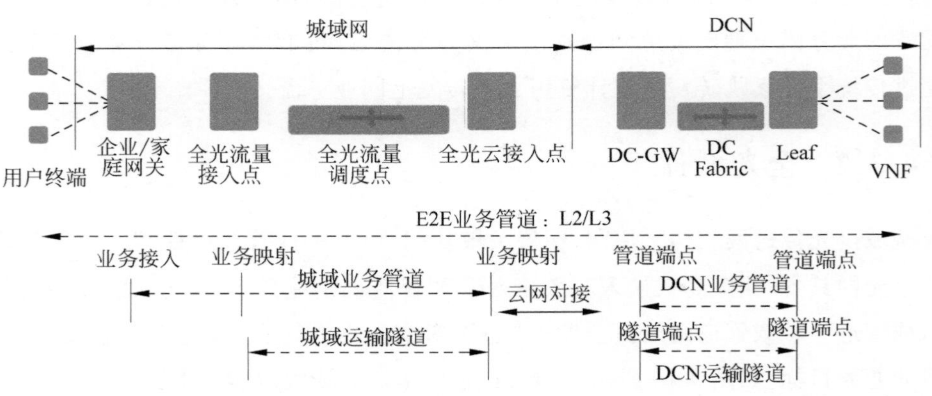

图 4-11　全光云接入点的网络上下文

全光云接入点的主要特点总结如下。

（1）以太网二层链路负载分担方式对接云 GW/DC-GW 部署，实现中心互联网数据中心（Internet Data Center，IDC）与二级 IDC 互连及全光业务接入点入云。

(2) Mesh 组网为主，节点容量可匹配云资源池扩缩容要求按需进行。

(3) 光电融合，需要具备分组能力，与云 GW/DC-GW 形成双归保护。

(4) 云网协同能力，能够通过控制器和协同器，实现全光传送网与云池资源协同，如全光链路带宽与云虚机/存储资源一站式分配等。

2. 全光业务接入点

全光业务接入点是运营商网络面向用户侧的业务点，典型设备类型包括政企专线场景中的客户终端设备(Customer-Premises Equipment，CPE)、家庭宽带场景中的 ONT 等。全光业务接入点除了传统的 L1、L2、L3 连接外，还会存在大量的异质 IoT 接口，比如 EtherCAT、串口、蓝牙等。这部分异质接口协议需要在现场网关上通过代理转换为标准的 L2、L3 接口后，再传送到全光业务接入点。全光业务接入点接口模型如图 4-12 所示。

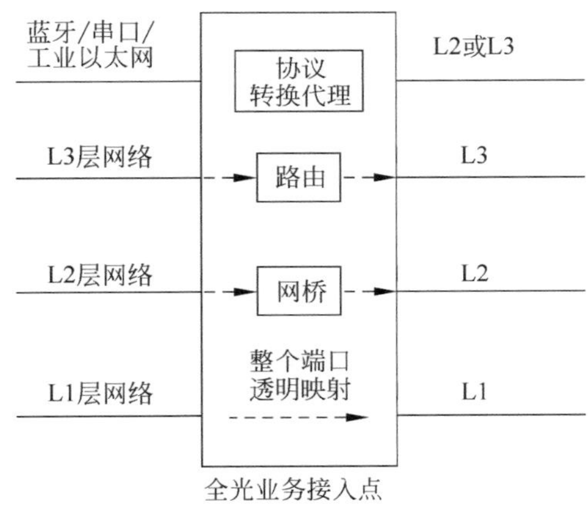

图 4-12　全光业务接入点接口模型

(1) Native IP，业务网关需要感知到 IP 地址。

(2) Ethernet，业务网关只需要感知来自用户侧的 L2 信息[虚拟局域网(Virtual Local Area Network，VLAN)、介质接入控制层(Media Access Control，MAC)]。

(3) L1 连接，不感知用户侧 L2/L3 信息，而是将整个用户端口流量透明地传送到全光流量接入点。

(4) 各种异质接口协议，需要在现场网关上通过转换代理转换为标准 L2、L3 接口。

政企专线、品质家宽、5G ToB 等高品质业务对接入网络的安全性、带宽、时延、开通时长等 SLA 能力要求高。光纤接入则能很好地匹配此接入需求。通过在企业楼宇、用户家庭等局端预先部署全光接入点，接入设备即插即用，实现品质业务敏捷开通。

全光业务接入点的主要特点总结如下。

(1) 用户侧部署，室外和室内全接入场景。

(2) 全业务接入，以树形网络拓扑为主。

(3) 收敛微小颗粒用户业务流量，提升链路承载效率。

(4) 统一用户侧多样性接口到线路侧 PON/ODUk/OSU/λ 四类。

3. 全光流量接入点

全光流量接入点又被称为"全光锚点"。全光锚点是连接全光接入层与智能城域全光网的枢纽节点，锚"定"传输节点，作为承载网络的"迅速定位器"。部署具体选址为城域网的综合业务接入区。全光流量接入点的作用类似于城市中的地铁站，负责吸收来自各种接入层的业务流量，识别业务 SLA 要求，然后按既定策略把各个业务分流到不同品质的承载管道中。相应的接口转接模型如图 4-13 所示。

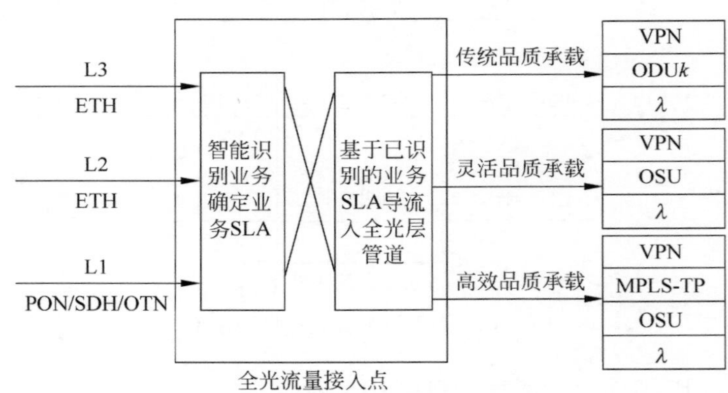

图 4-13 全光流量接入点接口模型

全光流量接入点感知来自多种接入技术/协议的用户业务数据流，识别业务 SLA，智能导流业务流到相应品质的 ODUk/OSU 管道，统一网络侧承载技术，简化组网架构，降低运营商网络部署、运维等成本。

采用全光流量接入点技术解决方案，至少可以为城域网带来如下 4 点价值。

(1) 稳定承载网络架构，快速提供末端全业务接入能力。

(2) 全业务、全速率、全场景接入，提升设备端口利用率。

(3) 点亮光纤、点亮节点，解决末端哑资源短板，实现可视化快速部署。

(4) 最大化光纤潜能，提升光缆利用率。实现低成本敏捷建网。

如图4-14所示，可以从三大品质业务场景描述全光流量接入点的具体节点功能。

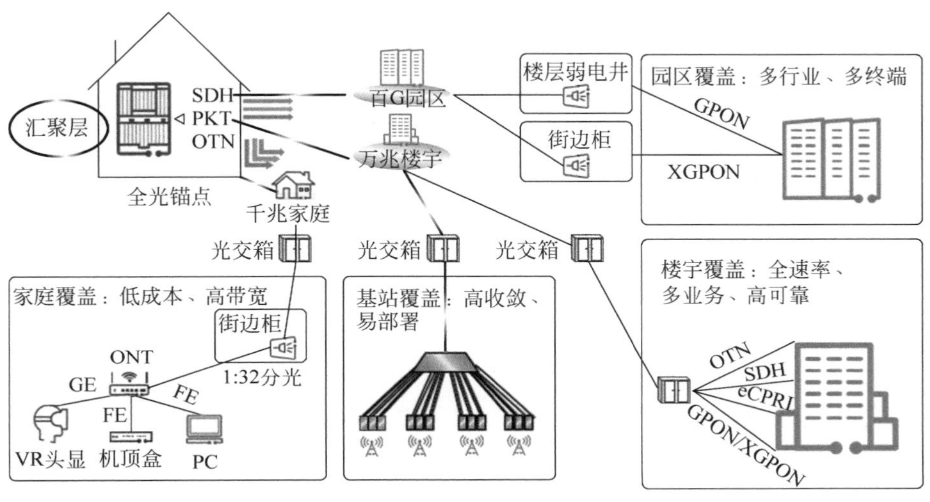

图4-14　全光流量接入点典型组网

(1) 品质家宽：支持环形组网，适用于末端光纤紧张场景，且具备良好的带宽扩展能力，满足接入点未来5～10年的带宽扩展需求。

(2) 5G前传：支持低成本短距彩光模块，节省射频拉远单元（Remote Radio Unit，RRU）/有源天线处理单元（Active Antenna Unit，AAU）到基带单元（Baseband Unit，BBU）间的多对互连光纤，单纤点到点拉远RRU/AAU到BBU集中机房。另外，为实现5G ToB的SLA承诺，前传技术解决方案需具备强大的链路保护功能和丰富的运维手段，能够抵御至少一次光纤链路失效，能够在运维平台上精准自动定位故障点，指导维护工程师高效排障。

(3) 政企专线：支持SDH/MSTP/ETH全业务接入与保护，兼容现网平滑演进。在综合业务接入区将智能感知业务，自动导流业务到ODUk/OSU管道。同时，支持ODUk/OSU管道直接接入，提供粒度灵活的端到端硬管道组网，高品质、高安全、带宽按需调整。支持P2MP灵活接入，大幅降低接入点与汇聚点的端口互连成本，但保留ODUk/OSU硬管道能力，保障业务承载高品质。借鉴ODN组网原理，大幅降低末梢覆盖的光纤消耗及覆盖难度，提升园区、楼宇等区域的专线开通速度。

全光网络流量接入点的主要特点总结如下：

(1) CO 点部署,室内为主。

(2) 环形/Mesh 为主。

(3) 与网络控制器协同,智能识别用户流,按业务 SLA 将业务分流入相应品质的管道。

(4) 光电融合,电层调度为主。

4. 全光流量调度点

打造全光"立交桥",使能城市光网一跳直达。通过引入全光交叉技术,打造立体化极简全光网络,实现一跳直达、云间高速、光云协同,使传输时延从毫秒级降低到纳秒级,网络丢包率指数级下降。

全光调度点以 Fabric(无阻塞,全光交换)架构为基本组网拓扑,在城域内构建了一张 Optical-Fabric 全光承载网络,如图 4-15 所示。用户侧业务流从全光流量接入点引入,经过全光流量调度点后,到达全光云接入点获取云服务,或到达另一侧的全光流量接入点。用户业务流量在 Optical-Fabric 中穿通时可根据 SLA 通过不同网层。即使在同一网层内穿通,业务流量也可根据预先设定好的路径规则途经 Optical-Fabric 中的不同节点组合,从而形成多路径承载链路,满足被承载业务的高可靠性要求。可靠性最高可达到 6 个"9"。因此,从全光流量接入点到全光云接入点之间最多存在的承载链路实例数为:业务 SLA 等级数量×Optical-Fabric 节点路径数量×网层规模。

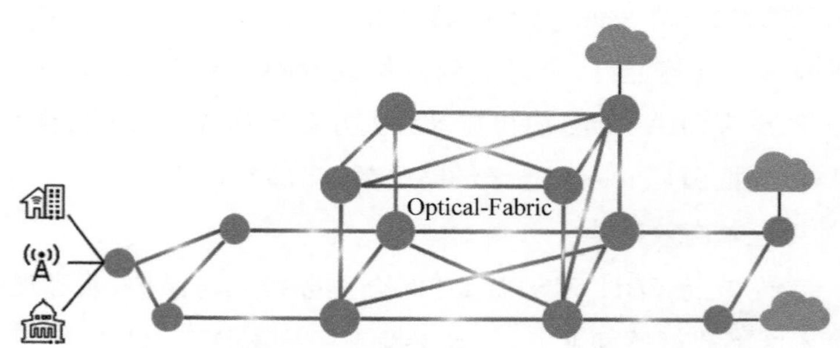

图 4-15　全光流量调度点典型组网

比如,对于视频监控类业务流,其最大特点在"超大带宽、无收敛,且流量恒定"。在 Optical-Fabric 中可首选 ODU*k*/OSU 节点构建承载链路,根据链路最优算法,为其提供从全光流量接入点至全光云接入点云存储池的 L1 承载链路。另外,根据链路冗余策略,可再规划一条 L1 承载链路作为保护链路,使得被承载业务的可靠性不低于99.99%。

又如，对于工业远程操控类业务流，最大特点是“高安全、稳定超低时延、高可靠、超低时延抖动”。在Optical-Fabric中可首选独立λ来构建承载链路，中间转发节点采用光层直接穿通方案，减少光/电转换的时延开销和节省电层设备。根据链路最优算法，为其提供从全光流量接入点远程操控室到另一端全光流量接入点现场作业机械的L0承载链路，光层一跳直达。另外，根据链路冗余策略，可再规划至少1条L0承载链路作为保护链路，并使能WSON等保护特性，使得被承载业务的可靠性不低于99.999%。

Optical-Fabric还需支持“一虚多”的切片功能，将Fabric切片成多个vFabric切片。相关的链路节点（全光流量接入点、全光云接入点、全光流量调度点）也被切片为多个实例，归属到不同的vFabric中。节点间的互连链路通过采用ODU*k*、OSU等实例化管道技术切分为多个子链路，同步归属到不同的vFabric中。每个vFabric切片可分配一个独立的租户账号，这样每个用户通过自己的租户账号登录管控系统后，只能看到属于自己的vFabric资源（节点+链路）。

基于Optical-Fabric的全光流量调度点的主要特点总结如下。

（1）一般部署在城域汇聚层、核心层。

（2）提供全光流量接入点到全光云接入点、全光流量接入点到全光流量接入点、全光云接入点到全光云接入点之间满足要求的连通性。

（3）结合SDN控制器实现设备即插即用。

（4）基于OXC等可编程光交叉技术，为满足被承载业务SLA需求，在控制器统一管控下实现调度路径灵活选择。

（5）立体化拓扑，可按流量和新业务需求实现全光传送网交换容量的缩容/扩容，以及扩容新调度平面。

（6）光/电融合，优先使用光层调度提升波长资源利用率。

4.3.3　智能管控

面对运营商在转型过程中对网络和业务的挑战和诉求，传送网急需引入智能化光底座，从而全面推进光网络迈向以用户体验为中心，打造商业意图驱动、全生命周期端到端自动化的闭环系统，帮助运营商实现管道变现，提升业务体验，节省网络运维成本，最大化商业价值。

如图4-16所示，智能化光底座架构包括网络层，数字孪生，智能管控三大领域技术，支撑全生命周期自动化的应用案例，实现智能自动化运维，帮助运营商增收和节省成本。

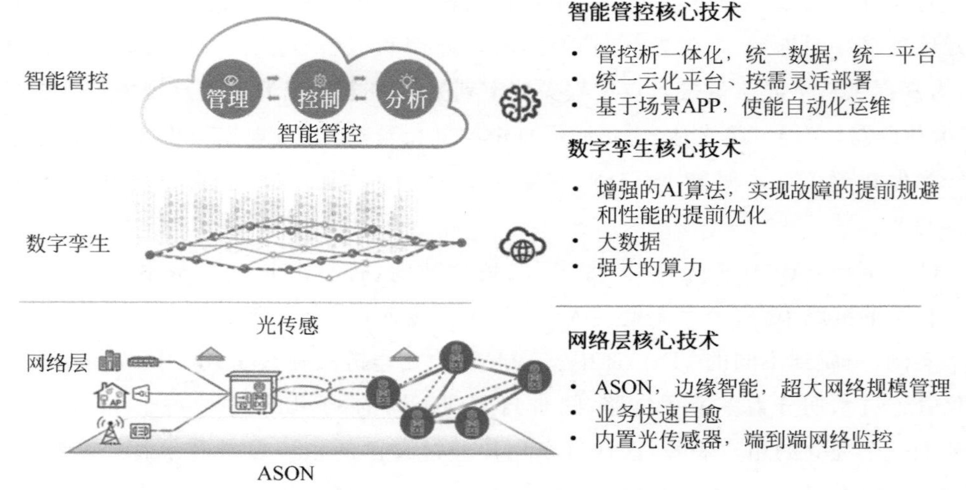

图 4-16　智能化数字光层架构图

1. 业务发放

1）大网管理能力

对于全光底座网络的业务覆盖范围，在网络设备层面上，需要支持组大网能力，具体包括业务在大网上提供的保护能力和重路由能力。相应地，在智能管控系统中，对于单厂商管控的网络设备，要求单个智能管控系统实现全光大网管控能力，主要包含如下功能：

（1）提供网络自动发现能力。

（2）网络资源动态实时刷新。

（3）业务端到端自动开通。

（4）业务时延实时测量。

（5）业务带宽灵活调整。

（6）全网告警性能统一维护。

2）业务快速发放

通过网元的同步接口实现对整网资源、业务的实时感知，为专线业务快速发放提供了算路基础。

提供业务模板，将业务的所有固定属性放入模板中，减少重复工作，简化业务配置，模板可以创建、修改、发布和下线。业务模板可以由经验丰富的专业人员设计，由无高级技能的人员执行，降低技能依赖。

用户只需要选用符合场景的业务模板，指定源宿节点，填写带宽等少量参数，业务快速发放将会根据客户诉求，自动计算满足客户需求的业务路径，并支持跨层驱动路由创建，从而实现业务的分钟级快速发放。

快速业务发放还提供最小时延、最小跳数、最短路径等丰富的路由策略，以及包括必经节点/链路、不经节点/链路等多种路由约束，满足客户多样化的需求。

2. 业务可视

光网络可视的内容很丰富，其中包括时延可视、业务可用率可视等。

1）时延可视

时延是金融业务对品质专线要求最为苛刻的指标之一，需要精确到亚微秒级别的网络时延。OTN 品质专线天然就具备最低时延的优势，品质专线提供了可感知、可销售、可承诺、可保障的端到端时延解决方案。

时延管理是基于网络链路和节点的时延测量/估计数据的综合应用，以实现网络时延/业务时延的可感知、可销售、可承诺和可保障。

时延管理基于 OTN 帧开销中的时延测量比特位进行测量，计算出时延信息，并感知网络站点时延变化进行数据更新，可以减少资源确认时间和提升业务发放效率，既可以为运营商提高利润，也满足了专线用户业务快速上线、简易运维的诉求。

时延管理包括时延地图、基于时延算路、时延查看、时延运维等。

（1）时延地图：基于网络拓扑显示站点间时延，支持指定源、宿点查询多条可用路径的时延和可用带宽，支持导出路径时延报表。当网络站点间时延变化时，拓扑时延数据会进行更新。

（2）基于时延算路：业务发放时支持基于时延进行路径计算，支持最小时延策略算路，支持指定时延门限算路。

（3）时延查看：在业务基本信息中，可以查看业务时延指标等信息（业务有保护，可以查看工作路径和保护路径业务时延）。

（4）时延运维：当业务实际时延超过设置的时延门限时，上报时延越限告警。

2）可用率可视

业务可用率依托 OTN 产品的自动光纤测距和同缆共享风险链路组（Shared Risk

Link Group，SRLG）检测能力，基于可靠性框图分析（Reliability Block Diagram Analysis，RBD），计算业务工作路由、保护路由、预置路由的逻辑框图后，根据各光纤的可用性计算得到业务可用率。

业务可用率包含可用率地图、可用率算路、可用率评估和可用率规划等。

（1）可用率地图：图形化展示网络站点间链路可用率、SRLG 信息，并按照颜色区分链路可用率等级。

（2）可用率算路：业务发放时基于节点/光纤的可用性指标，自动计算满足可用性 SLA 的专线路径。

（3）可用率评估：自动量化评估光网和 L0～L2 业务的可用性指标，通过数字化呈现，识别出风险业务和路径。

（4）可用率规划：根据可用性目标自动规划保护路径，按需提升光网络/波分业务可用性，提升网络价值和专线品质。

3）体验可视

差异化全光视频承载带来 OTN 与 OLT 握手，以及 OTN 与云握手，实现视频体验可视化。对于 PON＋OTN 组网场景，为提供视频专线承载差异化，在设备层面提供了从 ONT 到 OTN 的端到端 OSU 小颗粒、低时延的硬管道承载技术。因此，智能管控系统通过南向多样化接口协议接口，实现对 PON＋OTN 网络的统一管控，提供端到端的视频专线快速开通，带宽灵活调整和多个专线指标的可视化呈现，更好地满足视频体验的可视化和差异化。

3. 业务运维

1）运维智能化

长期以来，光网络的运维都是在故障发生乃至用户投诉之后的被动维修，无法提前识别故障发生前的缓慢劣化，只能等待“亚健康”状态的光纤或者业务持续恶化，直至引发各种故障，再进行紧急修复，经常因不满足 SLA 而导致的巨额违约赔款，也增加了维护成本。据分析某运营商的网络故障数据，发现光纤故障占网络故障的 68％。其中 OTS/OCh 的缓变类故障占比 56％（占网络总故障的 38％），其中弯折、摇晃、松动、纤芯 4 类故障占 90％，如图 4-17 所示。

2）光网健康预测

智慧运维需要实现对 OTS/OCh 的健康监控、亚健康预测、自动调优等运维自动化的闭环；其中，光网健康预测通过机器学习和 AI 预测算法，分析每条光纤和波道的

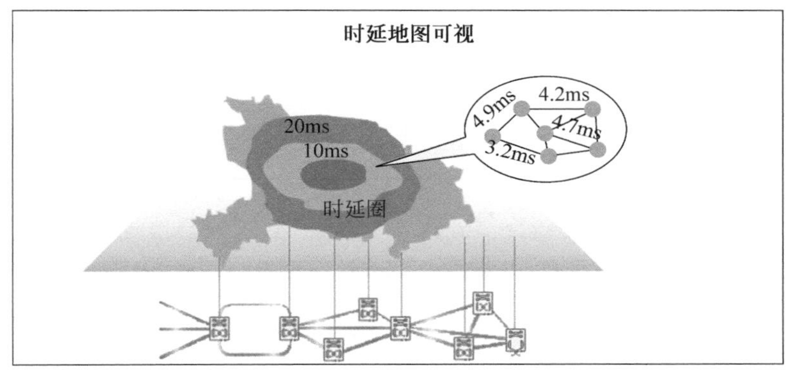

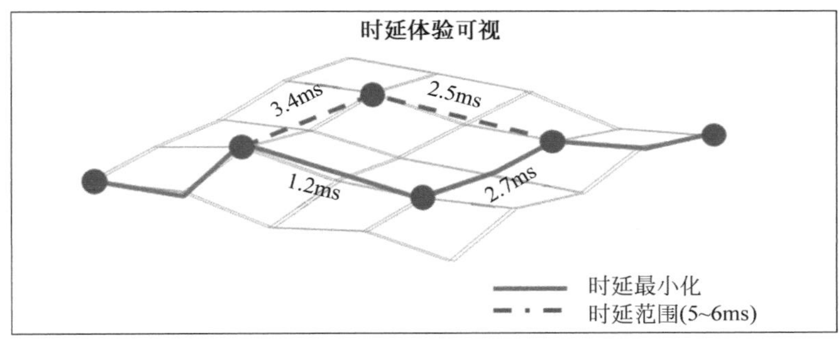

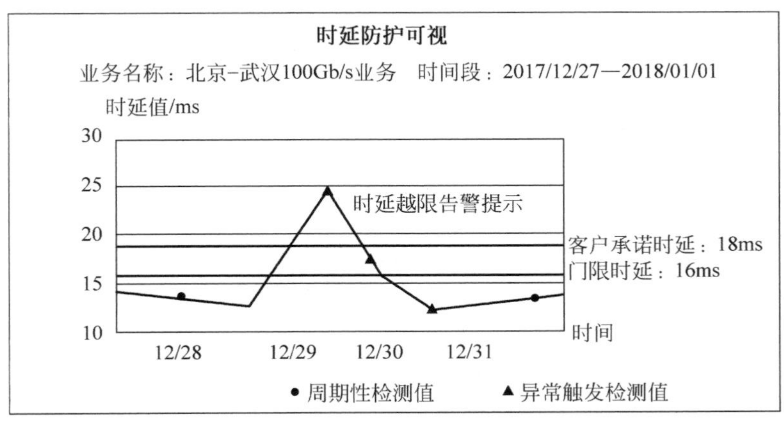

图 4-17　智慧运维

健康情况，并根据光性能变化趋势，提前预测故障发生的风险和具体故障风险点，从而提前规避网络风险，提供修复建议，实现主动运维，减少业务中断，避免不满足业务 SLA 而导致的赔款，如图 4-18 所示。

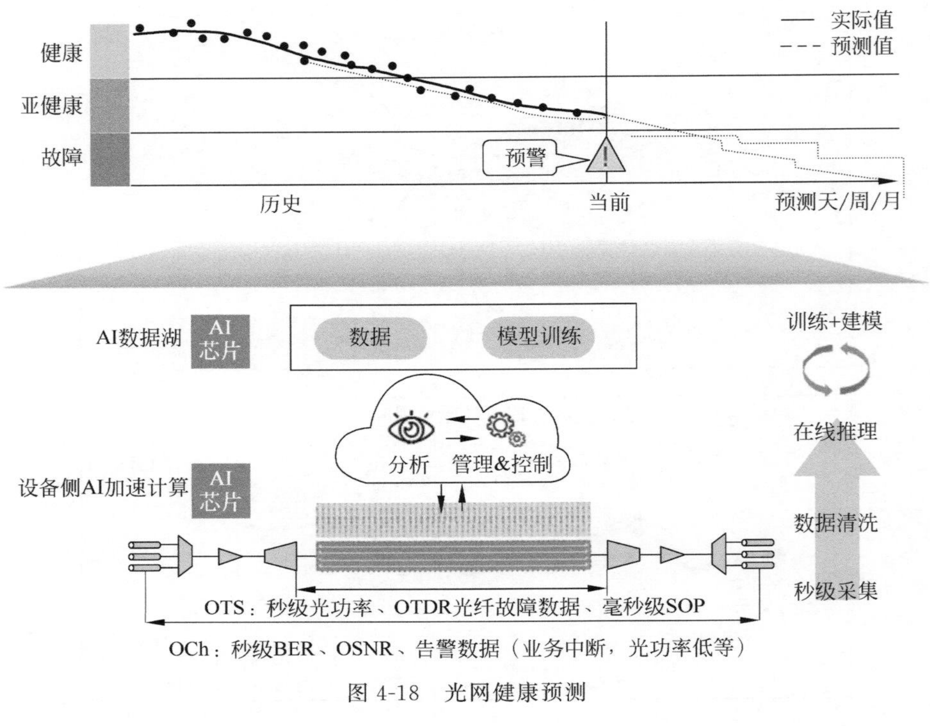

图 4-18　光网健康预测

4.4　高可靠专线业务承载方案

4.4.1　专线的定义与运营商销售的专线产品

什么是专线业务？电信运营商利用丰富的有线和无线网络资源，为企业、金融机构、政府部门、医疗卫生等行业用户的不同分支、总部间提供有保障的传送通道，以实现各种政企行业各部门间的信息接入与实时交互的业务，专线业务的出现，让企业的数据传输变得实时、可靠与可信，因此对于政企行业客户来说，专线业务是其商业成功的基石，如图 4-19 所示。

专线市场是一个蓝海市场，根据中国信通院发布的《云计算发展白皮书(2020 年)》报告显示，2020 年中国私有云市场规模达 791 亿元，较 2019 年增长 22.6%，预计未来几年将保持稳定增长，到 2023 年市场规模将接近 1500 亿元，如图 4-20 所示。

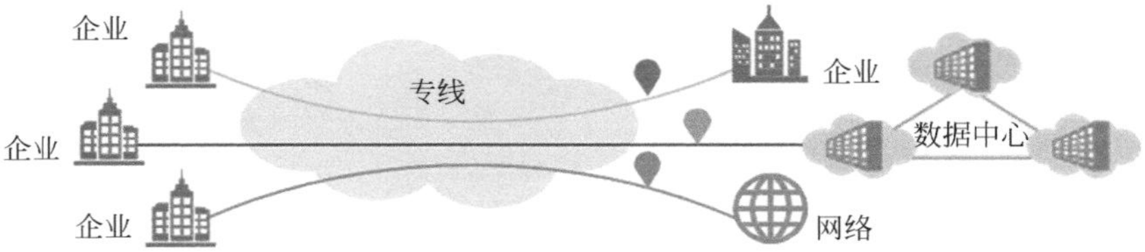

图 4-19　专线业务

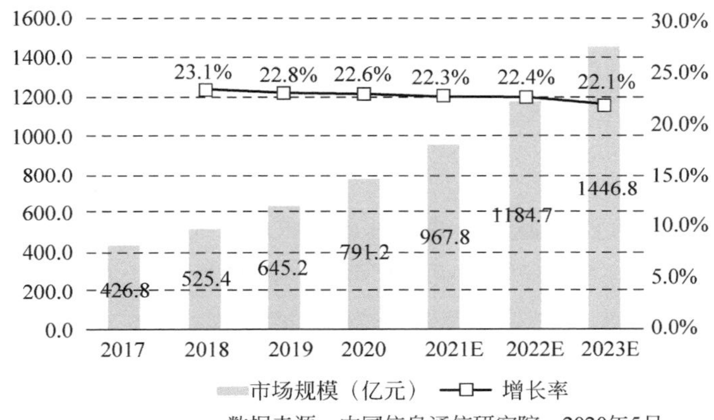

数据来源：中国信息通信研究院，2020年5月

图 4-20　中国私有云市场规模及增速

从大类来看，运营商面向政企租户销售的专线业务，可以分为组网电路专线和互联网专线两种。

1. 组网电路专线

运营商为企业租户提供的实现内部分支-总部信息互连专线和分支-分支信息互连专线，此类专线由于承载的是企业租户的内部生产、办公类业务，对安全性、可靠性要求高，一般都要求与公众网业务物理隔离，防止信息泄露，如图 4-21 所示。

在组网电路专线下面，租户可根据具体的需求选择不同的承载方式，即不同的产品套餐，当前主流的组网电路专线为 SDH 数字电路专线、以太网专线、跨域 MPLS-VPN 专线、低端软件定义广域网（Software-Defined Networking in a Wide Area Network，SD-WAN）专线等，前面这几种专线，以销售带宽为主。从 2018 年开始，随着企业需求的不断变化，各大运营商推出的高端政企精品网专线，以销售专线产品套餐为主，在基本带宽的基础上，可选择可靠性、时延、自助服务等增值能力，更好地为政

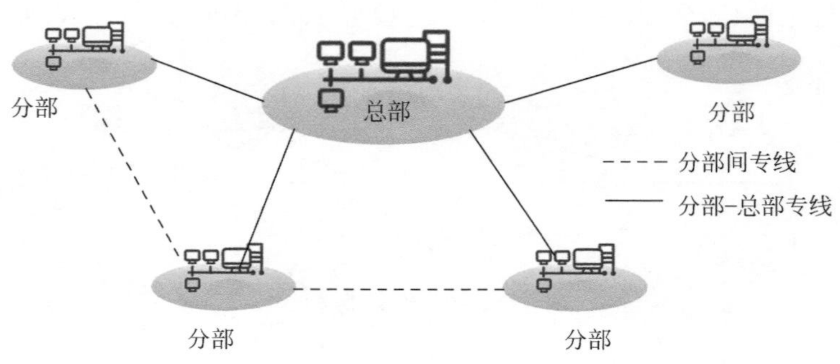

图 4-21　组网电路专线

企租户提供服务。

2. 互联网专线

互联网专线即运营商为企业提供访问互联网的专线连接，在互联网专线下面，租户也可以根据具体的需求选择不同服务等级的产品套餐，如上下行对称、含静态 IP 地址的高端互联网专线、上下行不对称，含静态 IP 地址的中端互联网专线以及上下行不对称，不含静态 IP 地址的低端互联网专线，如图 4-22 所示。

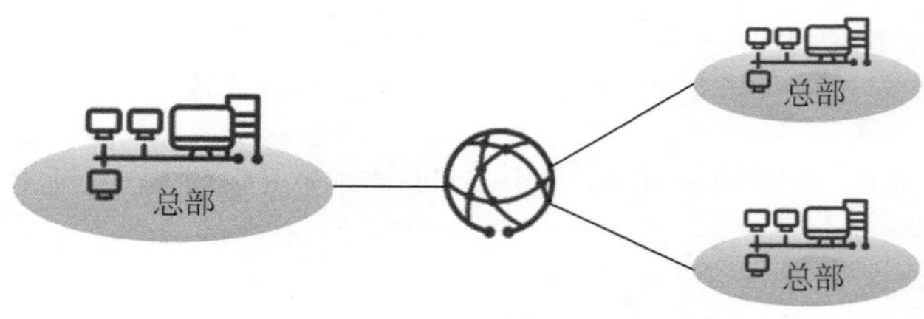

图 4-22　互联网专线

4.4.2　专线的用户群体与需求变化

通过对运营商的专线数量统计和专业业务收入的分析，发现政府部门、金融机构、大企业这 3 类客户在专线数量方面占比达到 20%、在专线收入方面占比超过 70%，是运营商政企专线的主要客户群和主要的收入来源。因此这部分客户的需求是运营商最为重视的需求。

1. 数字政府

随着“互联网＋政务服务”的深化发展以及“数字政府”“智慧社会”的建设新需求

涌现，国家电子政务外网迫切需要打造以网络融通和数据共享为特征的新一代国家电子政务外网，提供统一、高速、稳定、安全、弹性的网络通信环境。新一代国家电子政务外网对承载网络带来新诉求。

信息系统要求国产化，满足安全自主可控要求：新一代国家电子政务外网必须满足安全等级保护 2.0 要求，必须具备韧性抗毁能力，必须提升国产化水平，以保障信息安全自主可控。主要包括如下几个方面的要求。

(1) 全覆盖：按照“横向到边、纵向到底”的原则，新一代国家电子政府外网将全面覆盖中央、省、市、县、乡、村，接入各级政务部门。

(2) 集约化、云化：按照“集约化建设”的原则，建设统一共享的新一代国家电子政务外网，逐步实现政务专网业务的融合，并要求业务系统逐步云化部署。

(3) 多业务多部门统一承载：需要构建大带宽、低时延的新一代国家电子政务外网，满足各种实时和非实时的语音、数据、视频业务的融合承载需求以及政务云数据中心之间的高速数据传输需求，保证业务性能和体验。

(4) 业务服务必须不间断：新一代国家电子政务外网作为我国电子政务重要的公共基础设施，其中承载着应急指挥等重要业务，要求具备极高的稳定性和可靠性，必须能够不间断提供服务。

(5) 网络要具备弹性，提前为各种创新业务提供支撑：新一代国家电子政务外网必须具备技术先进性和前瞻性，网络能够满足 5G、物联网、超高清视频等新业务承载需求，为各种创新业务提供支撑。

2. 数字金融

金融行业主要包括银行类和证券、期货类行业用户。在“互联网＋”时代，云计算将大大加速金融行业的发展。金融行业普遍考虑将渠道类系统、客户营销系统和经营管理等辅助系统进行上云，从而提升系统管理的灵活性，降低运营成本，同时也大幅提升了相关的用户体验。

数字化转型对传统银行业务带来前所未有的挑战，同时对网络等基础设施也带来了巨大的压力，要求前端、后端和网络具备更强的处理能力和实时响应能力。

(1) 银行业务视频化发展，带来带宽提速：银行当前均需要将人脸识别、二维码等技术手段嵌入到开户流程中；网点理财业务要求录音和录像，驱动银行网点业务产生带宽成倍提速的要求。从当前全国各地银行带宽增长趋势来看，银行网点接入带宽普遍从当前的 4～10Mb/s 提升到 20～100Mb/s，带宽增幅在 5 倍以上。省行一般有上千个网点，则省行专线总带宽会达到几十 Gb/s。

(2) 银行业务集约化管控运营：全国各大银行开始逐渐取消地市汇聚，银行业务核心生产系统统一上送到省行数据中心/云节点集中处理，在提升业务效率的同时，降低运维成本。从网点-分行省行两级访问业务模式，带来 10 倍以上的跨地市长途专线需求。

(3) 银行业务高安全，自主可控：中国人民银行发布的《银行卡联网联合技术规范—通信接口规范》明确要求各入网机构必须采用基于 VC 管道的 SDH/MSTP 实现业务接入，与公网硬隔离。同时信息系统要求国产化，满足安全自主可控要求。

证券、期货交易行业普遍拥有总部和数据处理中心，在各地拥有营业部和交易所，为了保证交易时间的不间断工作，各地营业所到总部拥有双线路做线路备份，在总部也有线路备份。而证券、期货类公司，最关心的就是极致低时延，网络时延直接影响到行情查询和交易委托的速度和效率，现在国内部分运营商针对证券、期货，各大交易所单独构建超低时延金融专网，为证券和期货交易提供微秒级的极低稳定性时延，带来更强的交易优势，从而获得比普通专线高出数倍的溢价。

3. 数字医疗

(1) 医疗云化要求业务高安全、高可靠承载。医院的医院信息系统(Hospital Information System，HIS)、医学影像存档与通信系统(Picture Archiving and Communication System，PACS)等系统每天产生大量门诊和临床数据。一个典型的三甲医院，其一年的数据量 HIS 是 300Gb/s，PACS 高达 60Tb/s，一组 CT 为 150Mb/s～4Gb/s(300～600 张)。业务的发展导致医疗影像数据飞速增长，传统每一两年就需要进行扩容，成本巨大，实施难度大，因此医疗上云的第一步就是影像系统入云。而医疗数据安全保护是医院信息系统安全的重中之重，一旦丢失，将产生重大影响。在医院评审标准文件中明确规定了国家信息安全等级保护要求，二级及以上的等级保护除了备份和业务连续性管理，还要有应急制度和灾难演练。因此医院系统入云，对网络承载的安全性、可靠性都具有较高要求。同时业务需要灾备和云间大带宽互连。

(2) 医联体的出现，带来各级医院间大带宽、低时延互连诉求。医联体的战略，进一步加速了医院信息化改造和资源整合。医联体内的不同等级医院，不同科室之间，通过视讯和会诊系统做到信息及时共享共通，实时远程医疗指导，而视讯、会诊系统之间，要求大带宽、稳定低时延连接的专线需求。

(3) 医院互联网化转型，进一步促使医院入云带宽增大，并要求丢包率低、时延低。医院互联网化转型后，使用电子病历、电子处方，更有利于监管和大数据分析，云端的大量诊疗数据帮助医院对病患的疾病、慢性病进行全程管理，更好地为患者提供服务。而患者与医生之间的在线视频诊疗、复诊等活动，对网络带宽的稳定性、低丢包、低时延都提出了很高的要求。

4. 数字企业

随着企业数字化的不断推进，企业上云趋势逐步显现，大部分企业会使用多云服务。多云可以满足企业的两种需求：一是企业可以按照不同的应用和收费，选择不同的云池，做到性价比最优；二是考虑风险分担，将重要的应用同时部署到多个云中。先进企业上云已经从普通办公流程和文档管理入云进一步延伸到核心生产业务入云，比如时延敏感业务、监管数据、财务数据等上云，这对入云专线有更高的品质要求。

（1）桌面云业务。企业常用的办公系统包含云文档类应用、浏览器/服务器类应用和客户机/服务器类应用三大类，企业员工通过本地键盘、鼠标远程操作并编辑云文档，查询图文或视频等数据信息，新建表单等。这些操作都是实时交互类业务，而单客户接入的带宽随着每一时刻使用的应用不同，在从 5Mb/s 到 25Mb/s 之间动态变化。

（2）企业通信业务入云。包含音视频会议、数据共享和远程协作几类应用场景，视频业务要求高清视频无卡顿、无时延，且业务入云的并发率不确定，因此要求弹性大带宽。

（3）核心应用系统入云。大企业生产类等核心应用或核心业务，要求网络高安全承载，甚至有加密需求。

在政府、金融类客户中，主要集中在分析其生产系统的需求变化，而对于办公网业务的需求变化，与上述数字企业的需求变化相同，办公系统云化趋势明显。

5. 新兴行业

2020 年 4 月 20 日，国家发展和改革委员会在新闻发布会上首次明确新基建的范围，包括信息基础设施、融合基础设施和创新基础设施三方面。信息基础设施主要指基于新一代信息技术演化生成的基础设施，比如，以 5G/F5G、物联网、工业互联网、卫星互联网为代表的通信网络基础设施，以人工智能、云计算、区块链等为代表的新技术基础设施，以数据中心、智能计算中心为代表的算力基础设施等。新信息基础设施的提出，促进各新兴行业应用加速，需求凸显，千行百业都对专线承载网络提出了更高的要求。

1）工业互联网

在机械化、电气化和自动化之后，迎来以智能化为代表的第四次工业革命。智能被嵌入到万物互连和一切的业务流程中。国内制造类企业(如石化、汽车、电子等企业)纷纷开始智能化改造。工业互联网主要包括工业企业内网、工业企业外网和标识解析体系的建设升级。工业互联网外网主要采用运营商专线承载,工业VR/AR、设计仿真、远程维护等信息与远端工业云平台即服务(Platform-as-a-Service,PaaS)/软件即服务(Software-as-a-Service,SaaS)实时交互量大,带来大带宽、低时延、高可靠要求。

2) 区块链

区块链技术目前已得到众多国家的机构、企业认可,已经逐步在金融、物联网、物流、公共服务、数字版权、公益等领域推广应用。区块链服务网络(Block-chain-based Service Network,BSN)是一个由区块链服务网络发展联盟设计并建设,基于联盟链技术和共识信任机制的全球性基础设施网络。BSN网络由公共城市节点和共识排序集群服务组成。每个城市可以建立一个或多个公共城市节点,所有城市节点通过网络连接起来,形成物理城市节点遍布全国(未来到全球)的区块链服务网络。各企业依托于BSN促进各个区块链应用之间数据互通,形成一张有价值、跨应用的互联网。

(1) BSN区块链引入了点到点通信、事件消息全域广播、数据副本存储等协作机制,区块数据同步和智能合约执行需要消耗大量的网络带宽。

(2) 区块链服务网络BSN公共城市节点与共识排序节点都部署在数据中心,BSN网络及部署城市节点与共识排序节点的数据中心的可靠性尤为重要。

6. 总结

如表4-1所示,综合各行业的应用需求、部署成本和技术特点,在各典型场景下,高价值客户对专线品质有着非常高的要求:自主可控、高安全、高可靠、保证带宽、稳定的低时延、业务自管理等。

表4-1 专线入云需求指标

行　　业	业务场景	入云节奏	专线需求
数字政府	统一政务外网供各局委办使用,集约化、视频化、互联网化趋势明显,各局委办业务按需隔离、部分数据互连互通,要求自主可控 政务内网用于承载政府涉密类业务,尤其执法类部门,视频业务高清、超清发展趋势明显,各部门硬隔离,要求自主可控	政务云化节奏快,省级政务云、市级政务云是当前建设重点	高安全、高可靠、大带宽、自主可控、SLA可视可管

续表

行　　业	业 务 场 景	入云节奏	专线需求
数字金融	银行、证券、期货、保险等行业，包括办公系统、生产系统、监控系统等，扁平化、集约化、视频化趋势明显 其中证券、期货类业务，对极低时延的追求更加显性化	考虑业务敏感型，以入私有云为主，可靠性要求高，以两地中心或者多活云部署为主	大带宽、硬隔离、自主可控、超低稳定时延
数字医疗	医疗影像入云趋势明显，医联体政策促进各级医院信息互连互通，医疗互联网化节奏快，远程医疗、远程会诊逐步成为趋势	节奏快，第一阶段影像入云，逐步走向全系统入云	大带宽、高可靠、稳定时延、带宽可调
数字企业	业务发展快，数字化转型明显，桌面云、视频会议系统等新应用逐渐成为主流，带来分支总部间互连带宽快速增长	混合云、多云	弹性大带宽、灵活入多云、SLA可视可管
新兴行业	工业互联网、区块链等新行业应用，对网络带宽、品质体验提出更高诉求	起步阶段	大带宽、高可靠、硬切片

政府部门最关注安全、自主可控指标；金融机构最关注低时延、自主可控指标；行业大客户最关注弹性大带宽和业务自管理指标；中小企业对价格敏感，云专线品质要求不高。而对于开通时间，所有客户都是希望越快越好。

如图 4-23 和图 4-24 所示，Omdia 2020 年最新发布的研究报告给出企业对组网专线的 TOP6 需求如下：可保证带宽、可靠性、SLA 指标可视、低时延、在线带宽调整以

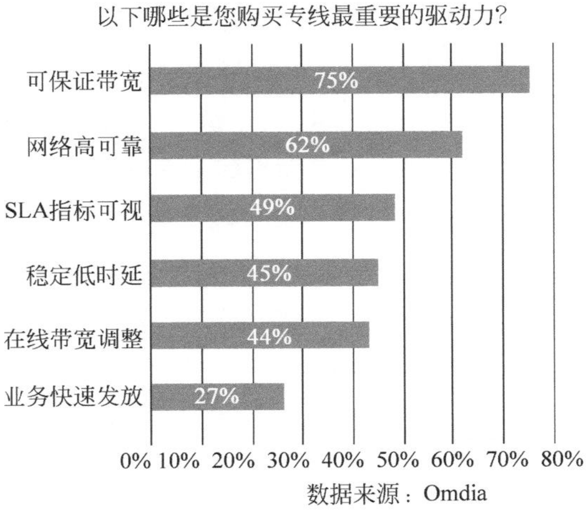

图 4-23　组网专线的 TOP6 需求

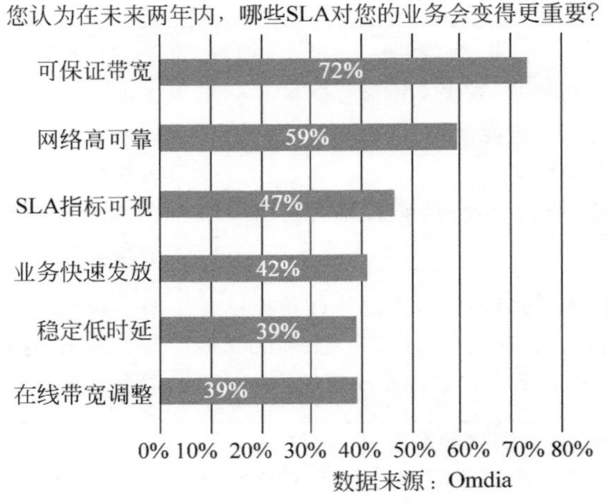

图 4-24　专线需求指标排名

及快速业务发放。与中国区的政企客户需求基本一致，且企业认为未来快速业务发放需求会更强烈。

4.4.3　高品质专线行业观点

1. 国内行业观点

随着企业对专线需求的不断变化，新一代光传送网发展论坛（Next Generation Optical Transport Network Forum，NGOF）调研收集大量的租户需求，并将行业客户的需求转换为专线业务 KPI 衡量指标，从而更好地牵引专线市场发展的创新方向，聚焦于品质专线更好地为各类应用场景服务，该组织在 2018 年首次发布《面向云时代的高品质专线技术白皮书》，详细定义了高品质专线五星评价指标，如图 4-25 所示。该指标体系从高可用率、可保证带宽、低时延 & 低抖动、业务敏捷、在线自管理 5 个维度重新定义企业专线的品质指标，并基于每个指标定义了差异化 SLA 品质，该指标体系站在用户体验的角度，指导运营商网络更好地贴近用户，提供更专业的服务。

基于该量化的指标衡量体系，NGOF 综合分析了多种专线承载技术，认为分组增强型 OTN 是高品质专线的最佳承载技术，可有效匹配各类高价值政企客户的高品质体验需求。而三大运营商在 OTN 专线市场的快速发展，无疑印证了 OTN 品质专线指标体系的成功。

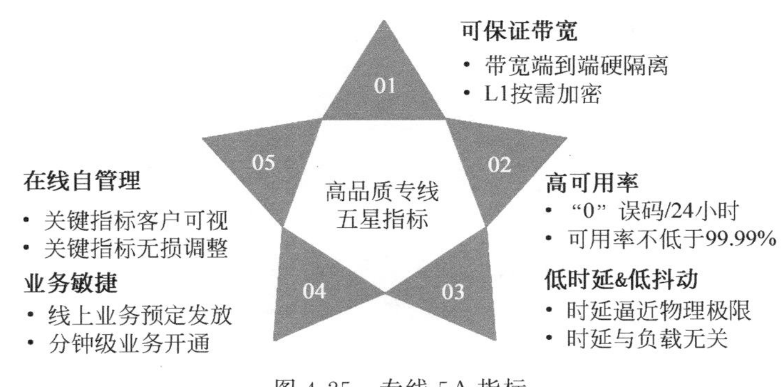

图 4-25　专线 5A 指标

2. 海外行业观点

Omdia 2020 年发布政企专线研究报告，企业入云品质诉求与 NGOF 发布观点一致。Omdia 2020 年最新发布的研究报告给出企业入云时对入云专线的需求如下：高可靠性、接入速率大、带宽可承诺、一站式云网服务，如图 4-26 所示。

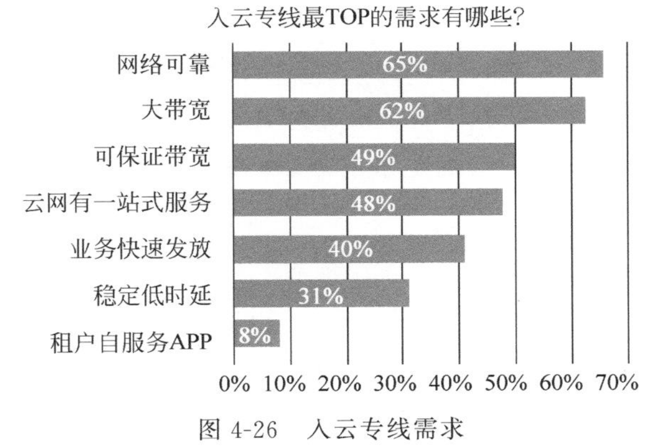

图 4-26　入云专线需求

4.4.4　高品质组网专线解决方案

1. 组网专线解决方案介绍

基于政企用户对专线的需求、未来的发展以及行业组织对高品质专线的指标定义，可总结出一个高品质的专线承载方案，应具备为政企客户提供六大极致体验：2Mb/s～100Gb/s 大带宽、微秒级低时延、毫秒级高可靠保护、秒级快速故障定位、分钟级在线带宽升速、天级业务快速开通。

要具备六大极致体验能力，只能选择 OTN 技术来建设一张高品质的政企专网。OTN 高品质政企专网应从 4 个角度考虑搭建架构。

(1) 品质大网：架构上干线/核心层 Mesh 化/扁平化，实现超低时延、超高可靠承载，同时承载管道归一，管道具备 2Mb/s～100Gb/s 灵活承载。

(2) 品质接入：OTN 延伸到最末端企业机房，提供高品质接入；同时考虑当前运营商已经广泛覆盖的 MSTP 资源，充分利旧。

(3) 品质感知：通过智能管控系统，使能专线自动发放、品质可视，租户可自助操作以及快速故障定位等。

1) 品质大网

(1) 一跳直达，时延最低：核心层采用 Mesh 化组网，汇聚层按需 Mesh 化，例如，跨区调度业务量比较大，或者两个区之间低时延类企业比较集中，可以直接打通两区汇聚层，以达成低时延调度能力。

(2) 高可靠：核心汇聚层启动 ASON 协议实现抗多次断纤故障，提升网络健壮性。

(3) 归一化灵活管道承载：使能基于 OSU 的小颗粒 OTN，实现 2Mb/s～100Gb/s 的专线带宽灵活无损调整，支持 SDH、以太网、包交换和 OTN 交换等已有业务种类颗粒，以灵活高效、业务无损等优势满足市场需求，在保障极致体验的同时，减低业务消费的门槛。

2) 品质接入

(1) 局端综合承载能力：基于工具分析业务热点区域，采用 OTN 精准覆盖局端机房。局端机房节点向上需具备 1+1 10Gb/s 或 100Gb/s 双上行保护能力并与大网对接，向下需具备灵活接入能力，提供 E1/ETH/STM-N 等接口直接接入业务，同时提供 OTU 接口与 HUB/OTN CPE 互通，并具备对接现网已部署的 MSTP 设备能力，做到业务平滑迁移，租户免打扰。

(2) HUB 点开放对接能力：考虑到用户分支节点数量庞大，会存在多厂家 CPE 部署，因此需部署 HUB 节点并实现与三方 OTN CPE 的开放对接能力，做到业务的管理、配置互连互通；向上具备 OTU2 能力与局端标准对接。HUB 节点同时要具备安全隔离、认证的能力，防止单 CPE 异常导致大网瘫痪。

(3) OTN CPE 灵活多样化：针对企业客户的多样化诉求，提供灵活的 OTN CPE 模型，客户侧接入端口能力如 E1、ETH、STM-N，与用户设备标准化对接；线路侧具备 OTU1/OTU2 双上行提供 1+1 保护能力。同时 OTN CPE 需具备即插即用，上电即通能力，降低人工配置运维成本，提升用户感知能力。

3）品质感知

（1）网络能力开放：OTN 品质专线承载网络引入智能化管控层，且智能管控系统遵循标准定义的 TE 网络抽象化控制（Abstraction and Control of TE Networks，ACTN）北向接口，支持对接运营商上层协同层或者应用层，实现跨层、跨厂商业务以及能力开放，升级运营商业务支撑系统（Business Support System，BSS）和运营支撑系统（Operations Support System，OSS）域流程，并进行自动化改造，提升运营效率。

（2）品质属性租户可视：受益于网络能力开放与业务支撑系统和运营支撑系统域流程自动化，国内很多运营商已经提供面向租户的门户。运营商可以为租户在售前提供自动化业务创建、业务资源实时可视、基于时延等策略的按需算路、动态带宽在线调整等能力；在售后阶段可快速感知网络故障并提供及时的恢复手段，如故障推送、故障快速倒换等能力，做到对用户业务影响最小。使租户可实时、精准地感知到网络能力与品质服务。

2. 如何建设一张高品质的专线承载网络

面对企业越来越高的诉求，中国三大运营商 2018 年开始，通过全新建设一张广覆盖（全国）、大带宽、低时延、高可靠、端到端归属集团管控的政企 OTN 专网，为高端跨省、跨国企业提供极致的专线承载体验。截止到 2019 年，全国各省公司延续集团 OTN 政企精品网建设思路，以省、直辖市为单位打造 OTN 政企精品网，实现了省内跨地市、本地市业务的端到端业务发放、管控与运维。实践证明，高品质政企 OTN 网络为运营商带来了很大的商业成功，同时运营商可通过高品质专线持续增强政企客户黏性，并带动 ICT 等其他增值服务收入，形成商业正循环。

总结当前国内已建设的 3 张全国性政企大网，以及省内超过 40 张政企网络，运营商主要从网络、产品与服务 3 个维度全面构筑高品质专线承载网络的竞争力，以达成为政企客户提供极致体验的目标。

1）网络

高品质专线网络的关键之一是建设一张技术领先的 OTN 政企精品网，相比传统政企专线，OTN 政企精品网从 4 个维度展开建设，全面提升竞争力。

（1）网络扁平化。

如图 4-27 所示，网络扁平化从以下两点实现。

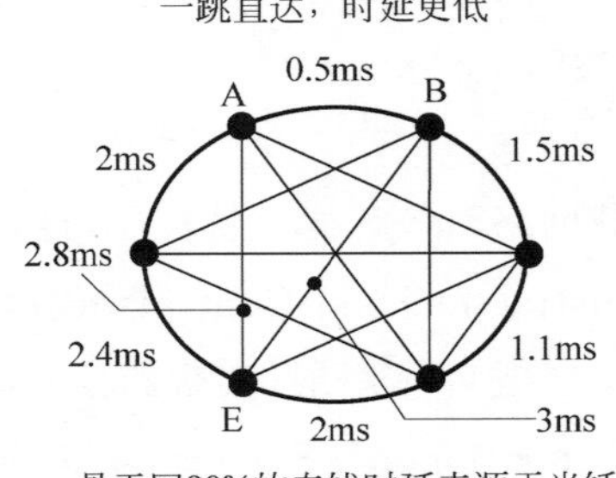

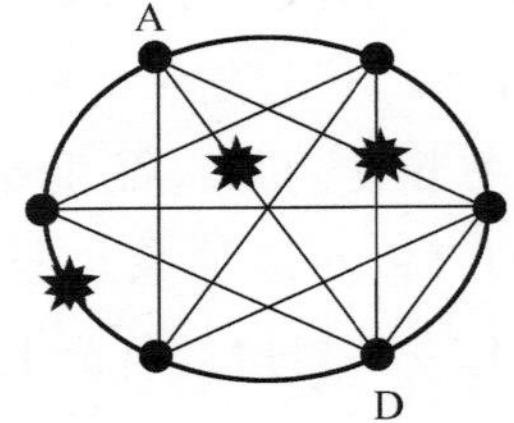

图 4-27　网络扁平化

① 一跳直达，时延最低：考虑省内业务调度量大、时延体验优，省内网络核心层建议采用 Mesh 化组网，核心节点中任意两点间通过光层一跳直达，既保证了时延最优，又节约了流量穿通所带来的额外成本。汇聚层部署 OTN 设备实现业务汇聚与调度，根据网络的可靠性指标以及业务时延要求，建议按需 Mesh 化，例如，跨区调度业务量比较大，或者两个区之间低时延类企业比较集中，此时可以在汇聚层直接打通调度，以达成低时延调度能力。

② 核心汇聚层恢复路径越多，健壮性更好：网络 Mesh 化组网后，一种业务可以有多条逃生路径，因此在核心汇聚层启动 Mesh 协议抗网络多次故障，一旦出现光缆故障，可以自动寻路到最优资源，确保业务的互连互通，Mesh 化的程度决定了网络的健壮性。

(2) 带宽多样化。

如图 4-28 所示，带宽多样化从以下两点实现。

① 一根光纤，满足 2Mb/s～100Gb/s 任意业务接入需求，打造动态灵活的管道：企业分支带宽 2Mb/s 起步，而企业总部带宽，可能为 100Mb/s～100Gb/s，且企业对带宽的灵活性要求越来越高，网络带宽既要具备接入宽度，还要具备带宽弹性可扩展。

② 一张物理网络，虚拟出多张硬隔离专网，打造灵活随需的行业专网：政务、金融、大企业客户，对于自主可控的诉求强烈，甚至希望自主运营网络，因此高品质 OTN 政企精品网络应具备切片能力，将网络资源硬切片出多个资源，并开放网络能力给行业客户自主管控。

(3) 末端全光化。

① 百 Gb/s 到园区：园区一般以大型企业、工业为主，企业带宽大，OTN 设备部署

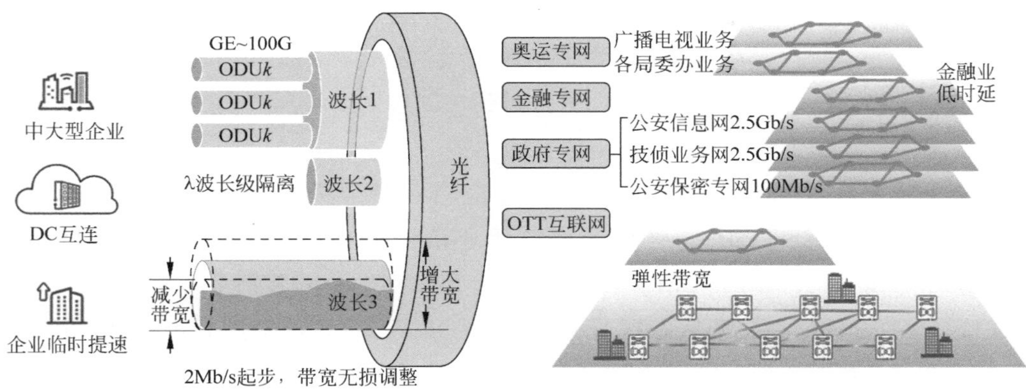

图 4-28　带宽多样化

在园区机房，从园区至各企业，如果是一个企业，则属于企业内部局域网互连；从园区机房上行至少提供 2×10Gb/s 或 100Gb/s 链路并提供 1+1 保护，光缆不同路由上联，确保业务的安全可靠性。

② 万兆到楼宇：OTN 设备部署在楼宇物业机房，汇聚整栋大楼的所有 CPE 设备，从大楼出 1～2 芯互连到局端节点，大量节约出楼光缆资源。楼宇 OTN 设备上行提供至少 2×10Gb/s 上行链路，提供 1+1 保护，出楼光缆不同物理路由，上联至局端机房。

③ 千兆到企业：OTN 设备下沉至企业客户机房，每个客户一个 OTN CPE，每个用户一个 OTN CPE，从企业机房开始，运营商即可以提供 1+1 保护至局端机房，实现高可靠的保护。

④ OTN CPE 开放对接：下一代专线承载网络局端 OTN 设备需要具备开放能力，允许第三方 OTN CPE 灰光接入到大网 OTN，并实现业务的管理、发放与运维，开放能力遵循行业标准与企业标准要求。

⑤ MSTP 末端利旧：OTN 承载网络要能考虑对运营商已有大量 MSTP 广覆盖资源，下一代网络需要具备平滑接入 MSTP 网络以及业务的能力，降低业务开通成本，并适当提供基于专线的增值能力。

（4）管控智能化。

OTN 政企精品网需要引入智能化管控，提供快速业务创建、业务资源实时可视、基于时延等策略按需算路并感知网络故障等能力，同时管控系统要求遵循标准定义的北向接口，支持对接上层协同层或者应用层，从而实现跨层、跨厂商业务、云网业务协同发放管理。

业务快速创建：面向运营商客户，OTN 通过智能化管控系统，提供整网业务端到端可视化配置及修改。在网络有资源的情况下，运营商运维部门开通一条业务，通过创建 OCh 层路径、ODU 层业务路径、业务端到端创建这 3 步即可完成，从而提供业务快速发放。

业务资源实时可视：智能化管控系统南向运行开放式最短路径优先（Open Shortest Path First，OSPF）/路径计算单元通信协议（Path Computation Element Communication Protocol，PCEP）等实时协议管理 OTN 网络，实时获取网络拓扑和资源信息，并对全网链路资源状态以及资源波长/ODUk/端口等资源利用率进行统计，同时结合运营商对流量的初步预测，在系统中提前进行业务批量预发放，帮助运营商提前识别网络资源瓶颈，指导网络精准规划扩容，为业务的快速开通提供保障。

基于时延算路，时延可视可管：基于 OTN 的时延可测量，智能化管控系统可收集端到端时延数据，从而在整网资源中基于客户的时延要求，选择匹配的路由承载业务。智能化管控系统可基于最短时延策略或者时延区间提供更丰富的时延套餐，支撑运营商按时延销售，客户可感知其网络时延指标。

故障模拟，客户可提前感知其网络可靠性：基于节点/链路/共享风险链路组（Shared Risk Link Group，SRLG）等网络资源，在网络拓扑中指定特定的故障元素，智能管控系统对该元素进行故障模拟，分析对业务的影响。如果业务具备恢复能力，给出业务新的路径展示，使客户对整网可靠性实现可视，支撑运营商可用率 SLA 销售。

2）运营

OTN 政企精品网引入智慧管控系统 NMS 实现大网的集中管理和资源实时可视，提升资源核查效率并缩短专线 TTM。将 NMS 嵌入运营商内部生产系统，自上而下打通运营商业务支撑系统/运营支撑系统全流程，实现专线开通的自动化，大幅降低 OPEX。同时提供大客户自助式门户，使政企专线业务服务从线下走到线上，为企业租户提供线上自助下单、线上自助式带宽提速、线上自助查看 SLA、线上自助故障上报等一系列电商化能力，大幅提升用户体验。

（1）新增大客户网络管理系统，设计客户自助服务能力，例如，业务开通状态可视、业务质量可视、业务带宽调整等功能。

（2）将客户自助功能和业务支撑系统/运营支撑系统打通，使自动计费和网络自动调整匹配客户的能力。

3）产品

具备网络、运营两大基础能力后，运营商可全新设计并推出高品质 OTN 政企专线产品套餐：在原有组网电路专线基础上，运营商可基于网络和服务能力，全新推出高品质专线产品体系与套餐内容，拉开与现有专线产品的差距，打造高品质服务的专线。在硬能力方面，基于 OTN 灵活带宽、可保证时延、高可靠性的特质，给专线划分不同等级进行差异化定价；在软能力方面，基于智能管控和标准北向接口，打造 SLA 可视、自助式服务等多项增值服务，提升用户体验。通过硬能力＋软能力强强联合的方式，打造政企专线的"头等舱"。

面向不同的行业用户属性，定制化提供套餐包内容，例如证券、期货行业最关注低时延属性，金融套餐包可以主打极低时延，并提供个性化定制时延。国内上海电信在 2018 年已经率先推出低时延定制化套餐；2019 年广东联通、北京联通也都推出基础时延包＋个性化定制时延包，针对不同行业提供差异化服务。

4.5　高品质入云业务承载方案

4.5.1　高品质入云需求

以 5G、F5G、物联网、工业互联网、大数据、云计算、人工智能等为代表的数字基础建设广泛应用，与城市、交通、院区、企业、制造等各行各业实体经济深度融合，促进了经济发展并全面推动各行各业进行数字化转型。国家市场监督管理总局的数据显示，中国已有 4200 万户企业，预计未来 3 年新增将超过 1300 万户。在数字化转型加速推进趋势下，企业上云需求将加速。根据知名市场调研公司 Gartner 对 IT 基础设施领域云计算的未来发展趋势的预测，到 2025 年，将有 85％的企业和组织采用云优先原则。政企行业大型企业、政务、医疗等高价值行业云化加速，企业上云通常是分阶段的，主要从办公、社交等非核心系统逐步到供应链、财务等核心生产系统上云，随着系统上云的重要性递增，对云和入云专线的要求也逐步提高，需要高安全的品质入云。对于中小企业上云，从中央到地方政府，纷纷出台政策鼓励和支撑，国务院办公厅《关于促进中小企业健康发展的指导意见》明确指出，为中小企业提供信息化服务，推进"互联网＋中小企业"发展，发展适合中小企业智能制造需求的产品、解决方案和工具包，完善支撑服务体系，推动中小企业业务系统云化部署。云计算已经成为企业和组织 IT 战略的一部分，企业上云已逐渐成为常态。

1. 医疗行业

互联网＋智慧医疗的加速，促使医院信息化系统进行云化改造，医院的数据逐步从院内应用走向区域应用，由本地存储向云存储迁移，从而实现远程会诊、远程诊断等区域医疗应用。

2. 金融行业

以云承载金融应用构建开放银行在业界已形成共识，五大行、股份银行、城市商业银行均在推进云化。金融行业信息化建设，主要体现在于银行业务和数据向总行数据中心集中，数据中心系统全面云化，要求云间灾备安全等级高，网点业务多样化银行账目数据、办公、代缴费等中间业务、视频监控的不同业务，带宽增大且要求安全隔离。

3. 政务行业

随着互联网＋政务服务、数字政府、智慧社会的建设发展以及由此驱动的对政务信息化技术架构的重塑，政府信息化建设朝着集约整体、超大规模的方向发展，对内支撑 700 万公务员在线办公，对外服务于 14 亿人口和 4200 万企业。在政务集约化业务驱动、云计算大数据技术驱动和国家网络安全法政策驱动下，对政务云网提出高安全入云、差异化 SLA 政务硬切片专网、政务云同城双活、两地三中心大带宽、低时延、高可靠云间互连专线。

4. 教育行业

云上教育，VR 电教室将虚拟现实技术与实际教育教学知识点紧密结合，以多种形式灵活应用于课堂教学、科技角、博物馆、远程教学、安全教育、物理/化学试验等不同场景。电教室的 VR 业务与家宽类似，也分为弱交互 VR 点播视频、强交互 VR 渲染业务和 VR 直播业务。单用户的 VR 带宽、丢包、时延要求与家宽一样，主要差异点在于 VR 电教室存在大带宽高并发、丢包时延敏感、用户密度高、教师学生端的 VR 互动等。

5. 中小企业

中小企业信息化改造提速，主要涉及设计、管理、营销、通信等方面，企业通过网络将企业的基础系统、管理等业务部署到云端，利用网络便捷地获取云服务商提供的计算、存储、软件、数据等服务。随着越来越多的企业业务上云，企业访问云端业务存在高并发、大量数据交互特点，因此除了下行带宽外，一般要求入云专线提供大的上行带宽满足业务应用需要，典型业务如云视频会议、云桌面、云存储，面临越来越多的网络安全挑战，越来越多的企业更关注入云业务数据安全性，为简化中小企业上云应用，需要提供一站式云网业务订购和开通服务。

如表 4-2 所示，通过对垂直行业的需求分析，政务、医疗、教育、工业、视频游戏等行业对大带宽有强烈诉求，金融和云网吧对时延要求很高，政务、金融、医疗和工业对安全隔离和高等级信息安全保所云安全有需求，政务、金融、医疗和视频游戏要求带宽随需，节省成本。同时，云网一体化订购及快速开通已成为普遍需求。

表 4-2　垂直行业应用系统指标需求

行　业	业务带宽	时延	可靠性	隔离性	自管理	带宽灵活调整	云安全
政务云	100Mb/s～10Gb/s	1～5ms	99.99% 云池灾备	硬隔离 OTSN 专网	可视、 可操作	有	等级信息安全保护二级、三级
金融云	10～100Mb/s	百 μs	99.99% 云池双活或两地三中心	硬隔离	可视	有	等级信息安全保护三级
医疗云	200Mb/s～10Gb/s	1～10ms	99.99% 云池灾备	硬隔离	可视	有	等级信息安全保护三级
教育云(教育机构入云)	1～10Gb/s	1～10ms	99.9% 单云	—	—	暂无	—
工业云(大型工业园区)	1～10Gb/s	1～10ms	99.99% 云池灾备	硬隔离	可视	暂无	等级信息安全保护二级
视频云(场馆、网红公司)	100Mb/s～10Gb/s	8～20ms	99.95% 双活或灾备	—	—	有	—
游戏云(游戏厅企业)	300Mb/s～1Gb/s	3ms～8ms	99.9%	—	—	有	—
网吧云(网吧企业)	3～10Gb/s	0.5ms～1ms	99.9%	—	—	有	—

4.5.2　高品质入云行业观点

随着全球云化进程的加剧，企业上云逐渐成为一个主流趋势，而企业入云带来专线需求的变化，基于此，NGOF 在 2019 年发布《面向云时代的高品质专线技术白皮书》第二版，详细阐述企业云化带来的对入云专线的品质诉求，并首次从安全度、可靠度、便捷度、响应度、感知度5个维度定义了五星级云网融合标准指标体系，并基于每个指标定义了差异化SLA品质，该指标体系站在用户入云全流程体验的角度，指导运营商网络更好地贴近用户，提供更专业的云+网服务。云网融合标准指标体系如图4-29所示。

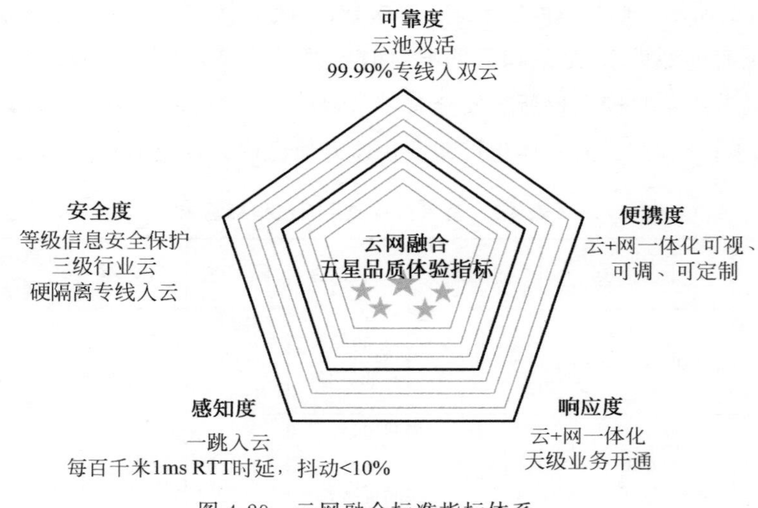

图4-29　云网融合标准指标体系

4.5.3　高品质入云解决方案

运营商提供OTN高品质入云解决方案，覆盖所有云池，在网络层面打通OTN与云池预连接，在管控层面打通云网协同，一体化提供云网资源，统一发放、统一运维，实现企业客户线上一站式订购。

如图4-30所示，从网络架构上，运营商需要统一协同编排器负责对来自电商门户用户业务的命令解析和分发，最终云侧控制器配置云侧资源，网络控制器配置网侧资源，实现业务快速同步上线。

业务开通后，售后环节实现端到端运维能力：一体化运维、策略、动态调整、闭环、租户自管。

4.5.4　高品质入云关键技术

运营商提供高品质入云产品，需要支持OTN云网一体协同、高可靠入云保护、多样化接入等关键技术。

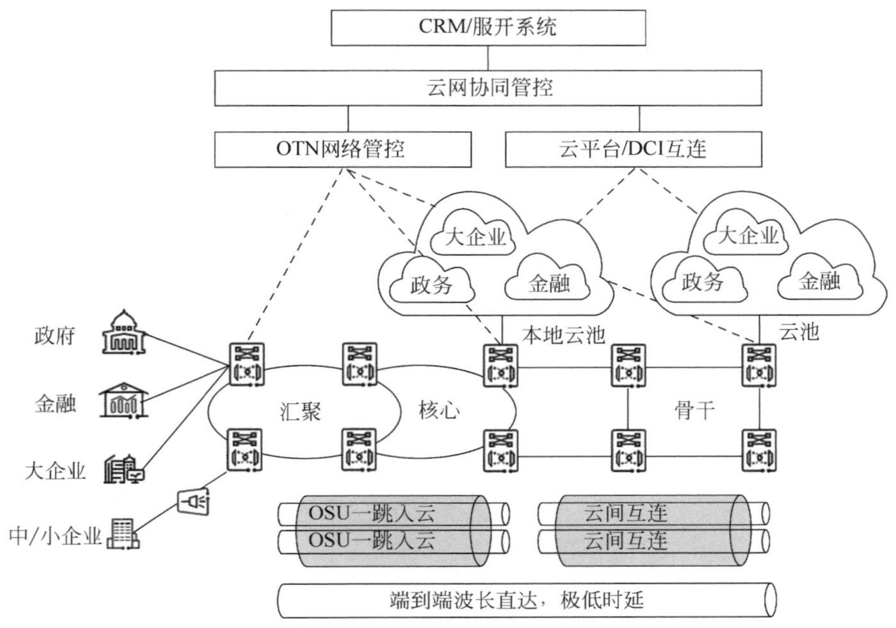

图4-30　基于OSU的高品质专线解决方案架构

1. 云网一体

运营商提供OTN高品质入云产品，提供客户云网业务同开同停服务。

如图4-31所示，网络控制器与云控制之间通过上层协同编排器互通信息，包括对

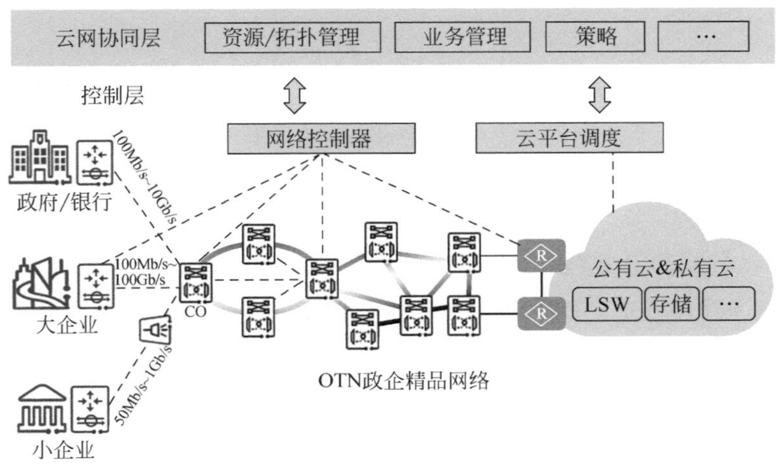

图4-31　云网一体化组网

接端口的 VLAN、IP 地址、带宽规划等信息，从而实现用户的一个订单进入系统后，在协同编排器将业务自动配置到云、网控制器，并自动下发配置到设备的能力，真正实现云网同开同停的服务。配置完成后需要将成功信息返回协同编排器，并由编排器同步到资管系统，真正实现流程自动化。

2. 高可靠入云

如图 4-32 所示，OTN 设备覆盖所有云池，打通 OTN 设备与云池 GW 间的直接连接，提供与云池之间的保护。

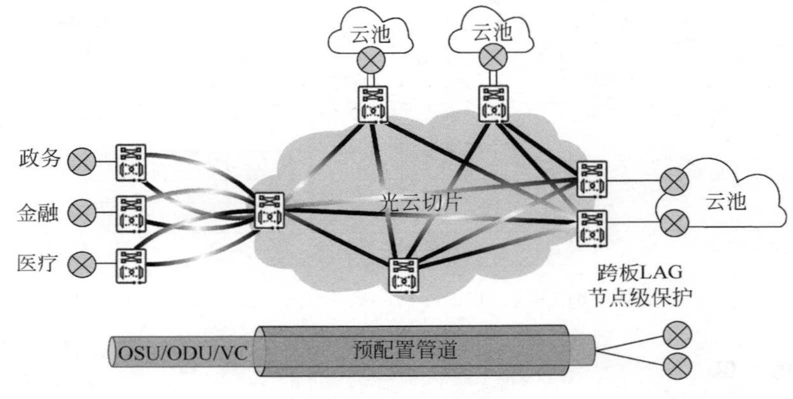

图 4-32　高可靠入云组网

高可靠入云的关键技术包括以下几点。

(1) 预覆盖：企业入云是未来趋势，OTN 设备覆盖所有云池，进行与云池专线交换机的预连接。

(2) 预配置光云切片：企业客户通常与云池不在同一个城市，提前在骨干网络为不同地市入云规划出入云的专享光云管道，形成地市到云池的光云切片，提升企业客户入云资源协调效率。

(3) 入单/多云方案：采用一跳直达的二层业务入云，企业入云 OTN CPE 节点以及云端 OTN 节点采用二层虚拟专用网(Layer 2 Virtual Private Network，L2VPN)业务，中间全程采用硬管道 ODU/OSU/VC 进行调度，高品质硬管道直达云端。

(4) 高可靠保护：云端 OTN 设备与云池 GW 之间可提供单节点跨板 LAG、跨节点保护对接能力，未来提供更高的可靠性，云端 OTN 设备和企业入云 OTN CPE 节点作为连接云池和企业的边界节点，需具备识别云池业务并智能化转发业务到对应的用户接入端或者另一个云池的能力。

3. 多样化品质接入

如图 4-33 所示，面向行业客户的多样化诉求，需要提供灵活多样性的接入技术能力。

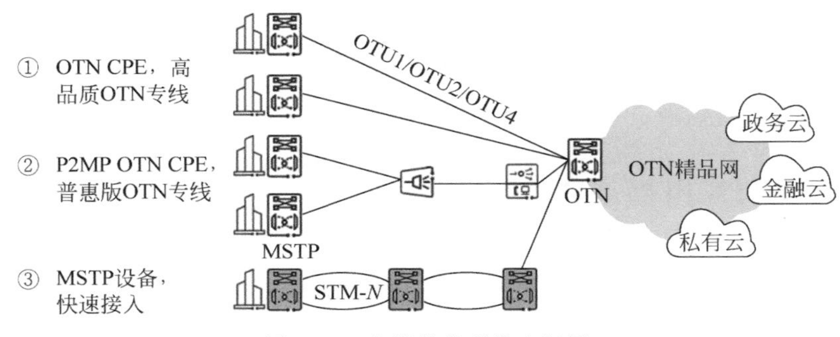

图 4-33　多样化品质接入组网

多样化品质接入的关键技术包括以下几点。

OTN CPE 设备接入：面向大型行业客户提供端到端 OTN 高品质解决方案，客户侧支持 E1、STM-N、ETH 等多种接入端口，提供 2Mb/s～100Gb/s 端口速率、端到端业务带宽、时延、丢包等 SLA 可视、带宽可调等能力，与客户 OSS 域/BSS 域打通，提供自动化业务发放能力和大客户网络管理系统。

P2MP OTN CPE 设备接入：面向商务楼宇的价值客户提供端到端普惠版 OTN 解决方案，已成为业界热点。通过复用已部署的 ODN 光缆网，与 PON 物理层技术结合，可支持端到端 OSU 硬管道连接。CPE 客户侧支持 ETH 端口，接入 1Gb/s 以下小颗粒带宽业务，全网提供端到端业务带宽、时延、丢包等 SLA 可视、带宽可调等能力，并可通过未来提供北向接口与客户 BSS 域、OSS 域对接，提供自动化业务发放能力。

MSTP 设备接入：面向传统客户末端、接入设备是 MSTP 设备，还未进入生命周期，需要考虑运营商的综合成本以及 MSTP 设备利旧，因此需要提供 MSTP 设备接入能力，并提供部分增值能力让行业客户享受到品质服务，如带宽可调能力。

4.6　VR/高清视频业务承载方案

视频已经成为继语音、数据后，运营商的又一个基础业务，在互联网业务中，视频流量占比已经超过 70%。视频业务高并发、高带宽和高感知的特点，对承载网络的要求是大带宽、低时延/抖动和低丢包率。

基于全光架构,OTN 设备通过波分复用技术,能为视频提供更大容量的管道带宽;通过端到端 ODU*k* 管道为视频业务提供独享带宽,避免拥塞丢包;通过 L1/L0 转发技术,保证稳定的低时延。

视频业务从业务类型可以分为直播与点播两种,从承载技术可以分为组播和点播。一般情况下,直播业务通常采用组播技术承载,点播业务采用单播技术承载。

4.6.1 OTN 组播承载方案

1. 超高清视频直播对承载网络的要求

视频业务从标清、高清向超高清(4K/8K)演进。4K 超高清视频是一种新兴的数字视频分辨率标准,它在画面细节、帧率、色彩、景深、动态范围等方面都有了显著提升,给用户带来影院级的观看体验。4K 电视作为家庭娱乐消费升级的标志,已经快速成为家庭的标配。

4K 视频的原始码率非常高,为降低传输带宽,需采用 H.265 压缩算法,该算法通过帧内预测、帧间预测、更大的块编码等优化算法,能获得高达 1000∶1 的高压缩比。可是将冗余信息都去掉会导致 4K 对丢包异常敏感,报文万一丢失,视频数据难以恢复。

特别是压缩编码后形成 IBP 帧,其中 I 帧(Independent Frame)为独立编码的帧,P 帧(Predictive Frame)为前向预测帧,需要根据本帧和前一个 I 帧恢复数据;B 帧(Bi-directional Frame)为双向预测帧,根据前帧、本帧和后帧的数据一起恢复。如果 I 帧数据丢失,则将影响 B 帧和 P 帧的恢复,如图 4-34 所示。

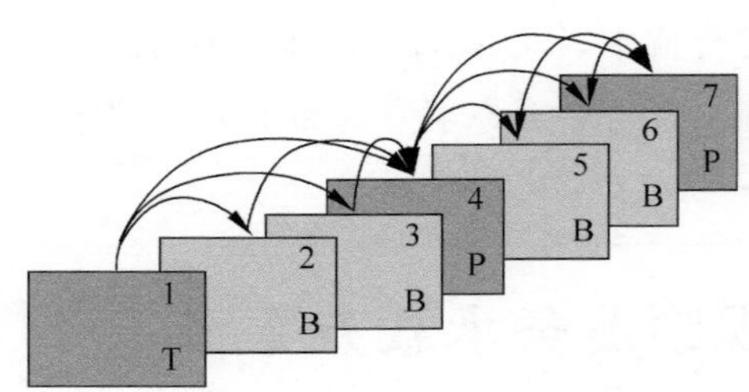

图 4-34 IBP 帧单向和双向预测示例

在实验室中的测试表明,丢失任何一个数据包,都有较大概率引起花屏,并且是大面积花屏,严重影响观看体验。

运营级 4K 视频业务对承载网络 KPI 建议值要求如表 4-3 所示。

表 4-3　视频优良体验的网络要求汇总表

项　　目		不考虑 RET	考虑 RET
4K 视频平均码率		≥30Mb/s	≥30Mb/s
网络指标	E2E 带宽	≥56Mb/s	≥56Mb/s
	RTT	—	—
	PLR	$\leqslant 1\times10^{-6}$	$\leqslant 1\times10^{-4}$

家庭入户带宽已经处于超 100Mb/s 阶段，带宽比较容易满足，1×10^{-6} 的极低丢包率是超高清 4K 直播对承载网络的核心诉求。

2. OTN 组播承载架构

决定承载技术的源动力是业务，从语音时代的 SDH 技术、到互联网时代的分组复用技术，都是业务选择的结果。4K 直播采用的是 CBR 码流，持续恒定，不能丢包，所以它需要的是一个固定带宽、保证品质的承载技术。

OTN 组播技术是基于时隙的硬管道交换技术，可以提供从 GE 到超 100GE 颗粒的高品质承载管道，是与 4K 直播完美匹配的承载技术。

OTN 组播实现了单播与直播的分离承载，直播和点播业务各行其道，避免了直播和点播业务的互相影响，OTN 组播能够与 IPTV 点播和宽带上网业务协同部署，如图 4-35 所示。

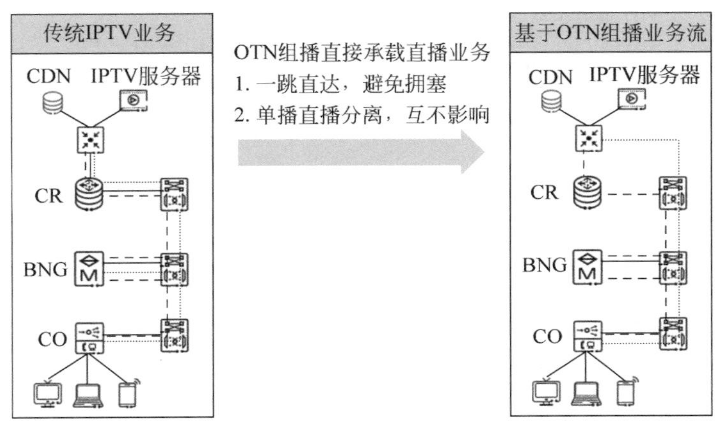

图 4-35　OTN 组播方案架构示意图

OTN 组播方案包括 3 个主要的部分。

(1) 核心侧视频流封装：直播流采用静态引流的方式，从视频源直接注入核心 OTN 支路侧。核心侧 OTN 采用透传板，与视频直播源交换机对接，将直播流封装进入 ODUk 管道。管道颗粒取决于直播视频流的总带宽。

(2) 线路侧复制：根据线路侧分支数量，到每个分支配置一个交叉，将视频源 ODUk 复制进入线路。分支数量是下挂的链路数量，每条链路只需要复制一份。

(3) 边缘节点本地接收：向接收直播流的客户侧设备复制一份 ODUk 本地接收；如果还有下游节点，则继续向下游线路侧复制转发。

3. OTN 组播承载关键技术

1) OTN 组播技术

OTN 4K 组播方案是基于 ODUk 硬管道的组播转发方案。通过静态配置建立从直播视频源到边缘的 ODUk 管道，采用下路并继续的组播转发机制，将承载直播流的 ODUk 转发复制到所有边缘节点，如图 4-36 所示。

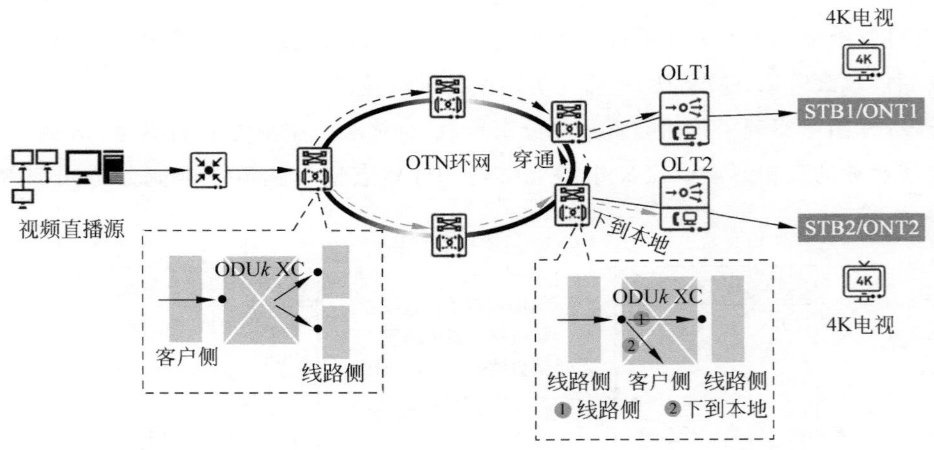

图 4-36　OTN 组播技术原理示意图

2) OTN 组播保护技术

为提高业务可靠性，端到端保护方案主要包括 H1 单端 SNCP 保护、支路侧保护、双归保护 3 个组成部分，如图 4-37 所示。

(1) 1+1 单端 SNCP 保护。

为保护线路和节点故障，在边缘或者分支处，需要配置 1+1 单端 ODUk SNCP 保

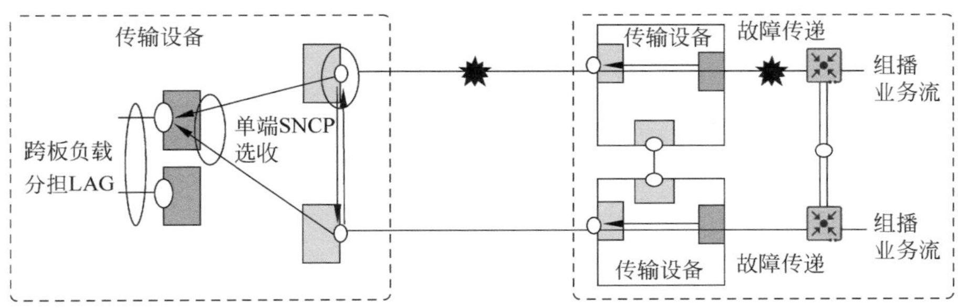

图 4-37　OTN 组播保护方案示意图

护,根据 ODUk 的状态,进行选收。单端 SNCP 保护倒换性能快,有助于减少故障对视频的影响,提高业务可靠性。

L1 组播是一源多宿的单向业务连接,同一个组播业务下面,每个边缘节点独立配置保护组,保护组独立工作。

(2) 支路侧保护。

图 4-37 是支路侧为 EOO 的模式,EOO 支路侧配置负载分担 LAG,在一条链路出现故障的情况下,业务通过其他链路承载。

如果是透传方式,则可组成 1+1 端口保护,与 OLT 进行保护对接。

(3) 双归保护。

在 L1 组播组网中,主信号源和备信号源双发直播视频信号,要求能保护视频源,以及视频源与传送设备之间链路。

在主视频源以及视频源与传送设备之间出现链路故障的情况下,OTN 设备能检测故障,并向下游下插故障信息。在边缘的 SNCP 检测到该信息,进行保护倒换。视频源双归保护是由 OTN 设备实现的,主要配置使能支路侧故障检测和传递功能,并在边缘侧配置 1∶1 单端 SNCP 保护。在检测到支路侧发生故障时,快速向线路侧下插故障指示,可以采用 LCK 信号。该信号在 OTN 线路侧传递,支持一对多、一对一传递,传递到边缘,SNCP 保护组发现工作线路下插了故障,保护状态机就启动倒换,将业务切换到保护路径,从备信号源接收视频业务。支路侧的故障检测、下插,与 SNCP 保护倒换,如果都通过硬件实现,则可以实现 50ms 的保护。双归保护原理如图 4-38 所示。

4. OTN 组播承载价值

OTN 组播为运营商带来 3 方面的价值,助力运营商 4K 直播业务成功。

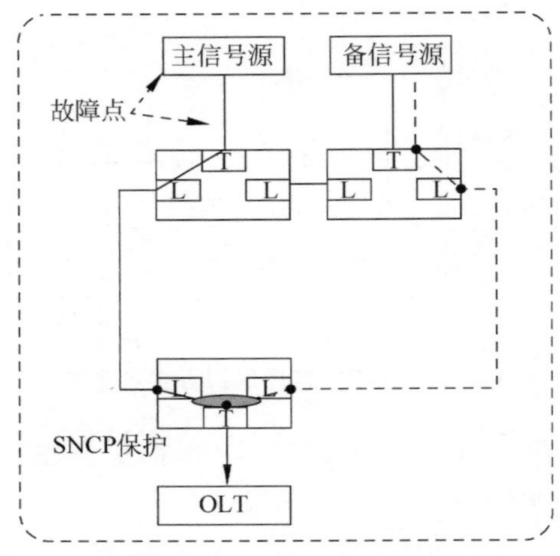

图 4-38　双归保护原理图

1）用户体验的提升

OTN 组播采用端到端的专用 OTN 管道，与上网和点播管道分离承载，避免点播流的突发影响直播流，通过 OTN 管道天然的切片特质，实现直播视频独立传输，保证了直播视频的高品质、高可靠性。

OTN 采用高纠错能力的 FEC 编码技术，使得可承诺丢包率在 1×10^{-12} 级别以上。如果说 1×10^{-7} 丢包率能保证 3 分钟不丢包，那么 OTN 管道可以保证 300 000 分钟不丢包，彻底解决 4K 直播丢包的困扰。

2）播出安全的提升

在 OTN 组播架构下，用户认证管理仍保持不变，管控信号采用单播 VLAN，直播业务通过组播 VLAN，实现直播业务的转控分离。

通过转发与控制分离、单播与直播隔离，在保证直播视频最佳品质之外，也保证了直播视频传输的高安全性。而播出安全，正是直播业务非常重要的要求，也是 IPTV 业务相对于上网业务的一大区别。

3）运维效率的提升

视频业务对体验很敏感，用户对花屏、黑屏零容忍，这点与传统上网业务不同。据统计，视频业务投诉越来越多，而 IPTV 直播问题占比超过 60%。对于网络丢包和拥塞引起的体验下降，往往是瞬间突发的，光纤和设备不一定会有物理故障，导致丢包难以定位处理。

OTN 管道是刚性管道，提供确定的业务承载。在没有告警的情况下，OTN 管道就是零丢包率。同时，OTN 设备也支持丰富的光纤故障检测与告警，通过内置 OTDR 还能定位出光纤故障的准确位置，相比裸纤有着更完善的运维手段。因此，OTN 组播化复杂为简单，有效解决直播视频运维难的问题。

4.6.2　面向家宽的品质入云方案

在云上经济大爆发，千行百业高喊数字化转型的趋势下，工业和信息化部制定了千兆光网战略，对现有固网进行大带宽、低时延、高可靠性、部署简单的全光网络升级，以满足家庭越来越高的品质和体验要求。从网络的角度，品质的升级需从家庭用户、接入、传送、数通、云等端到端进行规划和保证。

1. VR 业务和云游戏发展趋势和承载网络技术要求

虚拟现实（Virtual Reality，VR）技术是一种可以创建和体验虚拟世界的仿真系统，使用户沉浸其中，具有身临其境的感觉。从实现架构上，VR 分为本地 VR 和云化 VR 两种。VR 云化后，具有以下 3 方面的优点。

(1) 用户侧设备只需支持最基础的视频解码、呈现、控制信令接收和上传，兼具轻量化和低成本化优势，可大幅降低终端购置成本与配置使用难度。

(2) 可实现网络化多人互动 VR 等功能，大幅提升用户体验。

(3) 可将产业中的 VR 内容聚合起来，变离线为在线，使内容快速分发到消费者和垂直行业，并有利于保护 VR 内容版权。

所以 Cloud VR 是 VR 快速发展与成熟的理想架构，Cloud VR 是 VR 未来发展的最佳形态与必然趋势。

Cloud VR 架构由终端处理、网络传输、云端处理组成，如图 4-39 所示。

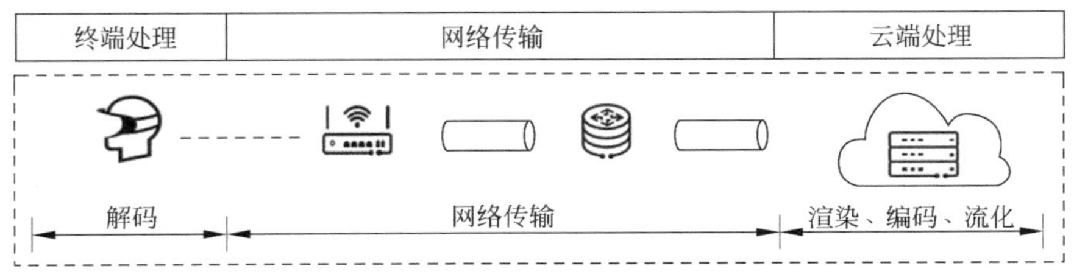

图 4-39　Cloud VR 架构

随着业务体验发展，Cloud VR 对网络指标的要求如表 4-4 所示。

表 4-4　Cloud VR 不同发展阶段对网络指标的要求

<table>
<tr><th colspan="2">阶　段</th><th>起步阶段</th><th>舒适阶段</th><th>理想阶段</th><th>极致阶段</th></tr>
<tr><td colspan="2">典型视频全景分辨率</td><td>4K</td><td>8K</td><td>12K</td><td>≥24K</td></tr>
<tr><td colspan="2">主流终端屏幕分辨率</td><td>2K～3K</td><td>4K</td><td>8K</td><td>≥16K</td></tr>
<tr><td rowspan="6">VR 弱交互业务（全景 3D）</td><td rowspan="2">建议码率</td><td rowspan="2">全视角：≥40Mb/s</td><td>全视角：≥120Mb/s</td><td rowspan="2">FOV：≥280Mb/s</td><td rowspan="2">FOV：≥760Mb/s</td></tr>
<tr><td>FOV：≥80Mb/s</td></tr>
<tr><td rowspan="2">建议带宽</td><td rowspan="2">全视角：≥80Mb/s</td><td>全视角：≥240Mb/s</td><td rowspan="2">FOV：≥560Mb/s</td><td rowspan="2">FOV：≥1520Mb/s</td></tr>
<tr><td>FOV：≥160Mb/s</td></tr>
<tr><td>网络 RTT 要求</td><td>≤30ms</td><td>≤30ms</td><td>≤20ms</td><td>≤20ms</td></tr>
<tr><td>网络丢包要求</td><td>≤1E－4</td><td>≤3E－4</td><td>≤7E－5</td><td>≤1E－5</td></tr>
<tr><td rowspan="5">VR 强交互业务</td><td>建议码率</td><td>≥40Mb/s</td><td>≥65Mb/s</td><td>≥270Mb/s</td><td>≥770Mb/s</td></tr>
<tr><td>建议带宽</td><td>≥80Mb/s</td><td>≥130Mb/s</td><td>≥540Mb/s</td><td>≥1.5Gb/s</td></tr>
<tr><td>网络 RTT 要求</td><td>≤20ms</td><td>≤20ms</td><td>≤10ms</td><td>≤8ms</td></tr>
<tr><td>抖动要求（最大 RTT）</td><td>≤15ms</td><td>≤15ms</td><td>≤10ms</td><td>≤7ms</td></tr>
<tr><td>网络丢包要求</td><td>≤1E－5</td><td>≤1E－5</td><td>≤5E－6</td><td>≤1E－6</td></tr>
</table>

可以看出，Cloud VR 业务对网络的带宽、丢包率和时延都有较高的要求，尤其是要求有确定性的低时延。实验室测试表明，如果时延不能满足要求，则将引起 VR 的画面出现黑边、卡顿，会直接导致用户出现眩晕感，严重影响用户体验。

云游戏业务将游戏内容的存储、计算和渲染都转移到云端，实时的游戏画面串流到终端进行显示，最终呈现到用户面前。在客户端，玩家的游戏设备不需要任何高端处理器和显卡，只需要基本的视频解码能力，以集约化的方式降低整体的成本，将游戏体验变成了一种服务，成为游戏快速发展的新模式，也出现了一大批云游戏网吧。云游戏对承载网络的要求很高，强交互性的云游戏，除了低时延之外，还要求极低的时延抖动，才能保证良好的用户体验。

云游戏对承载网络的要求，与 Cloud VR 要求基本一致，统称为泛 VR 业务，接下来以 Cloud VR 为代表，对泛 VR 业务的承载架构进行分析。

2. 一跳入云全光架构

基于全光网底座，可以通过类专线的方式，为 Cloud VR 业务提供高品质的网络连接，保证最佳的用户体验。

该方案的主要理念是针对 Cloud VR 等对网络有特定要求的高品质业务，通过 OTN 管道，提供从接入侧到服务侧的一跳入云管道，减少中间节点，从而降低丢包、拥塞的风险，实现体验最优，如图 4-40 所示。

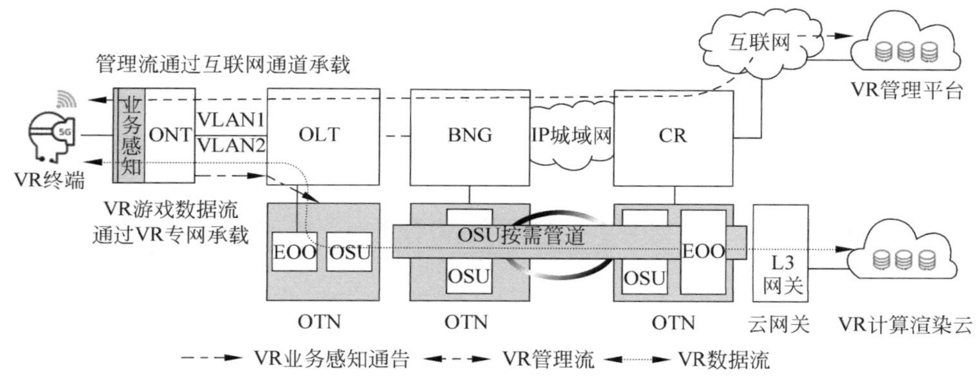

图 4-40 Cloud VR 一跳入云全光架构

全光 Cloud VR 承载方案包括 4 个主要部分：OTN 与 OLT 握手、OSU 动态管道、OTN 与云握手、视频体验可视化。其中各部分主要功能和技术包括以下几点。

1）OTN 与 OLT 握手

（1）ONT 支持双通道：多广域网（Wide Area Network，WAN）上行，为不同的视频业务建立不同的 WAN 口，能根据业务特征进行分离承载。

（2）OLT L3 网关：支持动态主机配置协议（Dynamic Host Configuration Protocol relay，DHCP）中继，为精品业务 WAN 口分配专网地址。

（3）OLT 与 OTN 直接对接：OTN 能通过 VLAN 区分不同业务，进入不同的 OTN 管道。

2）OSU 动态管道

（1）OSU 能力：支持 OTN 精细化管道，支持 10Mb/s 以上，2Mb/s 步长的任意颗粒管道；支持 2Mb/s 步长的业务无损带宽平滑可调；支持将 100Gb/s 线路端口划分为多达 1000 条的海量管道，满足多用户并发的要求。

（2）OSU 动态管道能力：通过与 OLT 协同，可根据在线的终端/用户数量、基于业务流带宽需要，动态地进行 OSU 管道的带宽调整/建删，达到网络带宽弹性按需提供的目的。

3）OTN 与云握手

（1）VR 游戏/云游戏一跳入云：OSU 管道一跳入云，提供最低时延的管道，满足云游戏、云 VR 确定性低时延的要求；同一个用户的不同业务可能由不同的渲染云提供服务，同一种 VR/云游戏在不同时刻也可能被调度到不同的云提供服务，OTN 需要具备智能转发业务到不同云池的能力。

（2）直播视频一跳入云：采用 L1 硬组播技术，IPTV 业务直接推送到 OLT，实现零丢包分发。L1 组播需要支持透传方式和 EOO 方式，匹配 OLT 独立端口和混合端口承载 IPTV 的两种模式；与视频源对接，OTN 需要支持双归保护，提升业务可靠性；网络管理系统需要支持端到端的组播业务运维，提升视频业务运维效率。

4）视频体验可视化

（1）动态管道管理运维能力：支持动态按需管道的管理，管道利用率可视、空闲资源可视。

（2）用户侧流量的精细化统计（毫秒级）：支持按照毫秒、十毫秒、百毫秒、秒的粒度进行业务级和管道级流量统计，支持视频业务的诊断和问题快速分析。

（3）业务指标关键质量指标（Key Quality Indicator，KQI）/关键性能指标（Key Performance Indicator，KPI）的可视化：网络管理系统根据设备采集的网络 KPI，智能拟合出直播、点播、VR 游戏等 KQI 指标，支撑视频体验的数字化。

3. 一跳入云承载方案价值

（1）一跳入云，时延低，零丢包，体验最佳。

① 时延：OSU 设备时延为 5～10μs/节点，是 IP 设备的十分之一；OSU 一跳入云方案承载网络的往返时延为 3.5～6ms；满足起步阶段和舒适阶段需求，可以匹配理想阶段和极致阶段时延要求（＜7ms）。

② 抖动 & 丢包：OSU 管道提供确定时延，时延稳定抖动小。提供独占刚性管道，无其他业务流冲突抢占带宽导致拥塞抖动和丢包。OTN 采用高纠错能力的 FEC 编码技术，使得可承诺丢包率在 1×10^{-12} 级别以上。如果说 1×10^{-7} 丢包率能保证 3 分钟不丢包，那 OTN 管道可以保证 300 000 分钟不丢包，彻底解决 4K 直播丢包的困扰。数据可参看前面 OTN 网络 KPI 监测数据。

（2）带宽：在理想和极致阶段，网络需要“更高的带宽”，边缘带宽达到 500Gb/s～

1Tb/s，全光网络是 $N\times 100$Gb/s 或 400Gb/s 波分大带宽系统，提供海量带宽，满足 VR 业务大规模部署的带宽诉求。

(3) 弹性动态管道，挂机资源释放，资源高效共享，低成本。

在全光网络中，Cloud VR 相当于采用类专线进行承载，但静态的全光专线无法实现不同用户间的分时复用，成本较高。为了解决此问题，需要在全光网络中探索引入按需动态专线的功能，分时共享链路管道，同时 OSU 可以基于业务流带宽需要，无损调整带宽，减少管道资源浪费，实现低成本和高体验。

运营商 Cloud VR 业务的商业逻辑创新，从固定宽带的包月收费走向基础功能包月＋增值功能按时长灵活收费模式，实现以品质提升带来商业价值提升；在用户侧获取流量收入之外的体验溢价，在 OTT 侧完成不同等级的业务保障价值。

4.6.3 精品媒资承载方案

1. 面向 4K/8K 的 OTN 媒资网承载方案

运动会和体育场馆的视频直播逐步向 4K 超高清和 8K 超高清演进，节目制作也从场边直播车向条件更好的综合宽带通信(International Broadcast Center，IBC)和演播室转移，新型智慧场馆如 VR 全景视频、自媒体主播等大量涌现，对视频采集、回传和共享提出了新的需求，主要包括以下几点。

(1) 带宽需求：单场馆需要的带宽超过 100Gb/s；全景 VR 视频需求带宽超过 300Mb/s。

(2) 距离需求：市内传输距离在几十千米，城市之间达数百千米。

(3) 接口需求：专业摄像机当前仍以 SDI 接口为主，逐步支持 IP 接口；VR 全景摄像机直接出 IP 接口。

(4) 性能要求：场馆视频回传于要求可靠性高、实时性好，需要稳定的低时延。无损保护倒换也逐步成为基本的传输要求，即使在发生故障倒换的情况下，仍能保证零丢包。

(5) 相比微波传输、5G 背包、PON 专线等承载方式，视频专线/专网承载，具有带宽大、可靠性好、安全性高的特点，是大型运动会、体育场馆、智慧场馆媒资视频传输的主要方式。

传统视频回传专网一般由媒体网关、数据设备、OTN 设备组成。因为设备环节多，导致回传成本高、时延不稳定。

为进行高品质的媒资承载，媒资视频承载逐渐采用OTN媒资专网/专线直接承载。OTN设备支持SDI/IP接口，支持单波100Gb/s及以上的大带宽远距离传输，同时集成媒体网关的无损保护功能，简化路由调度，适用于方向和流量固定的各类场馆视频回传。在超高清视频回传中，存在较多4K视频使用4×3Gb/s SDI、8K视频使用4×12Gb/s SDI传输的方式，要求4路信号之间百纳秒级别的同步精度，OTN可以在一个OTU或者波长中传输4路，满足多路同步的要求。面向4K/8K的OTN媒资网承载方案如图4-41所示。

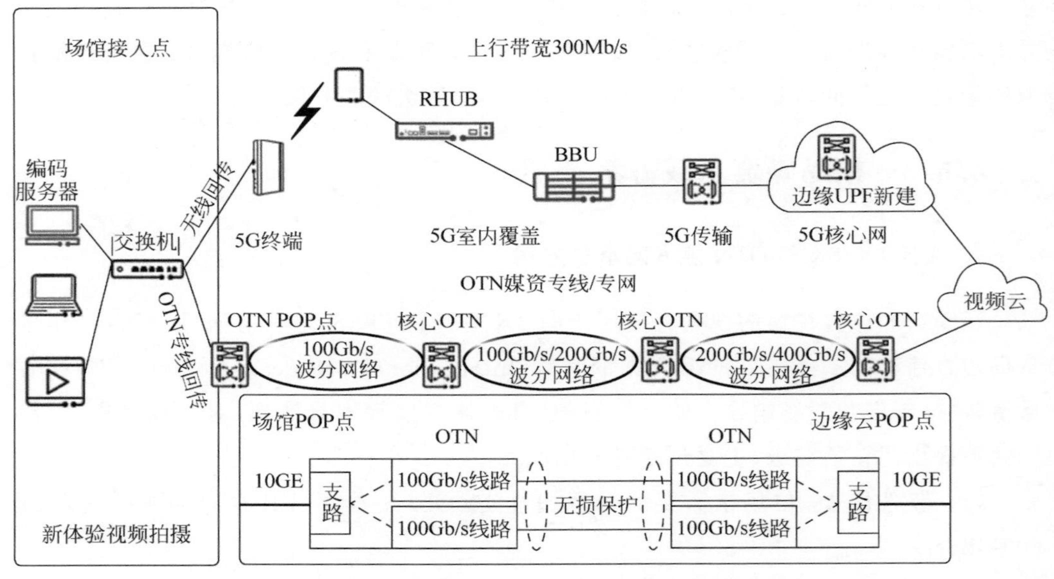

图4-41　面向4K/8K的OTN媒资网承载方案

2. OTN媒资网承载技术

1) SDI接口技术

串行数字接口(Serial Digital Interface，SDI)是专业摄像机的主要接口形式，不同视频分辨率需要不同的接口速率，超高清视频的原始码率达到6Gb/s、12Gb/s，需要传输设备能支持SDI接口，避免引入更多转换接口，以保障时延和成本最优。

OTN设备支路侧能支持不同速率SDI接口，将SDI信号封装进ODU0/ODUflex/OSU直接透传和拉远，并能保障最低的时延和时延抖动，满足SDI接口的时钟要求。

视频设备 SDI 信号也可以通过传送设备承载，传送设备需要支持 SDI 信号类型、标准来源和接口速率如表 4-5 所示。

表 4-5　SDI 接口类型

SDI 信号类型	标准来源	接口速率
SDI	SMPTE 259M	270Mb/s
HD SDI(1.5G SDI)	SMPTE 292M	1.485Gb/s 或 1.485/1.001Gb/s
3G SDI	SMPTE 424M	2.97Gb/s 或 2.97/1.001Gb/s
6G SDI	SMPTE ST-2081	5.940Gb/s 或 5.940/1.001Gb/s
12G SDI	SMPTE ST-2082	11.88Gb/s 或 11.88/1.001Gb/s

2）无损保护技术

无损保护倒换主要适用于原生视频传输等重要视频数据传输的场景。在光纤、线路单板和中间设备出现故障的情况下，将业务不受损伤地送到下游的客户侧设备，避免故障对业务的影响。

OTN 无损保护实现机制如图 4-42 所示。

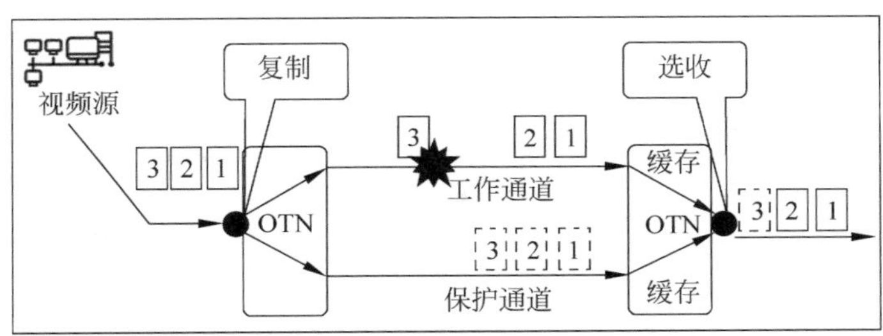

图 4-42　无损保护实现机制

(1) 通过在发送端增加标签，从工作通道和保护通道同时传输。

(2) 在接收侧提供缓冲区，接收工作通通和保护通道的两份数据。

(3) 在输出侧，根据数据标签，从缓冲区恢复完整的数据流送到客户侧。

无损保护倒换的缓冲区大小是关键参数，主要能容忍工作路径和保护路径的时间差。一般在支路板提供用于无损保护倒换的缓冲区，缓冲区大小可设置，计算公式如式(4-2)所示。

$$\text{缓冲区大小} \geqslant \text{差分时延} \times \text{业务带宽} \tag{4-2}$$

式中：

差分时延(DiffTime)＝|工作路径传输时延－保护路径传输时延|。

业务带宽(Bandwidth)＝无损保护业务的带宽。

OTN 无损保护能够支持在断纤或者光纤劣化情况下的保护，支持保护倒换返回模式，支持设置返回等待时间。

4.7 面向 5G 的前传全光承载方案

4.7.1 5G 前传承载网络关键需求

3GPP 对 RAN 的架构定义了如图 4-43 所示的 8 种灵活切分点（TR38.801），5G 前传（AAU-DU）采用 Option7 新的切分方式，CPRI 联盟组织为此定义了新的 5G 前传 eCPRI 接口。eCPRI 接口承载带宽 20Gb/s 左右，采用 25Gb/s eCPRI 接口形态，单向 E2E 时延最大 100μs，丢包率 1×10^{-7}（来源：eCPRI Specification V1.0，eCPRI Transport Network D0.1）。

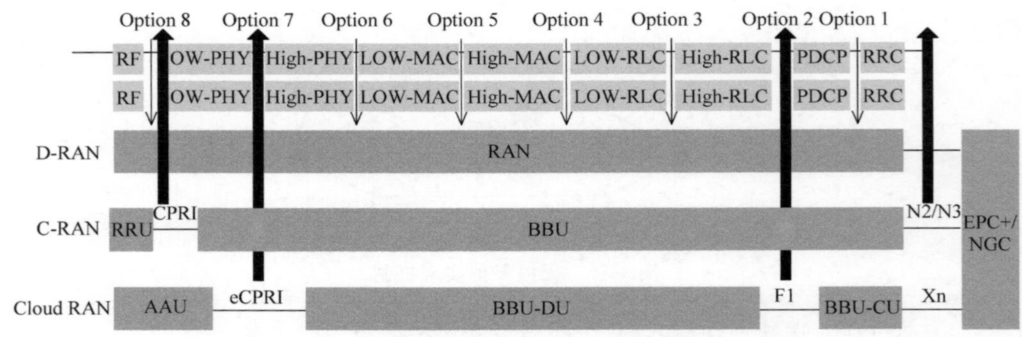

图 4-43 承载网络 5G RAN 架构切分点示意图

除了 25Gb/s eCPRI、低时延、低丢包关键承载需求外，还需要重点考虑如下关键需求。

1）省光纤

5G 基站一般包括 3 个 AAU，每个 AAU（1～2）×25Gb/s eCPRI 接口，前传承载单站需要考虑（3～6）×25Gb/s 前传端口承载，4G 改造还需 6～9 个 10Gb/s 前传端口承载。光纤直驱每站消耗 12～30 芯光纤，接入主干需要 360～900 芯光缆，为了节约光纤，5G 前传网络需考虑波分 1 站 1 芯光纤承载。

2）高可靠

VR/AR、远程医疗、自动驾驶、工业控制等 ToB 业务要求 4～5 个 9 可靠性，为了建设 5G 精品网络，前传网络需要提供保护手段。

3）易运维

随着 5G C-RAN 的规模部署，前传网络具有百万级前传链路和光模块，为了降低定位故障时间，减少现场定位人力成本，前传网络需要光模块、光纤及设备主动式智能运维管理。

4.7.2　5G 前传全光承载方案

1. 5G 前传目标方案

1）光纤直驱方案

AAU 与 BBU 的光模块之间通过光纤直接连接，AAU 和 BBU 上的光模块均为 25Gb/s 灰光双纤双向或单纤双向模块，光纤直驱组网拓扑如图 4-44 所示。

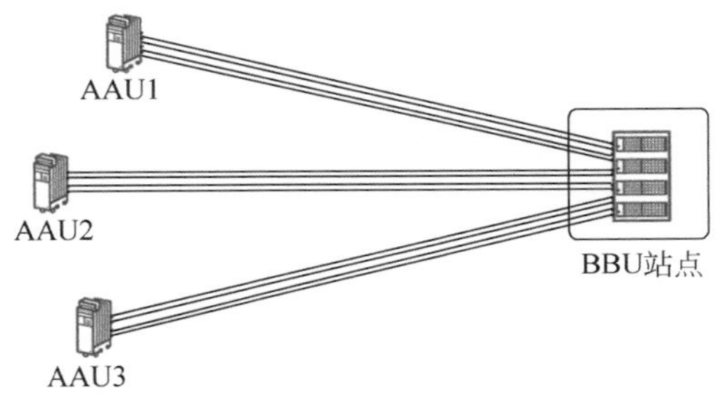

图 4-44　光纤直驱方案

(1) 组网方案。

① RRU/AAU 侧采用 10Gb/s 或 25Gb/s BiDi 模块，每端口一根纤芯对接。

② 无线厂家为 RRU/AAU/BBU 统一配置设备模块。

(2) 方案优势。

① 无线供电：无须考虑供电设计。

② 低时延：因为无电层处理，只有模块时延，引入时延不大。

③ 成本低：解决方案成本只包括 10Gb/s 或 25Gb/s BiDi 模块和光纤成本。

④ 单纤双向，时钟部署免仪表。

(3) 方案劣势。

光纤节省有限：只能节省一半光纤，对光纤不丰富的区域仍然不一定合适。

(4) 推荐场景。

① 光纤丰富区域。

② 有管孔铺设条件，铺设距离 1～2km：超过 2km 光缆建设成本相比设备前传方案更高。

2) 纯无源方案

AAU 侧和 BBU 侧各配备一个无源合分波器，合分波器间通过 1 芯光纤连接，一侧通过合波器复用多个波长进行传输，另一侧通过分波器实现多波长的解复用。AAU 和 BBU 上的光模块均为 25Gb/s 彩光模块。受产业链和技术限制，CWDM 波长只能采用 1271～1371nm 的 6 个波长。无源前传承载组网拓扑如图 4-45 所示。

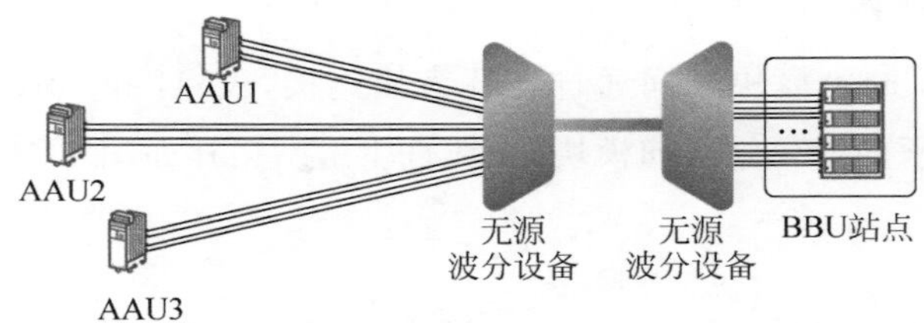

图 4-45　纯无源 CWDM 承载组网拓扑

(1) 组网方案。

① 前传承载设备分为插片式合分波器及彩光模块两部分。

② 插片式合分波器包含合分波器及插片盒，两者需为一个封装整体。

③ 彩光模块配对插入到 BBU 及 RRU/AAU 上。

(2) 方案优势。

① 成本低：两端都是无源盒子，光模块产业链较成熟，5Gb/s 初期发货量较大，综合成本较低。

② 光纤较省：6 波 25Gb/s CWDM，6∶1 光纤收敛。

(3) 方案劣势。

① 链路预算只适合距离较短、光交跳数少的场景。

② 对光纤链路故障的感知能力弱，缺乏管理手段，彩光模块的管理和运维较为困难，主要依靠人工排查。

③ 系统容量为 3 路 25GE 传输能力，一个 5G 典型 AAU 站点需要部署 2 套系统。

(4) 推荐场景。

① 5G 新建且 3 路 25Gb/s 接入：3 路成本和性能综合较优。

② 小集中宏站：扣除 2～3dB 维护余量和合波损耗，适用于传输距离为 2～3km 的小集中场景。

3）半有源方案

为了满足 5G 品质业务 99.99%～99.999%要求，提升 5G C-RAN 海量光纤和模块主动运维能力，实现 5G 综合业务接入演进，半有源 5G 前传应运而生。相比纯无源 CWDM，半有源 5G 前传方案在业务可用度、可管可控、波长容量及多业务接入四大能力上有所增强和提升。半有源前传方案是基于纯无源和有源波分的架构创新，远端采用与纯无源一致的架构，无须供电；局端采用与有源波分一致的架构，实现彩光模块集中监控和保护控制，如图 4-46 所示。

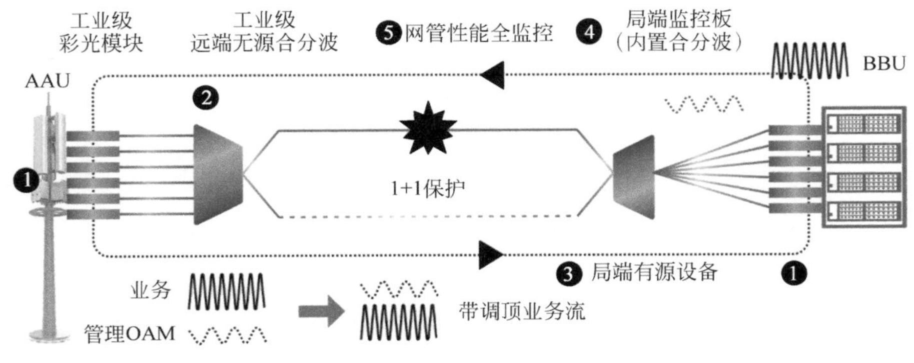

图 4-46　半有源方案

(1) 组网方案。

① 彩光模块：匹配 AAU 全室外应用，要求－40℃～85℃工业级模块，匹配极寒极热环境可靠性要求；支持调顶 OAM，实现模块状态监控；10km 链路性能，具备模块脏污、松动链路性能容忍能力。

② 远端无源合分波：匹配分纤箱和室外综合柜－40℃～70℃环境温度可靠性要求，满足抱杆、挂墙等室外部署 IP65 防水防尘要求。

③ 局端有源设备：提供 5G 前传、4G 前传、政企专线、OLT 回传等综合业务接入。

④ 局端监控板：提供合分波线路及支路、光模块故障监控，支持线路 1+1 保护。

⑤ 网络管理系统：提供前传网络拓扑管理、实现线路光缆、支路光缆、模块性能和告警管理。

（2）方案优势。

① 高可靠：从关键部件、网络链路、设备形态确保99.99%业务可用度。模块自带TEC确保室外工温应用环境和稳定模块性能；线路支持1+1保护；局端设备支持电源、主控、风扇1+1保护。

② 可管可控：半有源5G前传方案实现了4级故障运维管理机制，前传网络故障可远程快速定界，直接定位是模块、尾纤和干线问题；一次上站修复，大幅缩短业务中断时长。传输和无线专业维护界面清晰，减少了无线和传输专业多次沟通过程，提升了运维效率。

③ 光纤最省：支持12∶1光缆收敛，可以实现1站1芯，接入主干光缆相比纯无源光缆纤芯减少50%；在同等数量的主干光缆纤芯情况下，纯无源CWDM（6∶1）保护改造还需要铺设光缆，半有源（12∶1）可以支撑保护配置。

④ 多业务承载：局端设备提供5G前传、4G前传、政企专线、OLT回传等综合业务接入；25Gb/s光模块需要考虑多速率和多类型兼容，提供25Gb/s eCPRI、25Gb/s ETH、10Gb/s ETH、CPRI 2～CPRI 8、CPRI 10、STM-1/STM-4/STM-16/STM-64、OTU0/OTU1/OTU2等多业务接入。

（3）推荐场景。

① 5G综合接入价值区域：VR/AR 2C、2B行业应用区域；政企专线、OLT回传等综合接入；支持99.99%业务可用度。

② 大中型集中区域：因模块带TEC，性能普遍支持7.5dB以上性能，不仅满足小集中场景，还满足大中型集中场景对链路预算能力的要求。

2. 5G前传关键技术

1）制冷型模块

制冷型模块相比非制冷型CWDM模块主要实现了四大增强。

（1）增强点1：模块性能增强2dB+，提升出光功率和灵敏度，提供恶劣环境下对10km链路预算性能的保证。

（2）增强点2：模块波长容量翻倍，采用TEC温度控制技术实现波长扩展和波长控制，实现12波25Gb/s大容量，支持5G双模，或者反开4G场景，也能自适应到10Gb/s CPRI支持5G+4G共站部署。

（3）增强点3：模块可靠性和环境适应性增强。光模块内置热电制冷器（Thermal Electric Cooler，TEC）可以保证模块在工温范围内稳定工作，模块性能不会随温度变化而劣化。此外，光模块内置 TEC 保证激光器长期工作在适宜的温度，激光器性能更好，可靠性更高。

(4) 增强点 4：模块运维监控增强。在光模块引入调顶技术，能将光模块上的各种性能、告警数据调制到中心波长上，传送到局端的检测单元上，实现对光模块的近 20 种性能的监控和管理。

为了支撑 AAU 室外应用，光模块需要具备 -40℃～85℃壳温能力，确保在极寒极热环境下光模块波长漂移不超过合分波器通带宽度，达到前传网络稳定的链路性能，当前成熟的技术是在光模块内增加 TEC 器件，类似于一个光模块空调器件，确保外界环境温度变化过程中激光器温度恒定，保证恶劣环境下光模块具有稳定的性能和可靠性。制冷型模块原理如图 4-47 所示。

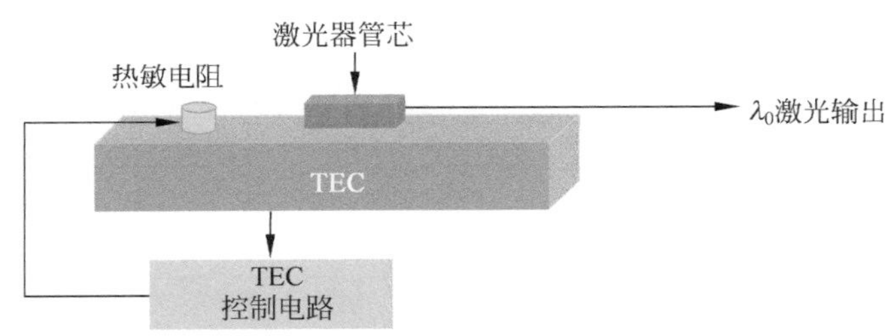

图 4-47　制冷型模块

2) 调顶检测技术

多载频调幅和单载频调幅技术都可以实现轻量级光层 OAM 功能，可以进行光纤链路故障定界、模块性能监控和故障定位。调顶检测技术如图 4-48 所示。

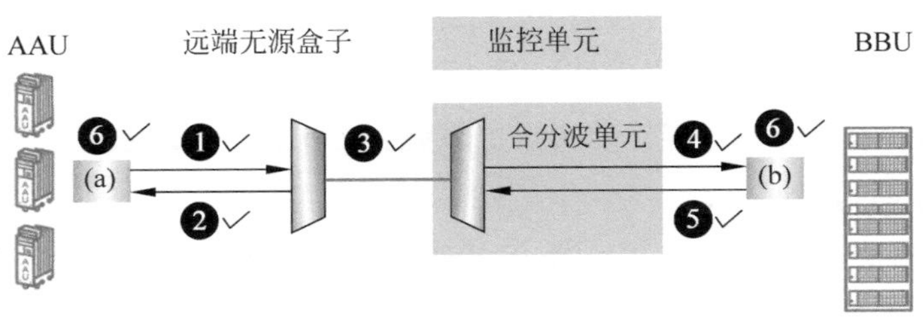

图 4-48　调顶检测技术

如表 4-6 所示，在不同的运维阶段，需要支持不同的运维能力。通过实时监控可以分析整个前传网络的质量，能够提前识别故障进行告警，发生链路故障时能够快速准确定位故障产生的原因和位置。

表 4-6　运维体系

运维体系	运维子类	运维功能
安装调测	光功率调测	光功率测量、网络管理系统告警确定链路预算余量
例行运维	光模块性能	接收/发送光功率
		温度/电流/电压
		速率/波长信息
	告警上报	模块/线路 LOS
		模块温度/电压/电流/光功率越限
故障定位	光纤链路	图 4-48 中光纤①～⑤故障域判断
		断纤位置检测(OTDR)
	彩光模块	图 4-48 中模块⑥状态检测

3）多载频调幅

多载频调幅调顶的光模块会产生不同的载频信息，该载频信息和模块波长一一对应。通过接收不同载频的调顶信息，单个光电二极管 PD 可以很容易地检测到不同模块的调顶信息，如图 4-49 所示。

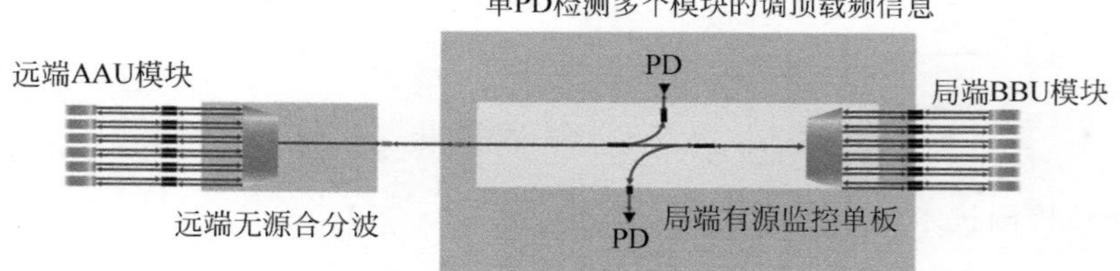

图 4-49　多载频调幅

该机制实现光模块的性能监控和光纤链路的故障定界，可实现全故障监控，整个检测区域无盲点，更易实现网络智能运维。多载频调幅方案的整个系统实现简单，集成度高，成本更优，并能够很容易地实现更多波长的调顶信息扩展。

4）单载频调幅

单载频调幅方式相比多载频调幅方式对 MCU 的要求更低，技术实现相对简单。但每个模块的调顶信息都需要一路单独的 PD 进行检测，因此检测成本高，集成度差，如图 4-50 所示。通过在模块内增加反射功能，使系统只需在 BBU 侧光模块发射端的跳线上进行分光检测，这样可以节省 6 路 PD 并且避免因 AAU→BBU 检测链路插损大而影响检测灵敏度的问题。

单载频调幅方案对远端合分波器接收方向和局端合分波器发送方向的故障点无法区分，因此无法监控局端合分波故障。

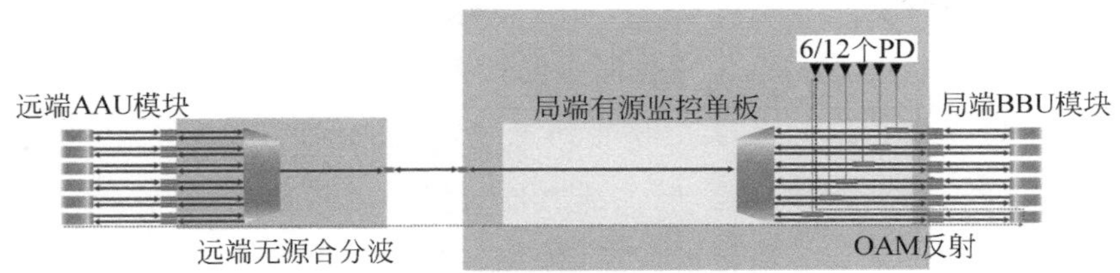

图 4-50　单载频调幅

5）光层倒保护换技术

保护单元由远端无源合分波线路分光器双发及局端有源光开关选收控制单元组成，通过局端线路光功率检测信号判断主备路径倒换实现光层 1＋1 保护倒换。为了实现精准和 50ms 快速倒换，主备路径都需要有光功率检测单元。

保护单元局端形态要求插卡式结构，远端集成到无源合分波器盒子。

光层保护倒换技术结构图如图 4-51 所示。

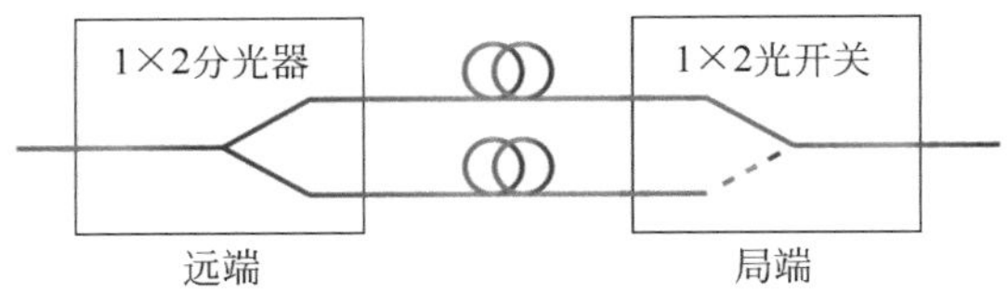

图 4-51　光层保护倒换技术

6）OTDR 精准定位技术

OTDR 可以实现线路光纤的数字化管理，准确定位光纤的故障点，实现光缆故障的快速定位和处理，如图 4-52 所示。

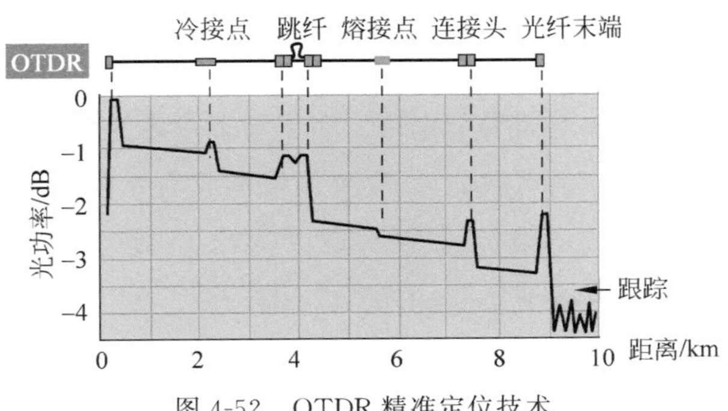

图 4-52　OTDR 精准定位技术

OTDR 是通过发射光脉冲到光纤内,接收并分析光在光纤中传输时各点产生的瑞利背向散射光和菲涅尔反射光,实现链路损耗计算与故障定位。

单板的内置光发送单元发送光脉冲到光纤,当光脉冲在光纤内传输时,会由于光纤本身的性质、连接器、接合点、弯曲或其他类似的因素影响而发生瑞利散射与菲涅尔反射现象。通过采集分析散射或反射的光信号,并以各个传输位置的光功率强弱来显示。从而可以直观显示光纤各位置的衰减大小、光纤局部特性、断点或接头损耗。

OTDR 可以采用独立板卡或可插拔模块形态,实现根据场景诉求灵活配置。

3. 5G 前传技术发展方向

下一代半有源主要有 3 个主要技术发展方向,包括提供更高的速率,从当前的 10Gb/s 或 25Gb/s 升级到 50Gb/s,满足 5G 中后期的 50GE 接口要求;提供更大的容量,如 18 波,甚至 24 波或 36 波,以适配更大的 BBU 集中部署规模,室内分布系统、高铁、地铁等覆盖场景;更高的智能运维,基于大数据和 AI,利用 SDN 控制器中的智能网络分析器实现自动维护和优化,进行主动预防性的管理。

4.8 面向多业务的全光底座

4.8.1 城域全光底座目标架构

综合业务接入点(Central Office,CO)* 作为各种业务接入运营商网络的入口,在运营商城域网中发挥着越来越重要的作用。为了满足对各类新兴业务的承载诉求,运营商迫切需要提升 CO 节点的承载能力,避免城域网成为综合业务承载的瓶颈。基于运营商对承载网络单比特成本最优的诉求,OTN to CO 成为了城域网演进的必然方向,如图 4-53 所示。

首先,OTN 天然具备超大带宽承载能力,可以完美匹配单纤容量最大、单比特集

* Central Office 在业界普遍称为综合业务接入点。

成度最高与单比特功耗最低诉求，而随着 ASON 与 SDN 等智能化技术的引入，OTN 已完全具备了自动化与智能化的运维管理能力，可以有效地帮助运营商降低单比特运维成本并提升运维效率。

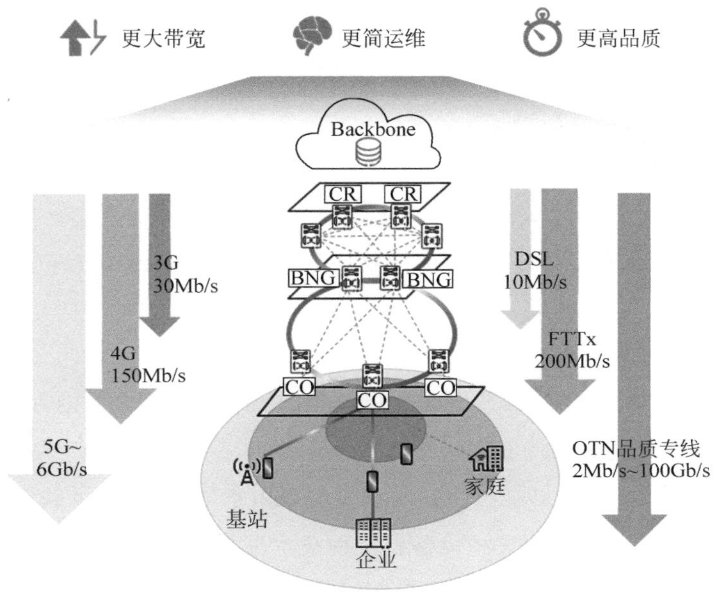

图 4-53　城域全光底座

其次，OTN to CO 的理念将 OTN 进一步下沉，在网络架构上化繁为简，在 CO 节点和 DC 之间打造一张大容量、一跳直达的城域综合承载网络，来满足 5G、视频以及云专线的带宽和体验需求。

最后，OTN 下沉至 CO 提供一个具备全业务承载能力的极简传送平台，实现对固定业务、移动业务、专线业务的统一承载，为运营商节省了大量设备投资。

CO 站点是城域业务综合接入站点，面向专线、宽带互联网、企业、视频等多种业务接入，要求 OTN 具有一些组网能力，如图 4-54 所示。通过 OTN to CO，实现面向多业务的全光底座，构建极简智能城域全光网架构，将带来以下几点好处。

一是对极简网络超大带宽（$N\times$100Gb/s 或 400Gb/s 或 1Tb/s）提供充足的管道资源。

二是提供极佳体验，网络低时延、零丢包，满足视频/DC 业务互连要求。

三是满足更低的网络 TCO。

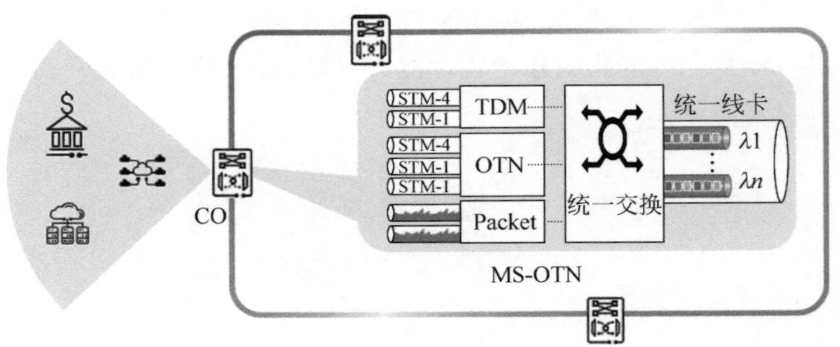

图 4-54　OTN 组网能力

四是网络分层架构，面向 SDN/网络功能虚拟化（Network Function Virtualization，NFV）网络演进。

Co 站点的业务能力要求包括如下几点。

（1）全业务接入：支持 ETH/SDH/FC/SDI/Any 全业务类型接入，支持 2Mb/s～100Gb/s 多种业务速率，支持 ETH 业务带宽调整。

（2）统一交换：CO 站点受机房空间和供电等因素限制，要求承载设备具有统一交换能力，目的是多种业务只用一种设备和一种技术进行承载，从而节省投资。

（3）物理隔离：业务进入承载网络，要求具备 E2E 硬管道透传能力，才能满足高品质业务的承载质量要求和可靠性要求，为客户提供确定性、可承诺的承载网络。

4.8.2　城域多业务全光承载网络

面向 5G ＋云时代，城域的无线网络架构与固定宽带网络架构走向统一，综合承载将成趋势，全业务综合承载带来海量的带宽需求，引发了城域网络重构转型，OTN to CO 成为城域多业务综合务承载网络的最佳选择。

针对家宽业务，OLT 上下采用 OTN 承载，既可以节省机房光纤，又可以提供高可靠的承载性能，为后续的家宽提速提供平滑演进能力，可以做到带宽扩容无忧。

同时，现网存在大量的 SDH 设备，通过 CO 站点的 OTN 多业务承载特性，可以平滑接管，解决现网 SDH 设备老旧、容量不足、体积大功耗高等问题，达到一网多用。同时，OTN 可以提供稳定的低时延是未来诸多应用体验的保障。

针对高品质政企业务，OTN 具备天然的优势，可以支持端到端的高品质硬管道承载，既可以满足未来政企业务的带宽提速要求，又满足政企业务的低时延、零丢包要求。

在5G时代，OTN给5G前传提供了更多选择。通过半有源方案满足前传的大带宽、低成本诉求，还可以满足5G ToB业务的高可靠性要求。

随着智能城域网新业务的出现，CO站点还会面临更多不确定的场景和需求，以OTN构建CO站点的综合承载方案，以OTN承载为主、支持光电混合组网的灵活应用是全业务综合承载网络的必然选择，如图4-55所示。

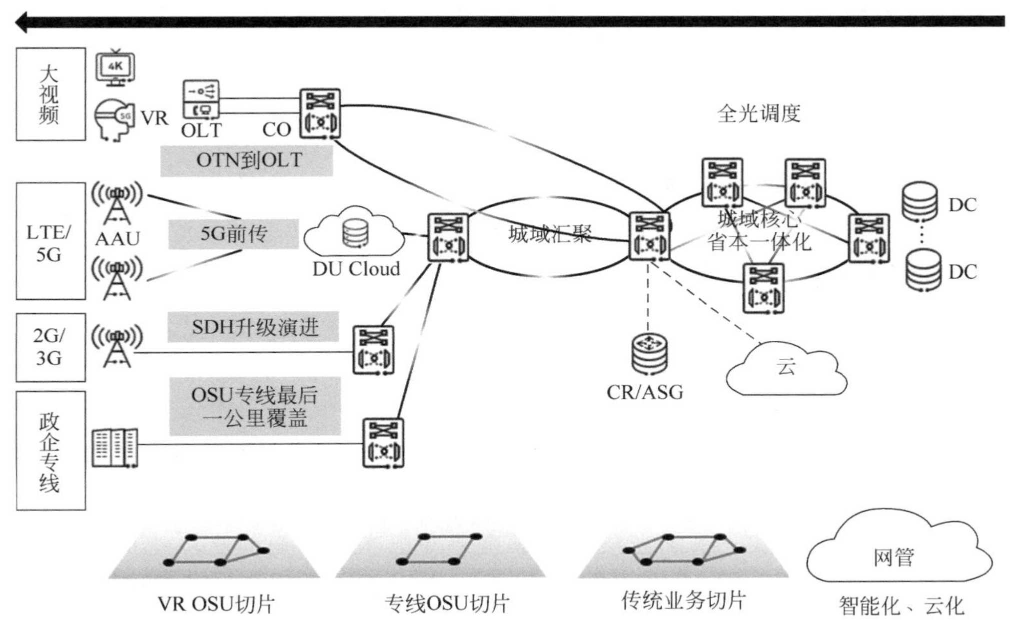

图4-55　OTN构建CO站点的综合承载方案

城域多业务的全光网底座承载政企专线、入云专线、互联网专线、家宽视频等多种业务，以及5G场景定义的增强型移动带宽(Enhanced Mobile Broadband，eMBB)、超高可靠性超低时延通信(ultra-Reliable Low-Latency Communication，uRLLC)、机器类通信(机器类通信，mTC)等多种场景对网络的诉求不同，包含带宽、时延、抖动、可靠性、隔离性等因素。因此，如何对业务的不同诉求按需提供对应的网络能力和品质，全光网需要具备E2E切片能力，可以采用OTSN技术提供不同业务自定义虚拟专网，具体OTSN的介绍参见5.5节。

4.8.3 全光底座简化管理运维

1. 当前城域网络光层痛点

随着城域新业务的快速发展，4K、5G、云专线等新业务带来了流量数十倍的增长，OTN 系统不断地下沉至 CO 接入站点，OTN 站点数量倍增，传统 OTN 系统的光层缺点越来越明显，主要体现在如下几个方面。

(1) 光层配置复杂，单板种类和型号多。相对 SDH、IP、PTN 的解决方案，OTN 系统多了光层的配置，复杂度增加。如光层单板不同功能的板类型很多，有合分波单板、光放大单板、光监控单板、动态分叉复用单板等等，对于网络设计者来说，如何配置和组合使用这些单板显得非常困难。

(2) 站内连纤多且复杂。对于最简单的 FOADM 站点光层互连达 18 根跳线，加上光电互连的跳线，一共超过 20 根站内跳线，如图 4-56 所示。

(3) 光层调测运维复杂，需要关注的调测点和调测参数多。光层存在于城域 OTN 系统的整个生命周期内，需要考虑光层调测和故障定位等。光层调测又分为主光路调测和单波平坦度调测；调测点可以为光放单板、合分波单板等。故障定位需要区分站内故障、站间故障，了解具体的故障类型和原因。相对而言，波分系统的难度和复杂度会增加很多。

(4) 城域传统 OTN 系统光层在集成度差和成本高方面面临严峻挑战。相对 SDH、IP、PTN 的解决方案，传统 OTN 系统多了光层子架和单板，需要占用更多的空间和更高的成本。

2. 城域极简光层理念

为解决传统 OTN 系统的上述光层缺点，对城域 OTN 系统提出了极简的网络架构要求。对光层而言，主要包括 3 方面的要求，即极简的光层配置、自动化的调测运维和极具竞争力的光层成本。光层配置和调测运维具体要求如下。

(1) 1 个方向 1 块光层单板，减少光层业务板数量与类型。

(2) 无光层站内跳纤，减少非业务必需的辅助连纤。

(3) 开局自动化调测，减少对专用知识的要求。

(4) 运维光功率优化自动化、故障定位自动化，减少人工干预代价。

(5) 光电互连(OTU-光层)连纤自动发现，支持光纤拓扑自动生成。

FOADM-MRx
4块OTU，无OPM8

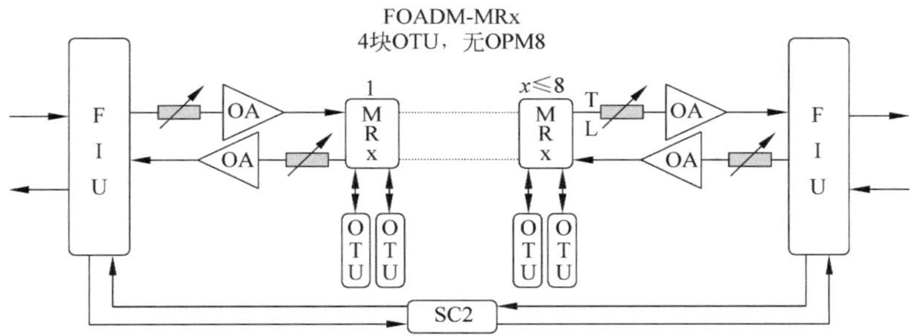

• 站内光层板间连纤14根，如果算上OA-VOA的板内连纤4根，共18根。
• 以4块OTU单板算，OTU（电）-光层连纤8根。

跳纤：光层互连18根，光电互连8根

FOADM-AWG
4块OTU，2波穿通，无OPM8

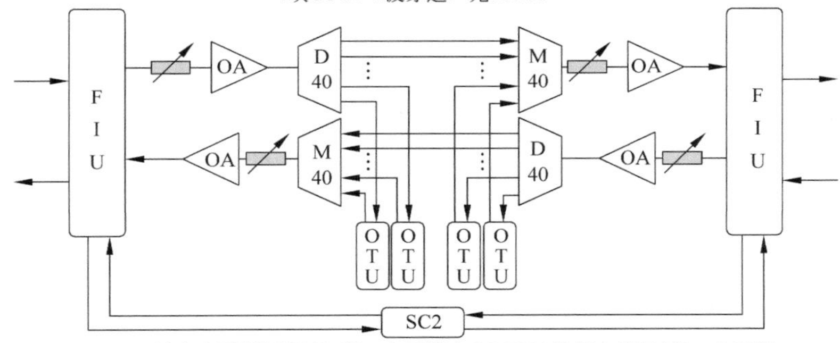

• 站内光层板间连纤16根，如果算上OA-VOA的板内连纤4根，共20根。
• 以4块OTU单板算，OTU（电）-光层连纤8根。

跳纤：光层互连20根，光电互连8根

FOADM-2维度
4块OTU，2维度穿通，有OPM8

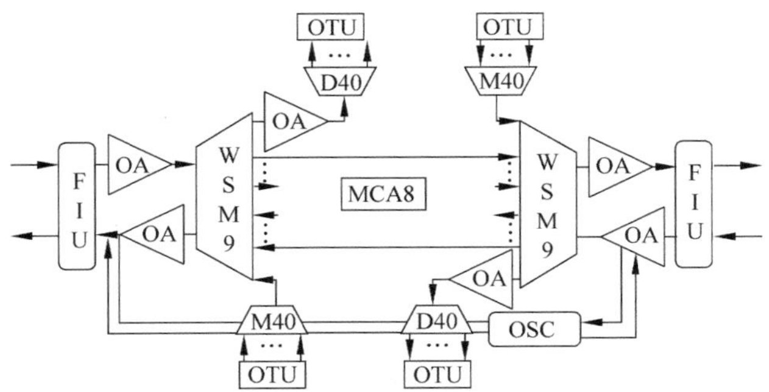

• 站内光层板间连纤24根，如果算上OA-VOA的板内连纤4根，共28根。
• 以4块OTU单板算，OTU（电）-光层连纤8根。

跳纤：光层互连28根，光电互连8根

图 4-56　传统城域 OTN 系统光层面临的挑战

第 5 章

光传送网热点技术

5.1 全光交叉

全光网络(All-Optical Network,AON)是指信号的传输与交换全部在光层完成,中间没有光电转换介入,并提供基于自愈和监视等功能的通信网络。数据从源节点到目的节点的传输过程都在光域内进行,各网络节点使用高可靠、大容量和高度灵活的光交换设备进行业务调度。全光网络包括光传送、光放大、光再生、光交换、光信息处理、光信号多路复接/分插、进网/出网等全光技术,具有大带宽,以及良好的透明性、兼容性、可扩展性、存活性和可靠性,是下一代光网络的发展方向。

全光交叉是对光网络系统中的光信号通过光层交叉连接进行业务调度,全光交叉可以降低网络复杂度,降低建网成本和能耗,降低业务传输时延。全光交叉同时支持本地波长业务的光分插复用功能。

5.1.1 OXC 是 ROADM 技术的演进趋势

如图 5-1 所示,与传统 ROADM 技术相比,光交叉连接(Optical Cross-Connect,OXC)通过架构创新,采用类似于电层支路、线路分离的方式,将本地光层业务接入侧模块与线路侧模块分离,实现交叉能力从单模块能力演进到整体架构能力,极大地简化了扩维难度,使得光交叉能力向更高维度演进。

OXC 采用极简架构设计,通过集成式互连构建全光交叉资源池,免除板间连纤,实现了单板即插即用,极大地降低了运维难度。

面向未来,传输网络需要具备大容量波长级调度能力、超低时延传输能力、高维业务交换能力以及极简运维能力等。

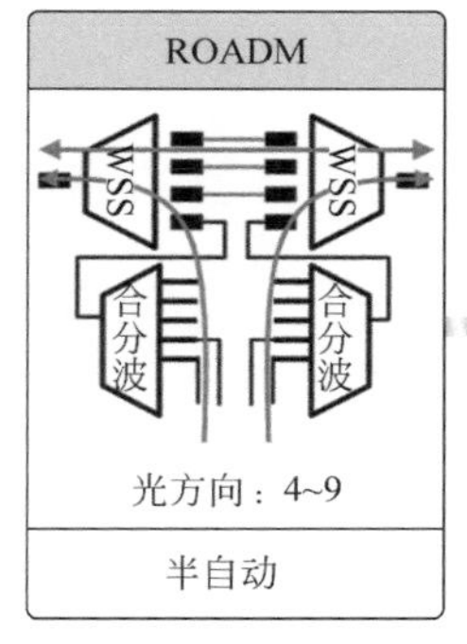

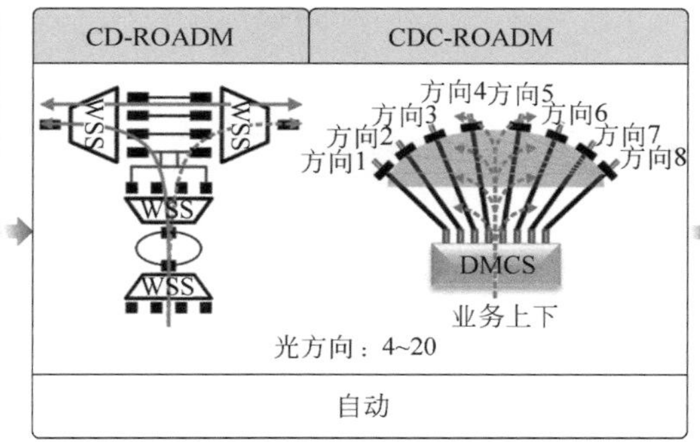

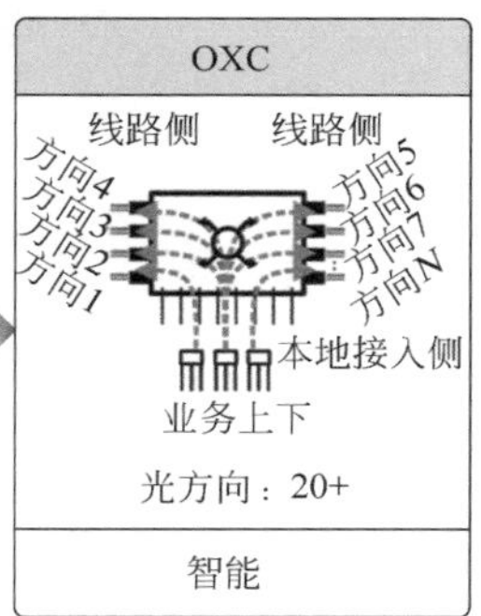

图 5-1　ROADM 演进

如图 5-2 所示，OXC 作为一种更灵活的全光交叉方式，天然具备超大容量、超低时延传输能力，还能实现高集成度、单板即插即用的全光交叉，有效提升了大颗粒业务的交换效率，是传输网络演进的不二选择。

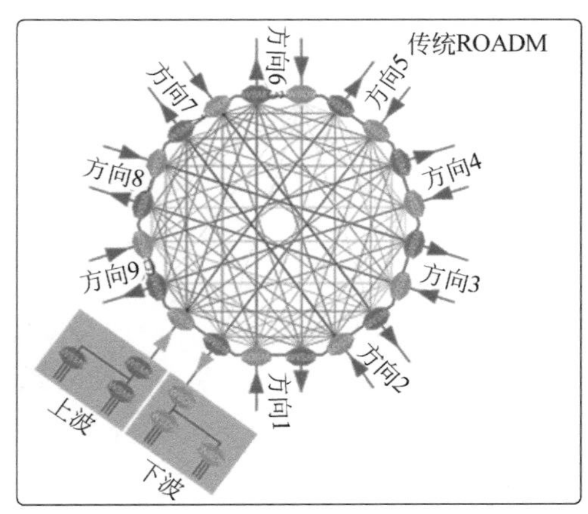

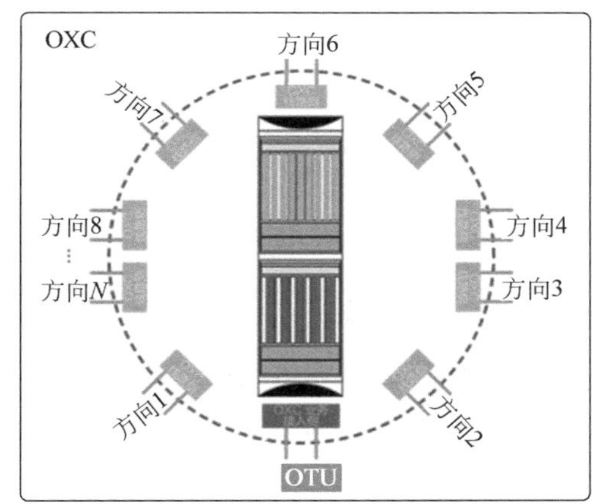

图 5-2　OXC 和 ROADM 对比

全光交叉是对光网络系统中的光信号进行全光交叉连接，解决网络间的信息耦合，并兼有节点的全光分插复用功能的全新光层调度技术，可有效提升大颗粒业务的交换效率。

OXC 概念模型的基本构成包含光支路单元、光线路单元、光交叉连接矩阵功能模块和管理控制单元，如图 5-3 所示。

（1）光交叉连接矩阵功能模块需具备光支路单元、光线路单元全 Mesh 互连的能力，从而实现光信号任意方向交叉调度。

（2）光支路单元需具备本地光信号无色（Colorless）、无方向（Directionless）、无阻塞(Contentionless)接入,并通过光交叉连接矩阵功能模块调度到任意维度的光线路单元实现线路传输。

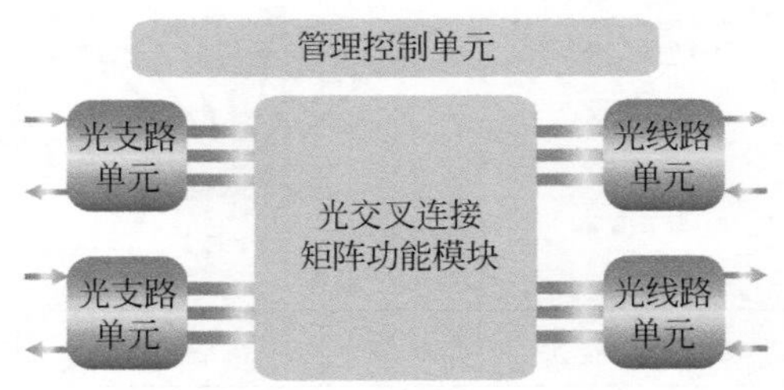

图 5-3　OXC 概念模型

(3) 光线路单元需具备光信号在线路方向传输的完整功能模块,保障光线路单元的独立性。

(4) 管理控制单元需具备对光交叉连接矩阵功能模块、光支路单元和光线路单元的数字化监控能力,实现实时波长信息可视化,简化光层运维。

然而,从概念模型到商用产品,需要多种关键技术催化,下面介绍 OXC 的关键技术。

5.1.2　OXC 关键技术

1. 关键技术一:全光背板

光交叉连接矩阵功能模块是 OXC 的核心部分,充当 OXC 系统中光信号的调度中心。调度维度尽可能多、业务调度尽可能灵活,是该功能模块设计时必须考虑的问题。基于光纤盒的波长调度与基于全光背板的波长调度,是目前业界可见的两种解决方案,技术对比如表 5-1 和图 5-4 所示,基于光纤盒的技术方案无法完全匹配 OXC 光交叉连接矩阵功能模块的技术要求,相比传统分离式架构,是一种改进的临时方案,难以面向未来演进,相比之下,基于全光背板的技术方案更具优势。

表 5-1　光纤盒方案和全光背板方案对比

特　　性	光纤盒方案	全光背板方案
空间占有率	高,需额外占用机房空间	低
光纤接口插损	高,不稳定	低,一致性高
手工连纤数	中	不需要
故障检测能力	弱	强
应用灵活性	差	强

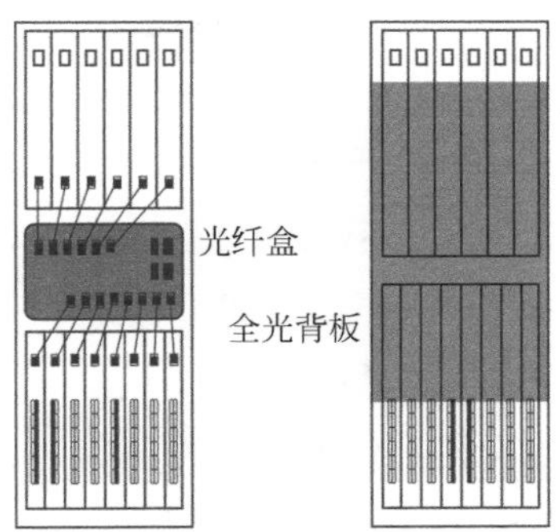

图 5-4　光纤盒和全光背板方案

通过在背板上封装高密度互连光纤，实现 OXC 系统中所有光信号的集中交换、传输和连接功能。为满足电信级应用，全光背板要求具备全光互连、高可靠、低插损、接口防尘等能力，为此，需引入光纤电路印制技术和高密度光连接器技术。

高密度光连接器技术、光纤电路印制技术构筑了 OXC 内部全 Mesh 互连的光信号“高速公路网”，为实现多方向业务上下并保障光纤链路不受灰尘影响，“高速公路网”需要设置“出闸口”，即在全光背板上装载光连接器。“高稳定性”与“高洁净度”是全光背板光连接器的主要诉求，为此，高密度光连接器技术应运而生，完美匹配了全光背板光连接器的需求。如图 5-5 所示，高密度光连接器技术可实现单连接器内 20＋根光纤封装，并具备如下特点。

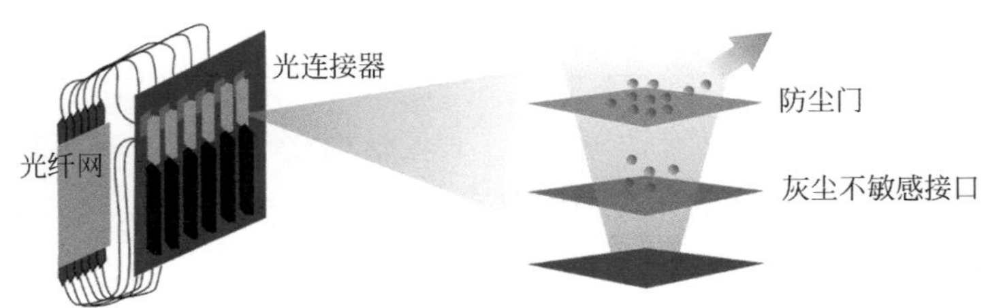

图 5-5　光连接器和内部构造

(1) 大容差，支持多级导向，可实现光连接器之间微米级对位，精度高。

(2) 插损低且稳定性高，能够支持单板与全光背板之间多次插拔可用。

(3) 设有闭合式防尘门，实现单板插入时自动开启，拔出时自动关闭，直接阻挡灰尘。

(4) 接口具有灰尘不敏感性，即便灰尘渗入，也不影响光学性能。

2. 关键技术二：高维度 WSS

光交换的本质上是实现光信号的重构，对应于 OXC 模型，即将光支路单元通用端口输入的波长信号灵活交换到任意一个光线路端口输出，可调度维度的高低是衡量光信号重构能力的指标之一。

1）光线路 WSS

为实现多维度业务能自由交换到任意本地方向落地，光线路侧需具备高维光信号重构能力。目前业界有多种光信号重构方案，如基于 LCoS、基于 MEMS 和基于 LC 的方案，3 种方案的对比结果如表 5-2 所示，可以看出，基于 LCoS 技术实现光信号重构具有巨大优势。

表 5-2 光信号重构方案

能　力	基于 LCoS	基于 MEMS	基于 LC
Flexgrid	支持	支持	支持
分辨率	高	低	中
支持维度	支持双 20＋维 WSS，支持 ADWSS	通常支持 4 维、9 维	支持双 9 维/20 维 WSS
插损	较低	较低	较高，随维度增多而增加
长期可靠性	高，温控，无活动部件，已有成熟算法控制	差，有高压驱动的活动部件，长期使用存在磨损和黏滞可能	高，无活动部件和温控，硬软件控制简单

Flexgrid WSS 即灵活栅格可调 WSS，实现灵活栅格可调依赖于 WSS 模块内部对光斑的独立相位控制能力，独立相位控制单元区域越小，分辨率越高，反映到光频谱上实现的切片越小，性能也越好。LCoS 天然具备高维度灵活栅格能力，同时基于相控原理，LCoS 可产生不同的空间衍射方向，从而轻松实现 20 维以上的波长交换，可满足 OXC 高维度调度的需求。此外，LCoS 还具备失效率低的特点，每个波长的光斑在 LCoS 阵面划分为多个像素点，部分像素点失效，不影响整体性能。从技术性能对比来看，基于 LCoS 技术的 WSS 将是未来的主流发展方向。

由于带宽需求的不断增长和光电子技术的不断发展，OTN 系统波长向着高速率、大带宽方向逐步演进，单个波长占用的通道间隔也越来越大。如在长距离骨干 OTN 系统，100Gb/s 波长占用的通道间隔为 50GHz，200Gb/s 波长占用的通道间隔为 75GHz，400Gb/s 波长占用的通道间隔将是 150GHz。而 OTN 光层系统要求具有长周期和前瞻性，通常希望光层系统一次建设能满足未来 8～10 年的扩波要求，这就要求同一个光层系统能够支持多种通道间隔。因此，具备通道间隔任意可调能力的 Flexgrid WSS 将是业界主流的应用技术和发展趋势。

2）光支路 WSS

为满足全场景应用，OXC 光支路单元需具备无色、无方向、无阻塞的光信号上下能力。目前业界常见的有基于多通道广播功能光开关(Multi-Cast Switch，MCS)技术的 MCS-CDC(Colorless & Directionless &Contentionless，无色无方向无阻塞)方案和基于 LCoS 技术的分/插光波长选择开关(Add/Drop Wavelength Selective Switching，ADWSS)方案，二者的技术对比如表 5-3 所示。

表 5-3　光支路 WSS 技术对比

特　　性	MCS-CDC	ADWSS
插损	17dB	8dB
上下波端口数	16	24
模块失效率	2A fit	A fit
高维度能力	难以实现商用	支持商用
批量加工能力	器件堆砌，手工加工	自动化

fit：单位时间失效性(failures in time)，指的是 1 个(单位)的产品在 1×10^9 小时内出现 1 次失效(或故障)的情况。

MCS 技术采用耦合器/分离器进行合分波，插损大，需引入阵列式光放，同时，受分离器及耦合器架构限制，MCS-CDC 光口数无法做得太高，集成度较低，因此随着维度和带宽的不断增加，MCS 技术无法满足未来的需求，如图 5-6 所示。

ADWSS 基于硅基液晶(Liquid Crystal on Silicon，LCoS)技术，内部插损较低，无须内置光放补偿插损，复杂度降低，功耗降低，可靠性提升，同时，由于 LCoS 天然具备高维度灵活栅格能力，因此通过叠加一层 LCoS 阵列面，可平滑实现多维度无色、无方向、无阻塞光信号上下，如图 5-7 所示。

3. 关键技术三：数字化光层

数字化光层技术对应 OXC 概念模型中的管理控制单元模块，是 OXC 主动运维的基础能力。通过多种技术配合，实现对光信息全程全网可视化监控，降低运维难度。波长跟踪技术，通过赋予波长“身份”信息，实现波长信息在线跟踪。波长跟踪技术可分为如下两部分。

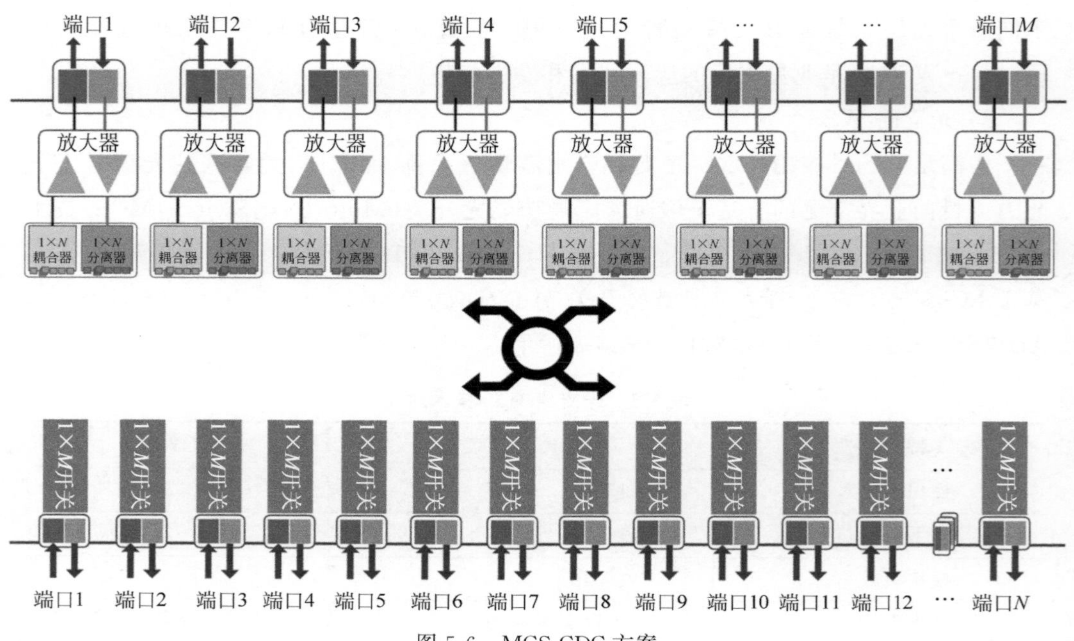

图 5-6 MCS-CDC 方案

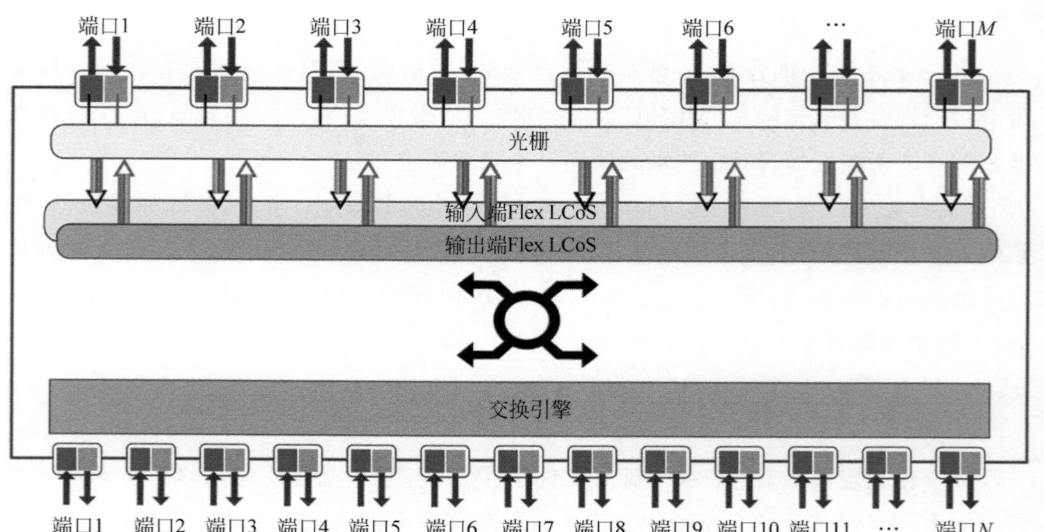

图 5-7 MCS-ADWSS 方案

1）发端调制

图5-8对发端业务信号加载调顶信号，不同波长业务信号，调顶信号频率不同，与波长一一对应，实现业务信号的"个性化"标识。

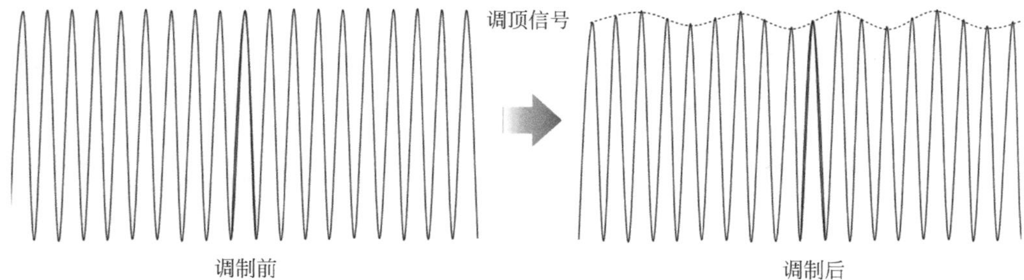

图5-8　发端调制

2）过程检测

如图5-9所示，支持调顶信号全程检测，实现波长信息资源快速识别、波长路由可视化跟踪。

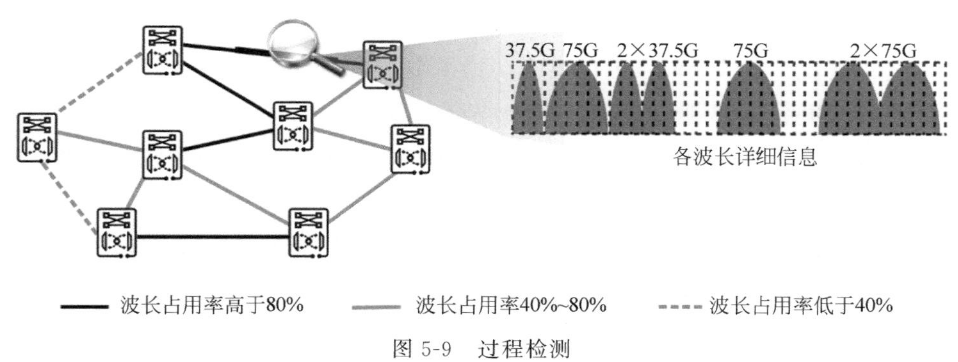

图5-9　过程检测

5.2　超大带宽：Super C

5.2.1　单纤容量提升需要扩展通信波段

单根光纤所能传输的光信号的容量取决于信号的频谱效率和可用频谱带宽，频谱效率越高，可用频谱带宽越大，光纤的容量就越高。提升单纤容量，前期的主要思路是提升信号的频谱效率，带来的直观结果是 WDM 系统的单波长速率从 10Gb/s 开始向着 40Gb/s、100Gb/s 和 200Gb/s 等速率不断提高，针对现在的城域和数据中心互连应用，甚至已经出现了单波长 400Gb/s、600Gb/s 和 800Gb/s 等速率，并持续向更高的速率演进。WDM 系统的单波长速率如图 5-10 所示。

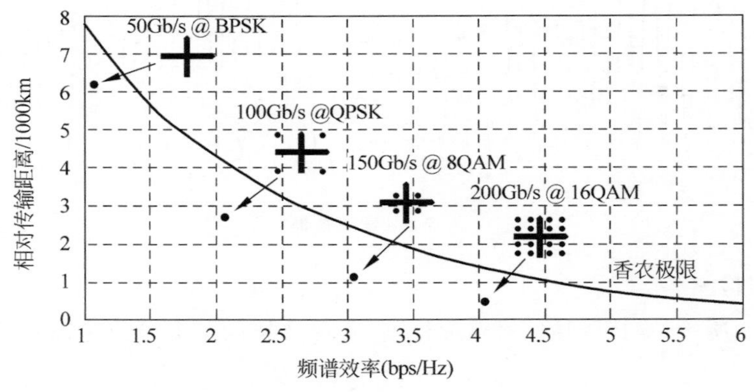

图 5-10　WDM 系统的单波长速率

提升频谱效率要求光信号采用更高阶的调制格式，或者更复杂的频谱整形方式、更多维度的复用手段，否则即使通过增加波特率的方式提高了单波长的速率，信号也会占用更多的频谱带宽，结果单纤容量并不会提升。然而，调制阶数越高，整形和复用方式越复杂，信号对系统噪声、线路和器件的线性和非线性损伤也更加敏感。受到香农极限的制约，随着频谱效率的不断增加，信号的传输距离将相应地不断下降。在现有的技术条件下，依靠增加频谱效率的方式来作为提升单纤容量的手段已经难以持续地演进下去。如 3.3.2 节中的描述，可以通过增加可用频谱带宽解决长距离传输问题。扩展可用光频谱带宽，或者说扩展波段，是现阶段提升单纤容量的有效手段，而且存在着巨大的挖掘空间。

5.2.2　超大容量系统组成

超大容量系统由高速线路、Super C 光层系统组成，高速线路要求单波大容量 200Gb/s 或 400Gb/s，并具备长距离传输能力。光层系统需要支持更多的波长数量，频谱更宽，一般采用 Super C 或 C+L 频段，如图 5-11 所示。

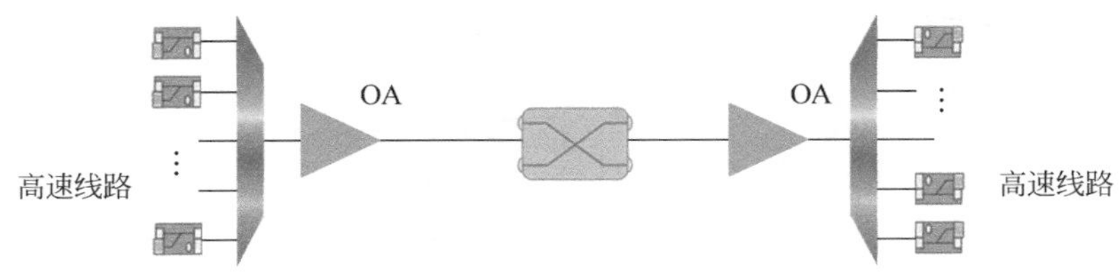

图 5-11　Super C 或 C+L 频段

5.2.3　Super C 关键技术

1. 宽带低噪声光放大器技术

为了延伸传输距离，在 C 波段波分系统中最常使用的光放大器是掺铒光纤放大器(Erbium-Doped Optical Fiber Amplifier，EDFA)，用于补偿光信号在传输过程中的损耗。EDFA 主要由掺铒光纤(Erbium-doped Optical Fiber，EDF)、泵浦光源(Pump)、增益平坦滤波器(Gain Flatness Filter，GFF)等部件组成，是波分系统的核心单元之一。

目前业界商用的 C80/C96 系统 EDFA 使用的增益谱波长范围为 1529～1567nm，最大带宽为 38nm。如果在此基础上，直接扩展系统带宽至 Super C 波段，在两端扩展波长区域，EDF 对信号的增益会急剧下降，特别是扩展波长的后段处于铒离子增益谱的尾端，其增益系数与 C80/C96 波长区域相比，有 10dB 左右的差异。在这种情况下，要保持各个波长的信号增益平坦，需要抬高整个频谱带宽的增益系数，然后匹配以深度更大的 GFF，其结果是 EDFA 的噪声指数显著劣化，导致扩展波段范围后系统的传输性能变差。为了扩大 EDFA 的带宽使用范围，解决传输性能问题，需要对增益光纤进行创新优化。除了在光纤中掺入铒离子外，还可以增加新的掺杂元素，通过适当浓度配比，可以提升 Super C 波段中扩展区域波长的信号增益。采用新型掺杂增益光纤后，扩展波长区域的信号增益可以有明显提升，使得工作波段从 C80/C96 扩展后，噪声指数劣化程度变小。宽带低噪声光放大器技术如图 5-12 所示。

采用新型掺杂增益光纤后，Super C 波段光放大器的性能可以与 C80 非常接近，两者噪声指数的差值可以保持在 0.2dB 以内。

2. 扩波段可调谐激光器技术

相干光模块中的可调激光器一般采用可调激光器技术(Distributed Bragg

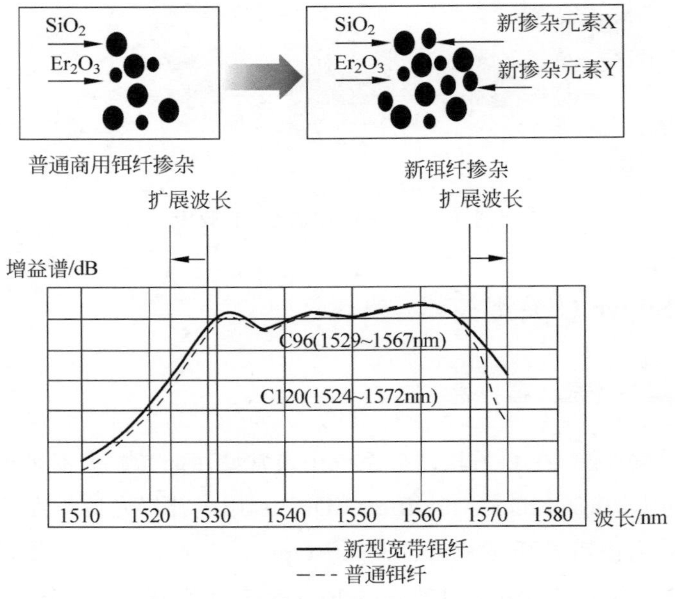

图 5-12　宽带低噪声光放大器技术

Reflector，DBR)，波长的调谐通过基于光栅结构的前级反射镜(Front Mirror，FM)与后级反射镜(Back Mirror，BM)的调谐来实现。当前 C80/C96 波段的 DBR 可调激光器采用的是二级离散光栅结构，该结构可以保障其覆盖的 38nm 范围内的波长输出光功率平坦。但是如果在 Super C 波段继续沿用二级离散光栅结构，那么扩展波长区域的输出光功率会大幅降低。也就是说，目前采用二级离散光栅结构的可调激光器，其调谐波长范围不能满足 Super C 波段的频谱范围需求。

如图 5-13 所示，通过将光栅改进为新型的三级离散光栅结构，可以增大可调波长范围，满足 Super C 波段的波长调谐要求。在保证扩展波长输出功率、功耗、SMSR 等指标规格不变的情况下，器件整体性能相比 C80/C96 波段无劣化，确保 Super C 波段内各波长输出光功率平坦。

3. 轻掺杂低插损调制器技术

基于现有的调制器技术，当波段范围从 C80/C96 扩展到 Super C 波段后，通过调制器进行电光转换时，在扩展波长区域由调制器引入的插损会随之变大。为了防止信号的损耗劣化，除了提升光源的性能之外，还应考虑改进调制器技术。其中调制器的插损是调制器的关键指标之一，是改进调制技术的关键所在，如图 5-14 所示。

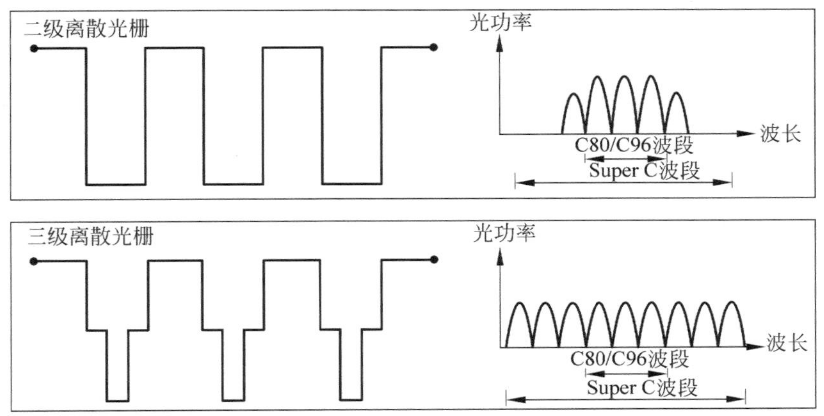

图 5-13　三级离散光栅结构

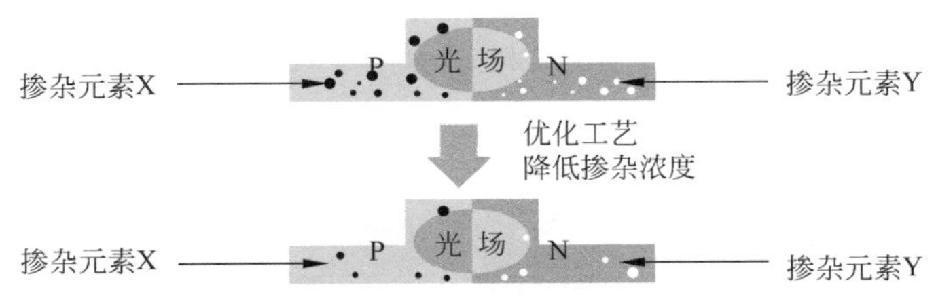

图 5-14　轻掺杂低插损调制器技术

对于 MZ 调制器，其 MZ 波导的 PN 结掺杂是决定调制损耗的关键因素。通过优化调制器中 MZ 调制器的 PN 结掺杂结构，降低掺杂浓度，实现高良率的轻掺杂后，可以在达到同样调制效果的情况下，降低调制器的损耗，从而减小扩展区域光信号在进行电光转换时的耗损，有效补偿 Super C 波段扩展区域光信号的损耗劣化。长期来看，随着掺杂结构的不断优化，调制器损耗也将随之进一步降低，如图 5-15 所示。

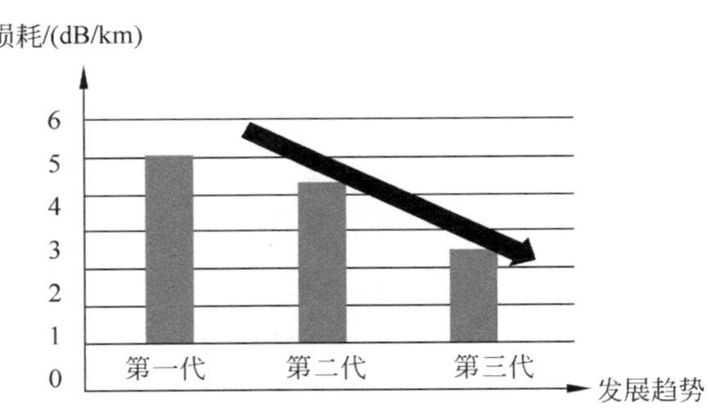

图 5-15　掺杂结构优化

4. 高性能宽谱宽 WSS 技术

目前市场上主流的 WSS 技术都是基于 LCoS 技术实现的，具有结构紧凑、控制灵活的特点，且能够支持 Flexgrid 的应用。WSS 中通过衍射光栅将不同波长的光分离开来，使它们最后垂直入射到 LCoS 面板的不同像素单元上，再对每个像素单元的反射光的相位进行调制，来控制反射光的偏转角度，进而使其在特定通道输出，再通过半波片调节线偏振光的偏振角度来控制输出光的强度。因此，LCoS 的特性对 WSS 的性能有着决定性的作用。高性能宽谱宽 WSS 技术如图 5-16 所示。

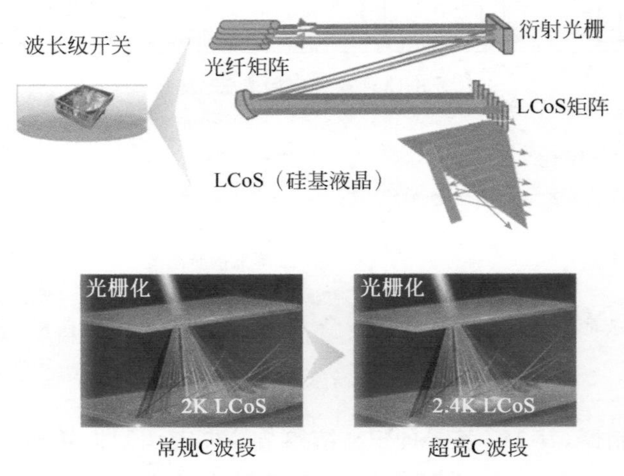

图 5-16　高性能宽谱宽 WSS 技术

一方面，WSS 的滤波带宽规格由 LCoS 可以分配给单位波长间隔的像素点数量决定，当前 C80/C96 系统的 WSS 采用的是 2K 像素点的 LCoS，当由 C80/C96 演进到 Super C 波段时，为了确保在 Super C 波段维持与 C80/C96 系统相同的滤波带宽、通道/端口隔离度等性能规格，需要 LCoS 像素点提升到 2.4K 以上。这样可以保证每个 50GHz 间隔的波长所分配到的像素点数量和 C80/C96 系统相比是不减少的，避免因 Super C 波段波长数增加而引起滤波性能变差，以及因隔离度不足而引入信噪比代价。

另一方面，Super C 波段意味着 WSS 需要在更宽的光频谱范围内实现更多的波长角度偏转，这些需要 WSS 的控制算法实现。配合更多像素点的 LCoS 芯片，需要多维度的创新性控制算法，使能多维度的调节，保证当 LCoS 芯片承载更多波长的时候，插入损耗、端口串扰和滤波损伤等性能不会有太大的劣化。通过上述的改进和优化，目前 Super C 波段的 WSS 在性能上已经非常接近传统 C80 系统广泛应用的 WSS。

5.2.4　扩展波段 DWDM 系统展望

网络流量持续高速增长的背景下，单纤容量需要继续提升。目前，业界已经开始研究支持长距干线传输的单波长 400Gb/s DWDM 系统，其波特率很可能达到接近 2 倍的长距单波长 200Gb/s 的波特率，这也意味着单波长 400Gb/s 需要更大的通道间隔（不小于 125GHz 间隔）。如果以 80 波×400Gb/s 估算，所需要的光频谱带宽将至少要达到 10THz。为满足单波长 400Gb/s 时代的光频谱带宽需求，考虑到目前 L 波段器件的性能和产业链情况，可以继续扩展可用频谱带宽，将 L 波段的光频谱资源利用起来。当前业界 C+L 系统的总频谱带宽约为 9.6THz，可以支持 76 波采用 125GHz 间隔的单波长 400Gb/s，或者 64 波采用 150GHz 间隔的单波长 400Gb/s。如果希望继续保持 80 波波长，实现从 200Gb/s 到 400Gb/s“距离不变，容量翻倍”，需要将可用频谱带宽扩展到不少于 10THz 的宽度，其频谱分布示意图如图 5-17 所示。但是要实现这样的系统，面临的主要问题包括以下几点。

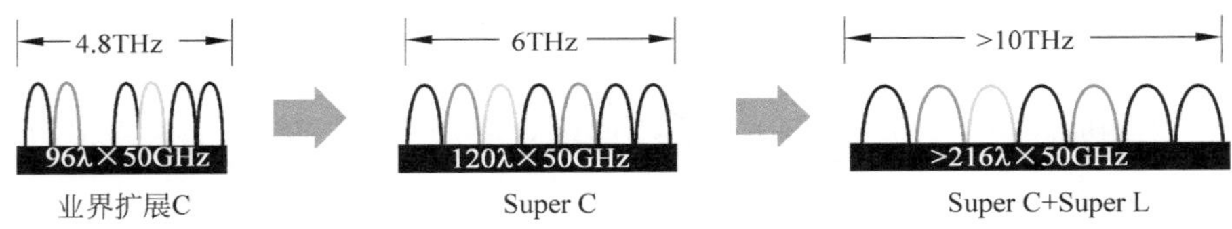

图 5-17　C+L 系统频谱分布示意图

（1）关键器件性能优化：在器件方面，L 波段的激光器出光功率一般小于 C 波段，探测器灵敏度也稍弱一些，光放大器的转化效率相对更低，无源器件的插损一般会更大，这些因素综合起来会导致 C+L 的性能比单纯 C 波段的性能下降一些，需要通过器件的改进和优化，保障 C+L 系统的传输性能。

（2）系统性能优化：相比于传统的 C 波段，L 波段的光纤损耗通常会更大一些，且 C+L 系统的合分波器会引入额外的插损。这两个因素叠加，会导致 C+L 系统的 OSNR 比传统 C 波段出现明显的劣化，所以需要对系统进行对应的优化设计来补偿性能损失。

（3）抑制 SRS 效应的影响：未来的 C+L 波段最大波长间隔达到 10THz 以上，波长数增加且波段变宽，SRS 效应会导致短波功率更加显著地向长波长转移。若 SRS 导致的功率变化没有得到及时补偿，则经过多个跨段传输后，功率平坦度会出现劣化，且劣化会不断累积，最终导致系统性能严重恶化。需要研究创新的动态功率或增益控制方法，保障系统性能稳定。

(4) 系统运维优化：在目前的技术条件下，C+L 系统需要两套光层/电层，导致其相对于传统 C 波段系统，在规划、设计和运维等多个维度的复杂度都有增加，需要通过优化方法，降低运维的风险和成本。

面对上述挑战，产业界需要共同合作，通过技术创新等手段，推动高速大容量 DWDM 系统的可用频谱带宽向更宽的方向发展，同时推动系统传输性能的进一步优化，实现未来单波长 400Gb/s 或更高速率 DWDM 系统长距传输的规模商用。

5.3 小颗粒交叉调度技术：OSU

随着传输技术发展，OTN 已经从最初的数字包封技术，逐步演变为支持多业务承载的网络技术，OTN 技术主要用于大于 1Gb/s 带宽和长距离的应用部署。传统 OTN 技术的优势体现在如下几方面。

(1) 采用时隙映射方式，不同业务在不同硬管道中承载，彼此之间物理隔离、互不影响。

(2) 网络架构稳定，从接入层到传送层，全程全网硬管道，加上超强 FEC 纠错能力，为业务提供零丢包，零拥塞的绝对品质保障。

(3) 时延的可确定性，OTN 光网络就好比高铁，物理隔离就好比铁轨，不受红绿灯、堵车影响，具有绝对确定性低时延。

随着 5G 大规模部署与网络向云化趋势，可以看到未来业务的海量连接诉求，OTN 光网络接入以专线和视频为代表的多样化业务时，将为 OTN 市场带来巨大机遇，但同时也会迎来挑战，传统 OTN 技术的不足：

(1) 连接数不足：传统 ODUflex 以 $N\times$ODU0(1.25Gb/s)进行时隙捆绑，每个 ODU4(100Gb/s)最多支持 80 个时隙，难以支撑未来海量业务连接的诉求。

(2) 资源利用率不高：如果接入一个 100Mb/s 的业务，按最小容器 ODU0 (1.25Gb/s)计算，实际的带宽利用率不到 10%。

(3) 时延还不够低：传统 OTN 采用多级封装映射方式，以低阶 VC12 为例，需经过 VC12→VC4→ODU1 →ODU4→OTUCn 至少 5 级的封装映射，虽然时延确定，但是还有进一步降低的空间。

(4) 带宽调整不够灵活：传统 OTN 仅支持有损调整，即在不删除业务的情况下，短暂中断业务，然后实现端到端的 ODUflex 带宽增大或减小调整，整体限制较多且不够灵活。

5.3.1　OSU 技术定义

针对 OTN 技术的不足，产生了全新的光通道业务单元(Optical Service Unit，OSU)容器技术用于承载客户信号，按照灵活时隙定义 OSU 带宽，可以更高效地承载灵活带宽业务。

同时，OSU 在复接映射路径上也做了优化。客户侧信号可以通过 OSU 封装映射到低阶 ODU 上(如图 5-18 中的路径①)，也可以通过 OSU 直接封装映射到高阶 ODUCn(如图 5-18 中的路径②)。前者适用于与现网 OTN 共存互通，能最大限度地保护运营商投资，后者适用于端到端部署全新网络，映射层次更加简洁。OSU 灵活的复接映射方式也支持传统 OTN 向 OSU 的平滑演进。

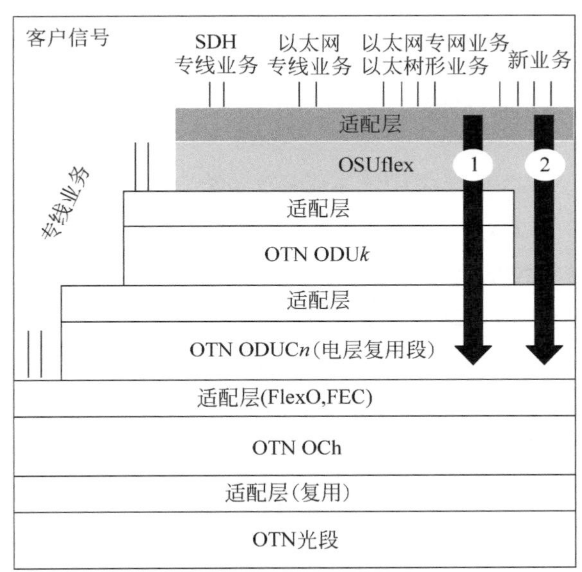

图 5-18　面向业务的 OSU 映射方式

与传统 OTN 相比，OSU 的帧结构也发生了变化，下面以 OSU 复用映射到高阶 ODU 为例讲解。

如图 5-19 所示，ODU 和 OTU 开销与传统 OTN 方式一样，主要区别为 OPUk 净荷区域被划分为了多个净荷块(Payload Block,PB),每个净荷块对应包含通道号标识(Tributary Port Number,TPN)和 OSU 开销。OSU 采用定长帧结构,包括开销和净荷区域,净荷区域中为承载的实际业务信号。当多个 OSU 复接到 OPUk 时,每个 OSU 通过 TPN 作为服务层中的唯一通道标识。OSU 采用了定长帧、灵活时隙复接,划分成更小的带宽颗粒,从而满足城域复杂业务的承载要求。

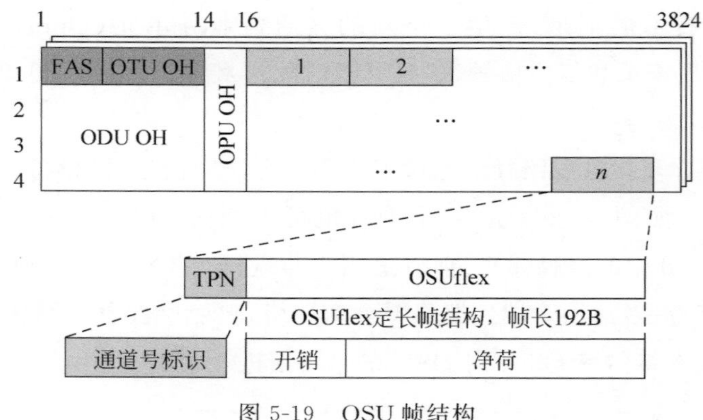

图 5-19　OSU 帧结构

5.3.2　OSU 技术优势

OSU 技术在现有的 OTN 架构体系基础上,定义面向业务的灵活容器单元 OSU,采用定长帧灵活复接方式,将 ODU 划分成更小的带宽颗粒,实现了兼容现有 WDM、OTN、MSTP 光传送网络的高效承载。

OSU 支持最小 2Mb/s 颗粒的硬切片,物理管道从 1.25Gb/s(ODU0)精细到 2Mb/s(OSU);基于 OTN 交换架构,实现大小颗粒统一调度;通过 TPN 通道标识,实现一级快速寻址定位,在业务连接数增加的情况下,降低 98%的管理复杂度,整体提升网络运营效率。

面向对业务传输品质存在要求的场景,提供超高品质的传输链路,继承了 ODUk 的保护能力,可提供全程分离的工作保护路径,路径发生故障时倒换对业务实现 50ms 倒换,甚至零丢包(需特殊设计)。

OSU 通过物理隔离硬管道、更小颗粒网络切片,以确定性的网络能力可为运营商不同业务提供差异化 SLA 保障。整体来看,OSU 作为下一代光网络技术,主要定义了四大技术优势,如图 5-20 所示。

(1) 极简架构:统一交叉调度,PKT/SDH/ODU→OSU(3 合 1),简化承载架构,

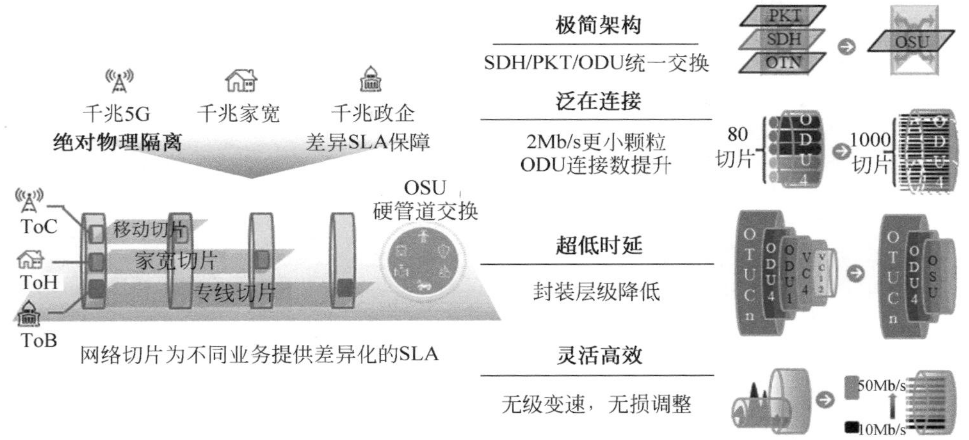

图 5-20　OSU 的四大技术优势

构筑绿色生态，在保障业务品质的情况下实现单比特传输成本最优。

(2) 泛在连接：灵活时隙管道，单个 100Gb/s 最大可支持 1000 条业务连接，业务连接数提升 12.5 倍，使能无处不在的光连接，为万物互连的智能世界构筑最坚实的全光底座。

(3) 超低时延：简化映射机制、减少处理层级，提供差异化分级时延，基于不同业务诉求提供更丰富的时延套餐，支撑其网络时延资源的销售和商业变现。

(4) 灵活高效：无级业务变速、无损带宽调整，可满足业务临时性、计划外的带宽需求，实现精细化的带宽资源管控，提供按需随选的带宽消费服务。

1. 极简架构，统一交叉调度

从传统 OTN 到 MS-OTN，通过不同交换平面(VC 平面、OTN 平面、分组平面)实现了统一的业务承载。面向专线场景，OSU 可通过统一的 OSU 交换平面，实现了统一的业务承载界面以及统一的管道资源分配。两种技术的对比如图 5-21 所示。

MS-OTN 向 OSU 演进，是为了满足未来光网络小颗粒业务的传输诉求，采用 OSU 单一容器调度，所有业务按需进行带宽资源分配，统一的调度平台能减少支路、线路板卡种类，统一 OSU 交叉颗粒使业务配置更加简单。

OSU 将承载架构进一步的简化，从 MS-OTN 时代的多业务多平面承载逐渐过渡到多业务接入统一承载，在保障业务品质的情况下实现每比特传输成本最优。

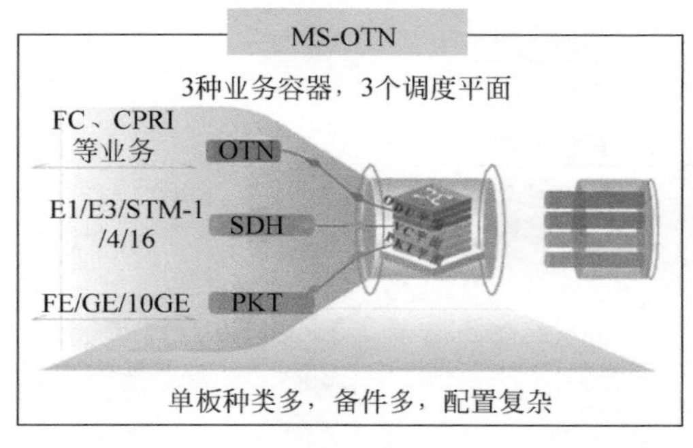

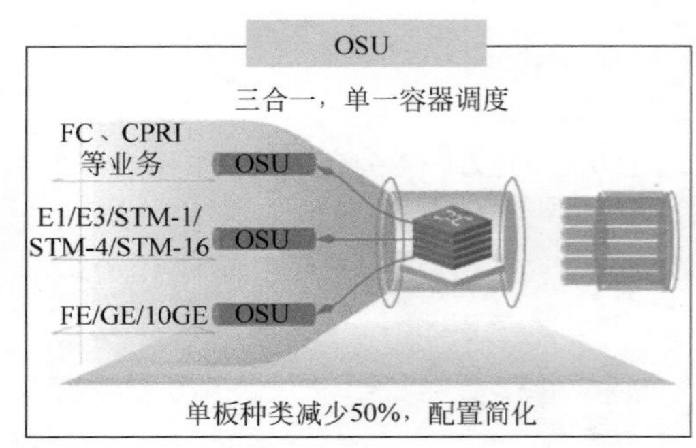

图 5-21　MS-OTN 3 类业务管道交换与统一 OSU 管道交换对比

2. 面向业务，带宽随选的硬管道

OSU 定义灵活支路单元(TUflex)，1 个 OSU 业务对应 1 个 TUflex，相同 TPN 的 PB 对应 1 个 OSU 管道。PB 代表最小带宽颗粒，OPU/TS 被划分成多个 PB 的承载周期，而 1 个 TUflex 在承载周期内又占用多个 PB，通过灵活时隙映射，实现精细化带宽管理，如图 5-22 所示。

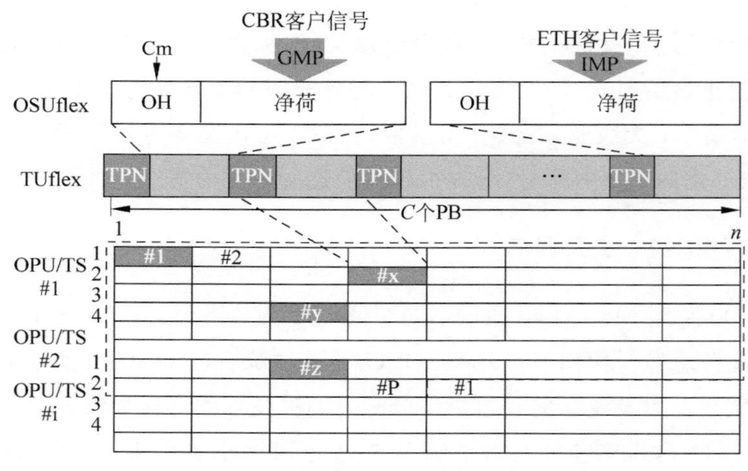

图 5-22　灵活时隙映射

传统 OTN 采用固定时隙映射，最小业务调度颗粒为 ODU0(1.25Gb/s)，无论业务颗粒大小，都必须封装到 1 个 ODU0 中，带宽利用率低。假设业务速率为 100Mb/s 时，100M 封装到 ODU0，带宽利用率仅 10%。OSU 采用灵活时隙映射，通过动态染色确定 PB 与 TUflex 关系。无论是 100Mb/s 业务，还是 10Gb/s 业务，都可以为业务实际带宽定制大小合适的 OSU 容器，如图 5-23 所示。

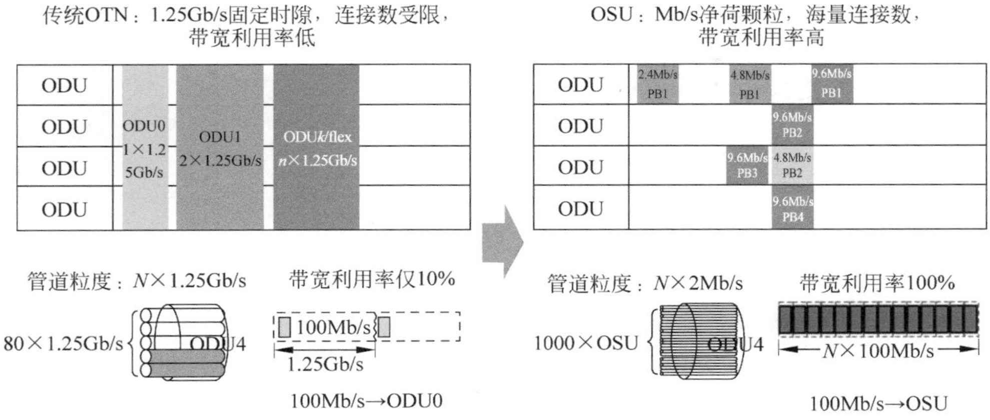

图 5-23　连接数大幅度提升

基于 OSU 的下一代光网络作为一张基础设施网络，可以通过泛在业务连接能力，实现大小不同颗粒物理网络切片，满足不同商用场景差异化承载需求。基于 OSU 网络切片还能保证严格物理隔离，任何切片的运行维护不影响其他切片，包括正常业务运行、业务增删操作等，通过光传送切片网络（Optical Optical Transmission Slicing Network，OTSN），还可以实现一网多用，允许第三方大客户管理自己的切片网络，提供在线的业务状态可视、网络资源可视等功能。

3. 超低时延，适配时延敏感场景

业务每经过一次封装时延都会增加，封装层级越多则时延越大，传统 OTN 技术通常提供 5 层逐级映射封装，OSU 简化了封装映射，无论业务颗粒是大还是小，都统一采用 OSU 封装，直接映射封装到最高阶 ODU*k* 通道，大幅降低了业务封装时延。以 2Mb/s 业务为例：传统 OTN 经过 VC12→VC4→ODU0→ODU4→OTUCn 5 层封装复用，而通过 OSU 技术，2Mb/s 业务直接通过 OSU→ODU4→OTUCn 3 层封装复用，极大简化了配置流程。简化业务封装如图 5-24 所示。

另外，传统 OTN 技术在集中交叉处理时，严格按开销先后顺序转发，交叉处理也在一定程度上增大了时延。OSU 在集中交叉处理时，开销转发按序先到先走，无须严格按序等待，大幅降低交叉处理时延。

综合多种优化方式，OSU 技术可将单站传输时延降低 70%，将广泛应用在金融交易、自动驾驶、工业智能制造、大规模数据中心协同计算等时延敏感的业务场景。

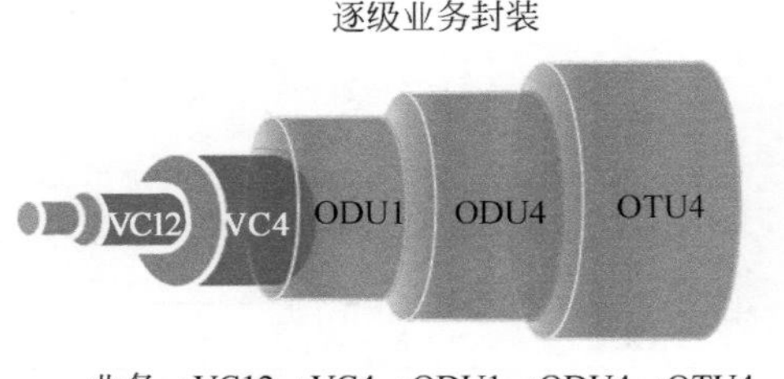

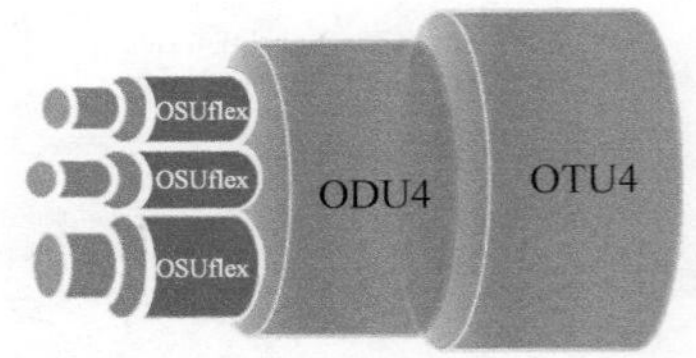

图 5-24　简化业务封装

4. 灵活高效，无级无损调速

如图 5-25 所示，OSU 采用定长帧，灵活时隙复接将 ODU*k* 划分成更小的带宽颗粒。在业务带宽分配上，相同 TPN 占用 PB 数量来确定业务带宽。由于 OSU 数据与时钟功能完全分离，仅需调整承载周期内 PB 数量就可以调整带宽，然后在接收端通过预置，就能实现带宽无损调整。下面举例说明。

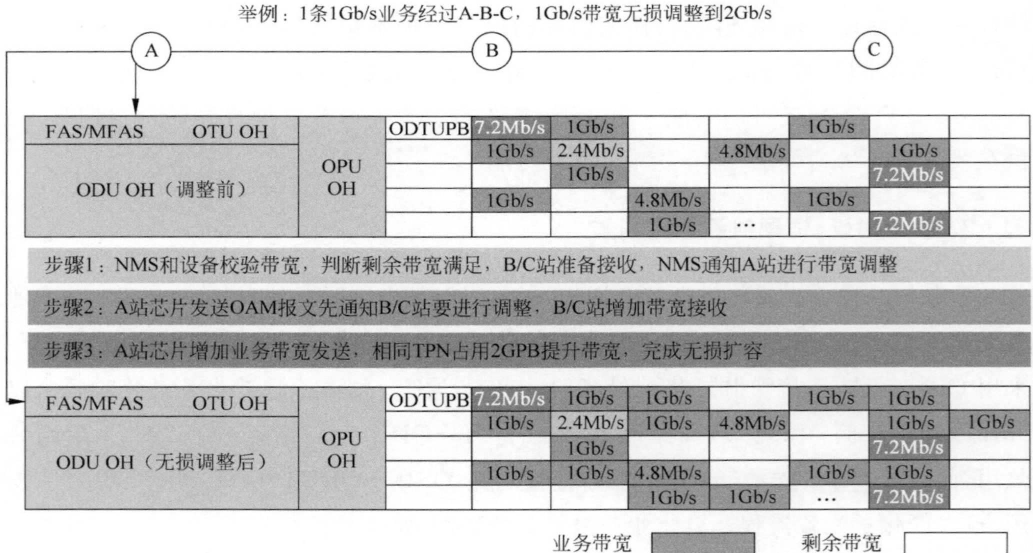

图 5-25　OSU 带宽调整

5.3.3　OSU 网络平滑演进

对运营商而言，新一代技术具备平滑演进能力而保护投资，这是非常有必要的。

如图 5-26 所示，OTN 设备架构上具备集成 ODU&OSU 的混合调度能力，可兼容传统 OTN 网络的平滑演进。

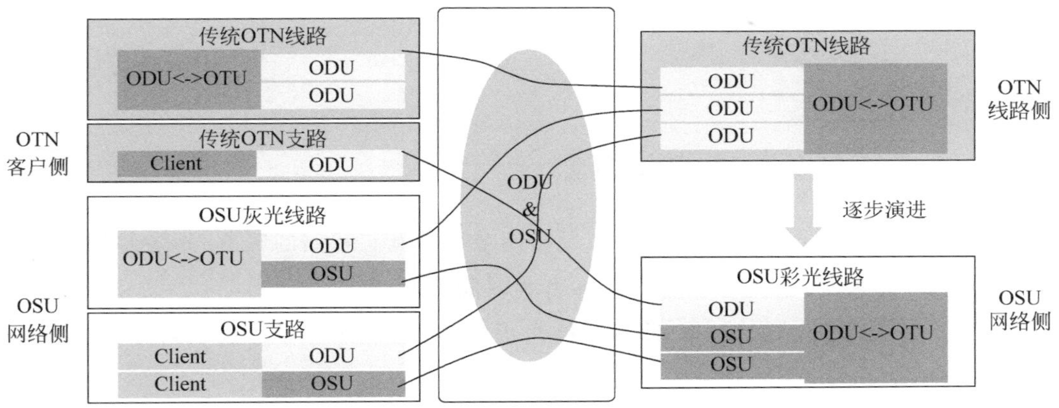

图 5-26　ODU&OSU 混合调度

首先，OTN 设备的交换网应具备 ODU&OSU 混合调度的能力，可以按照业务灵活配置为 ODU 调度或者 OSU 调度，这样可以保证 ODU 和 OSU 联合组网，OTN 通过 ODU 和 OSU 提供从骨干到城域、接入的端到端业务传输通道，能够实现多种业务的综合承载。

其次，OTN 业务单板也应具备 ODU&OSU 混业务接入能力和线路调度能力，OTN 客户侧支持 ODU&OSU 混合业务接入能力，目的是保证现网 OTN 设备可以平滑接入最新的 OSU 网络；OTN 线路测 ODU&OSU 混合业务接入能力，目的是方便现有 OTN 网络平滑演进到 OSU 网络。

在实际应用中，OTN 骨干网、城域网或者城域核心网可部署光层 Mesh 网拓扑、光层环网拓扑或光层 Mesh 网和光层环网拓扑的混合。OTN 节点之间的带宽需求为 $N\times100$Gb/s 左右，可以采用 ODU 通过 OTUCn/FlexO($n=2,4,6,8$)或者 OTU4 接口进行连接。

OTN 城域网或者城域汇聚网可部署点到点光层网络拓扑或者光层环网拓扑。OTN 节点之间的带宽需求为 100～200Gb/s。可以采用 ODU 或 OSU 方式通过 OTUC1/FlexO、OTUC2/FlexO 或者 OTU4 接口进行连接。

靠近客户侧的 OTN 接入网可部署点到点光层网络拓扑或者光层环网拓扑方式，OTN 节点之间的带宽需求可采用 OSU 技术并根据客户需要灵活配置。在需要采用极致低时延的金融类高品质专线场景，需要采用光层直接穿通的方式。

5.4 高精度时间同步技术

5.4.1 时间同步的基本概念

时间同步(Time Synchronization)是指两个信号具有相同的频率、相同的相位,并且脉冲出现的顺序(也就是时间标志,或称为时间戳)也相同。

两个信号具有相同的频率,而且脉冲出现的顺序也相同,即信号 1 和信号 2 都是按照脉冲①、②、③、④同时顺序出现的。

(1) 如果信号 1 和信号 2 脉冲具有相位差,则这两个信号时间不同步,如图 5-27 所示。

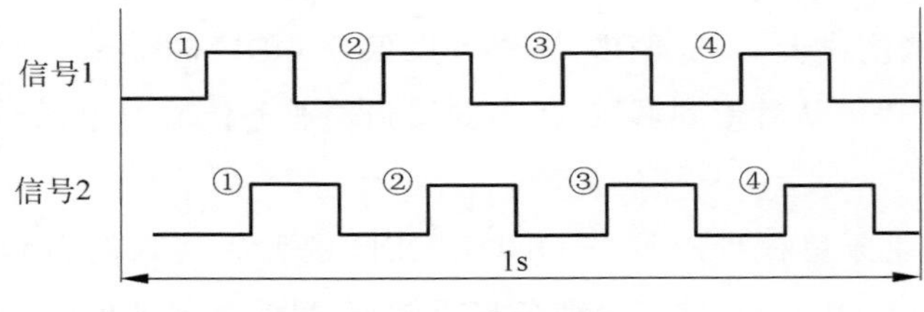

图 5-27 时间不同步

(2) 如果信号 1 和信号 2 脉冲的相位相差为零,则这两个信号时间同步,如图 5-28 所示。

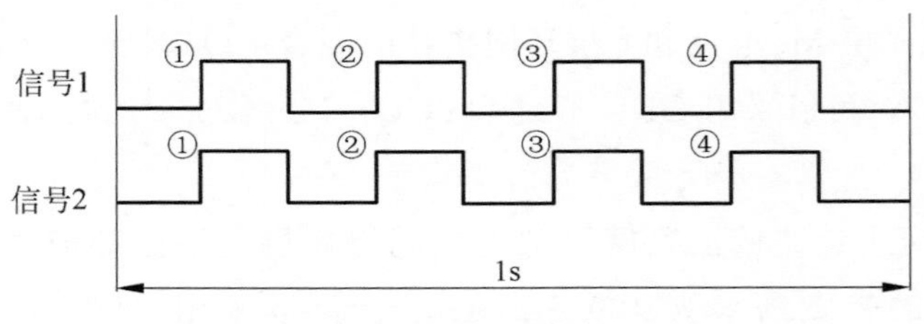

图 5-28 时间同步

相位和时间同步性能指标均以基于"秒"的系列单位来衡量,表示被测设备信号相位或时间相对于基准设备信号相位或时间的偏离值。常见的如 s(秒)、ms(毫秒,1×10^{-3} 秒)、μs(微秒,1×10^{-6} 秒)、ns(纳秒,1×10^{-9} 秒)等。

5.4.2 OTN 网络需要支持时间/时钟同步

1. 承载网络需要 OTN 网络支持时间/时钟实现时钟同步

基站间需要严格实现时钟或时间同步，目前业界有多种同步解决方案，如基站卫星同步技术（如 GPS 和北斗）、网络 IEEE 1588v2 技术等。基站卫星同步技术要求每个基站都安装卫星接收天线，从卫星无线信号获取精准时间/时钟。但由于卫星无线信号存在安全和易干扰问题，基站卫星同步技术的可靠性需要考虑。对于网络 IEEE 1588v2 技术，网络可以通过 IEEE 1588v2 协议报文，传递精准的时间/时钟给基站。而且由于 IEEE 1588v2 通过地面有线传输，没有安全和干扰问题，但为了保证传递的时间/时钟精度，从 IEEE 1588 时钟源设备到基站中间的每个网络设备都需要支持 IEEE 1588v2 协议。目前，IP 化无线接入网（IP Radio Access Network，IPRAN）/分组传送网（Packet Transport Network，PTN）/分片分组网（Slicing Packet Network，SPN）等移动回传设备需要通过 OTN 进行带宽传送，作为基础网，OTN 是端到端承载网络的一部分，也需要支持 IEEE 1588v2 技术。

1）基站卫星同步

（1）成本高：每个基站都需要配置一套卫星信号接收系统，包括室外卫星天线以及基站设备内的卫星接收机。

（2）失效率高：每个基站都只配置了一个卫星接收机（接收卫星信号的装置），无保护。

（3）可维护性差：如果卫星信号失效，则需要到现场更换硬件，无法远程维护。

2）网络 IEEE 1588v2 同步

（1）成本低：只需要在 IEEE 1588v2 服务器安装卫星信号接收系统，就可以实现整个网络时间/时钟同步，不需要每个基站都配置卫星信号接收系统。一般网络只需要部署两个 IEEE 1588v2 服务器（互为备份），即只需要部署两套卫星信号接收系统。

（2）可靠性高：时钟或时间同步成网，可以端到端配置保护。

（3）可维护性高：无施工限制，部署简单，有网络管理系统统一管理。

由于 IEEE 1588v2 要求承载网络上的所有设备都要支持 IEEE 1588v2 协议，大部分 OTN 网络采用业务透传组网，不支持 IEEE 1588v2 协议的处理，而且 OTN 网络透传 IEEE 1588v2 的时钟/时间性能无法达到高精度时间的要求，因此，OTN 网络可以通过线路侧带外方式支持。

2. SDH关联场景需要OTN网络支持时钟频率同步

运营商现网中还存在大量的SDH存量设备，在新老网络共同组网时，仍需满足SDH对时钟同步的要求。

SDH网络自身是同步网络，所以当用WDM/OTN网络替代SDH网络或者与SDH混合组网时，会直接处理SDH业务，构成SDH同步网的一部分，因此要求WDM/OTN网络必须支持时钟同步。

5.4.3 承载网络SyncE+IEEE 1588v2逐跳同步方案

SyncE+IEEE 1588v2逐跳同步方案本质上仍然属于一种拉远的相对集中的卫星同步方案，即把卫星同步接收机移到承载网络的上层(如：SyncE+IEEE 1588v2时钟源设备上)，通过相关协议将精确的频率和时间逐跳传递到基站。当前最合适的网络频率同步协议是SyncE；最合适的时间同步协议是IEEE 1588v2，也称为精密时间协议(Precision Time Protocol，PTP)。此外，国际电信联盟标准组织ITU在IEEE 1588v2基础上做了适当优化并形成了ITU-T G.8275.1等电信领域的IEEE 1588v2专用系列标准，使之更适用于电信领域，且仍能与IEEE 1588v2兼容对接。因此，在很多场合对于IEEE 1588v2和ITU-T G.8275.1并没有严格区分。

ITU-T G.8275.1与IEEE 1588v2比较，主要差异如下：

(1) ITU-T G.8275.1简化了网元模型和选源算法，更适用于电信领域。

(2) ITU-T G.8275.1对报文的定义更加明确，便于互连互通。

IEEE 1588v2只定义了时间同步的协议方法，但是并没有对时间同步性能进行系统的定义。ITU-T G.8273.2是由ITU对单设备的时间同步性能进行系统定义的电信标准，性能指标主要包括时间偏差、噪声容限、噪声传递、相位瞬变、保持性能。

一个完整的SyncE+IEEE 1588v2同步网络由时钟源、承载网络、基站3部分组成，如图5-29所示。

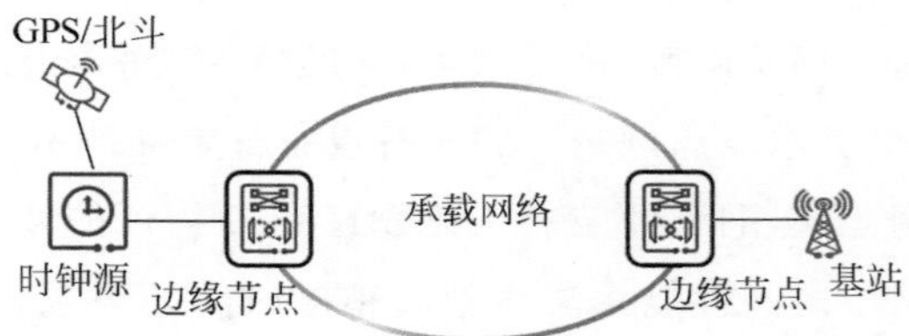

图5-29 SyncE+IEEE 1588v2同步网络架构

对于时钟源，设备类型可以看成是增加了卫星输入和SyncE＋IEEE 1588v2输出功能的BITS，其中SyncE和IEEE 1588v2虽然是两个不同的协议，但在实际部署中都可以从同一个物理接口如GE光口输出。时钟源注入承载网络的节点一般选择放置在无线网络控制器（Radio Network Controller，RNC）/演进型分组核心网（Evolved Packet Core，EPC）侧或骨干层，若网络规模较大，则可以放在汇聚层。一个SyncE＋IEEE 1588v2同步网络一般配置一主一备两个时钟源设备，不同时钟通过配置不同的优先级实现备份。在ITU-T标准中，IEEE 1588v2时钟源/服务器也被称为电信级主时钟（Telecom GrandMaster，T-GM）。

对于承载设备，一般采用分层结构，可分为骨干层、汇聚层和接入层。按照不同网络规模，3个层次可以合并，如在某些场景下，骨干层和汇聚层融合。承载网络的网络拓扑一般分为环形、树形、链形、星形等，由于同步网络需要实现网络保护，故建议采用环形网络，末端可以采用链形组网。在逐跳同步的场景下，回传承载网络元在ITU-T G.8273.2中被定义为电信级边界时钟（Telecom Boundary Clock，T-BC）设备。

对于基站，则从承载设备的业务端口或者专用的同步端口获取频率和时间同步。

SyncE频率同步协议主要基于物理层实现，不受流量和带宽的影响，客户端恢复的频率同步性能一般仍然远远高于基站5×10^{-8}的频率同步需求。而IEEE 1588v2属于应用层协议，客户端恢复的时间同步性能与流量带宽相关事件（如拥塞）有相关性，实际恢复精度与基站需求一般在同一个数量级，故需针对从时钟源设备，经过承载网络再到基站的端到端时间同步精度误差进行分解分配。

1. 承载网络网元的精度等级定义

ITU-T G.8273.2针对承载网络网元T-BC定义了Class A、Class B、Class C和Class D 4个等级，4个精度等级的具体要求定义如表5-4和图5-30所示，其主要差异在于最大时间精度误差Max|TE|、静态时间精度误差cTE、动态时间精度误差dTE等指标，用于衡量在将时钟源的IEEE 1588v2时间传递给基站的过程中，每个承载网络网元引用的IEEE 1588v2时间误差。

Class C和Class D级别的时间同步精度较高，通过时间频率精度提升，系统时间精度提升，打戳精度、信号采样精度提升等技术来满足，主要应用于5G未来对同步精度要求较高的新场景，或者在已有组网要求下，可支持更大的时间同步网络组网能力。

表 5-4 承载网络网元的精度等级

误　差	指　标	Class A	Class B	Class C	Class D
绝对误差	Max |TE|	100ns	70ns	30ns	待定
	Max $\|TE\|_L$	未定义	未定义	未定义	5ns
	cTE	50ns	20ns	10ns	待定
	MTIE	40ns	40ns	10ns	待定
	TDEV	4ns	4ns	2ns	待定
	dTE_H	70ns	70ns	待定	待定
相对误差	cTE_R	未定义	未定义	12ns	待定
	dTE_{RL}	未定义	未定义	1ns	待定

注：

- Max |TE|——Maximum Absolute Time Error(max|TE|)，最大绝对时间误差
- Max $|TE|_L$——Maximum Absolute Time Error Low-pass Filtered，经过低通滤波的最大绝对时间误差
- cTE——Constant Time Error，固定时间误差
- MTIE——Maximum Time Interval Error，最大时间间隔误差
- TDEV——Time Deviation，时间偏差
- dTE_H——Dynamic Time Error High-pass Filtered，经过高通滤波的动态时间误差
- cTE_R——Constant Relative Time Error，相对固定时间误差
- dTE_{RL}——Dynamic Relative Time error Low-pass Filtered，经过低通滤波的动态相对时间误差

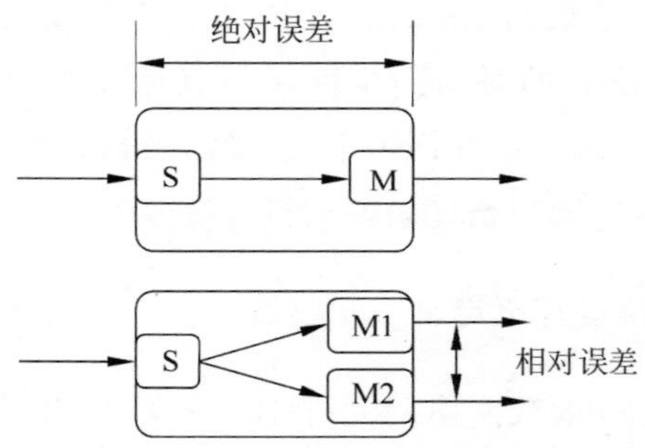

图 5-30 承载网络网元的时间同步精度等级

在端到端 SyncE+IEEE 1588v2 逐跳同步方案中，时钟源设备到基站之间所能允许的承载网络跳数取决于时钟源时间精度误差 + 相应跳数的承载网络元时间精度加权累积误差，要小于对应无线业务所允许的时间精度误差，因此需要限制承载网络的跳数。而基站频率同步精度需求很容易满足且有很大余量，不是方案规划中的瓶颈。

2. SyncE + IEEE 1588v2 逐跳同步方案主要场景及精度误差分配

5G 基本业务时间精度要求是±1.5μs，同 TDD LTE 时间同步要求相同。利用现网已有设备升级支持 SyncE+IEEE 1588v2/ITU-T G.8275.1 方案，采用 SyncE 进行

物理层频率同步,采用 IEEE 1588v2/ITU-T G.8275.1 进行时间同步,可满足时间同步精度±1.5μs 要求,如图 5-31 所示。

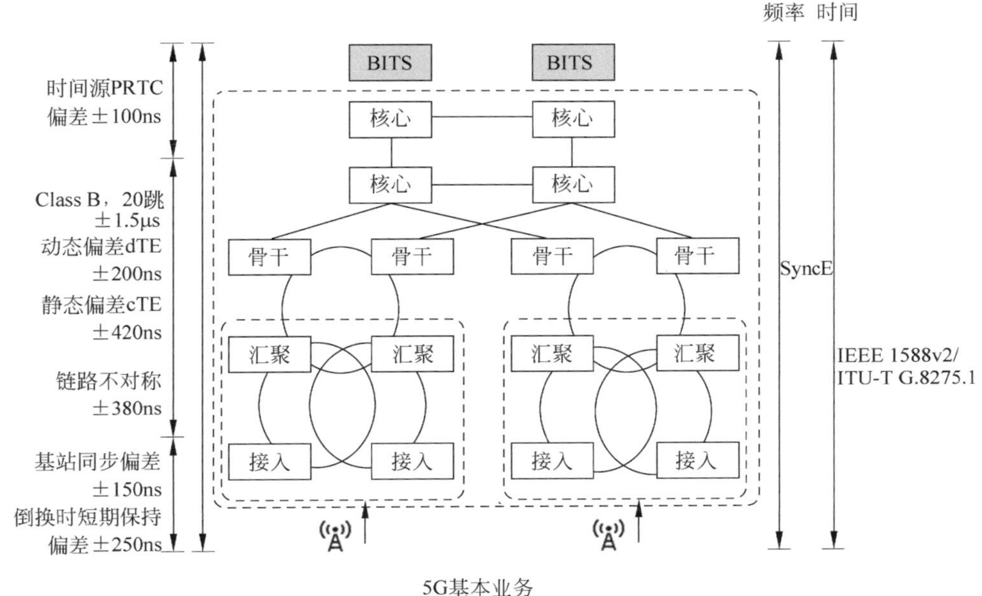

图 5-31　全网 SyncE+IEEE 1588v2/ITU-T G.8275.1 方案

此方案要求时钟源和基站之间的所有设备都能支持 SyncE+IEEE 1588v2/ITU-T G.8275.1 同步方案,包括中间的 OTN、路由器、PON、微波等设备。

如果网络核心骨干层老旧设备无法改造支持 SyncE+ITU-T G.8275.1 同步方案,则建议将时钟源下移,采用小型化时钟源方案,实现网络时间同步方案快速部署,如图 5-32 所示。

此方案中的小型化时钟源需要利用核心层通信楼定时供给系统(Building Integrated Timing Supply,BITS)设备作为后备频率源,网络设备逐跳 SyncE 同步,以实现当小型化时钟源的 GPS 失效后,利用上游 BITS 设备内置铷钟或铯钟的频率源来实现时间保持输出。汇聚层设备利用 SyncE,确保 24 小时性能可用。核心层波分设备可以设置为比特透传模式,实现 SyncE 透传。

如图 5-33 所示,对于 5G 新场景涉及协同类应用的时间同步要求较高,例如,协同业务的时间同步精度为±350ns,这时也可以采用小型化时钟源下移到接入汇聚层,减少跳数,从而提升同步精度。接入层设备单跳最大时间偏差不超过 30ns,无线基站同步精度不超过 100ns。实现端到端不超过 350ns,满足大部分协同业务需求。

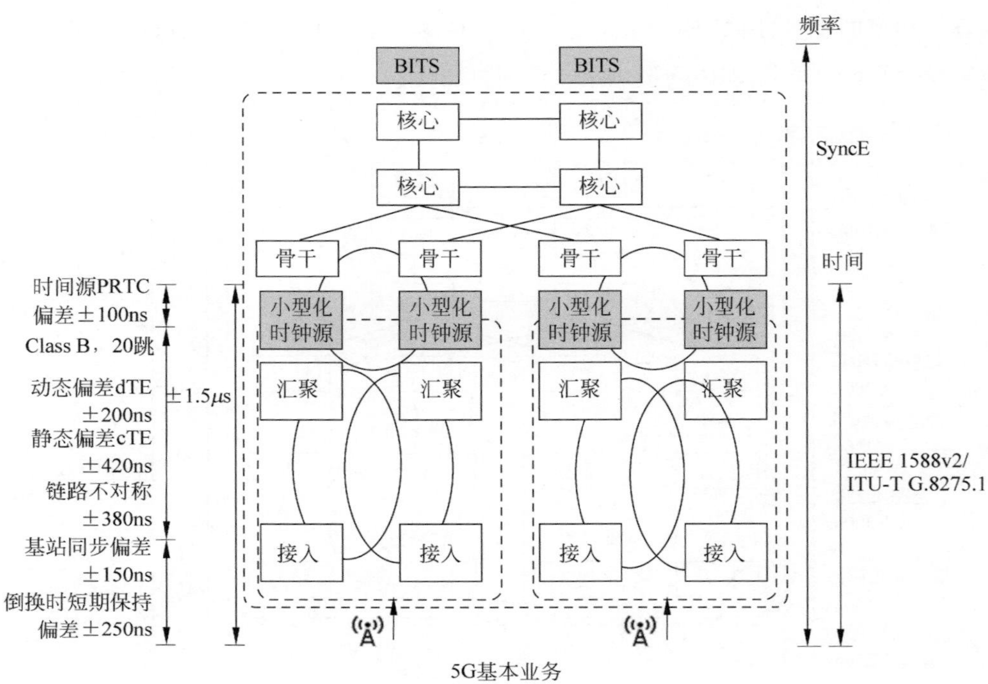

图 5-32　时钟源下移 SyncE+IEEE 1588v2/ITU-T G.8275.1 方案

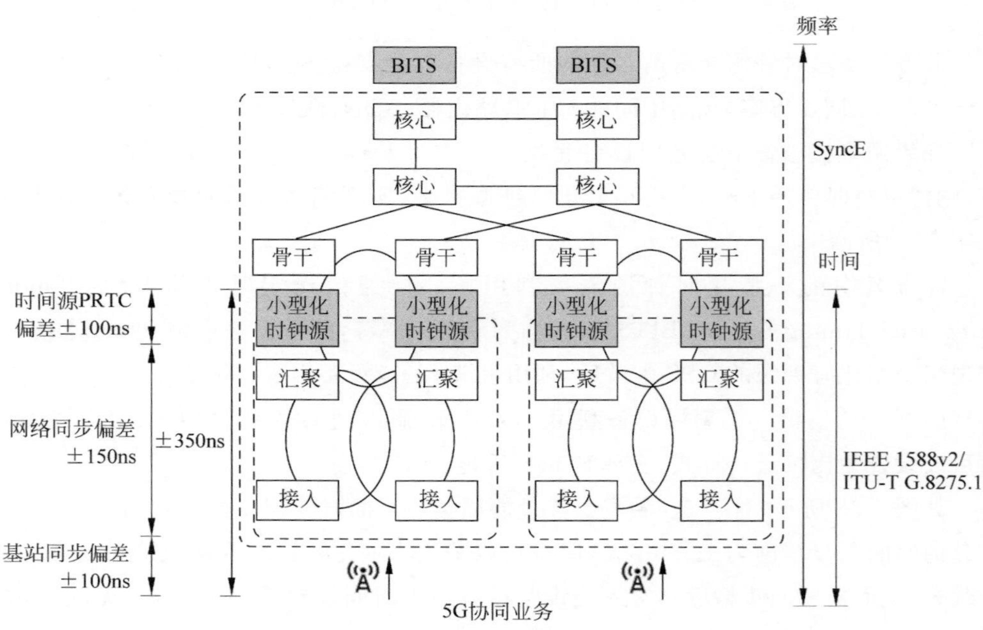

图 5-33　协同业务±350ns 同步方案

5.4.4　城域 OTN 网络同步解决方案

如图 5-34 所示，时间同步的典型场景，OTN 网络内部所有设备都需要支持 IEEE 1588v2/ITU-T G.8275.1。

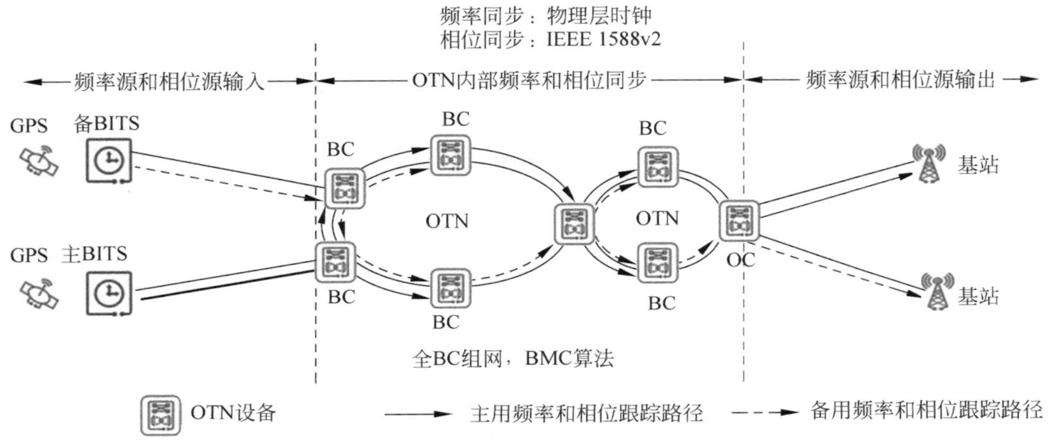

图 5-34　OTN 时间同步解决方案典型场景

1. OTN 设备时间源输入/输出

(1) OTN 设备通过以下方式和 BITS 或路由器、OLT、基站等设备对接，实现时间源输入/输出。

(2) 1PPS+TOD 外时间接口：用于和 BITS/路由器/OLT/基站设备或波分光电子架之间互连，获取/发送时间源。

(3) GE 外时钟端口(带外)，用于和 BITS/路由器/OLT 设备或波分光电子架之间互连，获取/发送时间源。

(4) 以太网业务接口：和 PTN、路由器、OLT、基站等设备对接时，使用以太网业务接口发送/获取时间源。

2. OTN 设备网络内部时间同步

(1) OSC 方式：使用光监控信道单板传送时间信息。

(2) ESC 方式：使用 OTU 单板/支线路单板/分组业务单板传送时间信息。

通过这两种同步传送方式,可满足不同的应用场景需求。

带外 OSC 时钟应用场合:适用于部署 OSC 的新建或扩容网络,采用单纤双向技术,可避免时钟开局部署和维护中非对称延时测量,降低了系统维护工作量,如图 5-35 所示,具体优点如下。

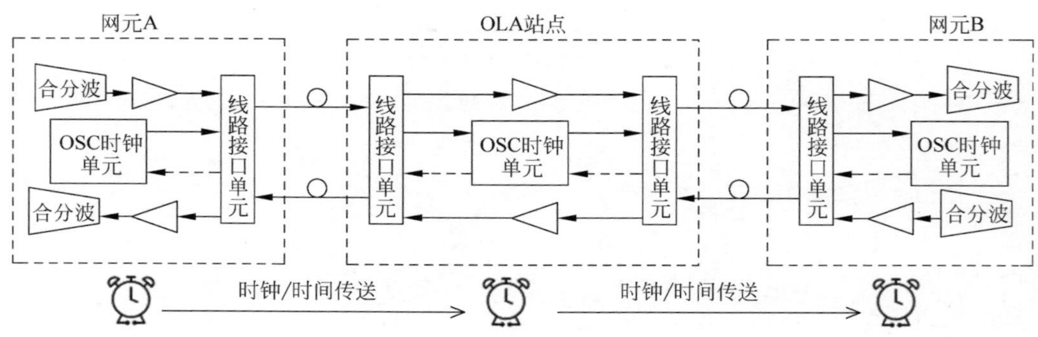

图 5-35 OSC 同步传送方式

(1) 开局无须人工测量和补偿双向线路延时,易于部署和维护。

(2) IEEE 1588v2 和业务通道分离,配置简单。

(3) 在本身已经配置 OSC 的场景,可以不要求业务板支持 IEEE 1588v2,网元单板配置不受影响。

带内 ESC 方式应用场合:对于现网扩容支持 IEEE 1588v2 时钟的场合,采用后可减少光层改动影响,同时时钟传送没有光穿通节点数量限制;对于接入层 WDM 设备通常不配置 OSC 单板,基于带内 ESC 方式无须额外配置 OSC 单板,减少 OSC 的槽位占用。(注:这种方案如果采用双纤系统,则需要进行线路侧非对称的人工调测;如果新建采用单纤双向方案,可支持线路侧免人工非对称测定和补偿。)在其他如超长跨等无法使用 OSC 的场景,可以选用 ESC 方式,如图 5-36 所示。

但是如果在双纤系统中应用 ESC 方案,则存在收发路径不一致的问题,且如果线路存在保护,则导致收发路径在不同的光缆上传输,从而带来收发时延的动态不一致,导致现网时钟同步运维困难,性能不可接受。

综上所述,ESC 和 OSC 分别应用在不同的场景,满足不同 OTN 组网场景下的 IEEE 1588v2 时间同步需求。在建设规划阶段,考虑到光缆情况、业务保护方式等,建议选择 OSC 方式作为 IEEE 1588v2 的主流承载方式。

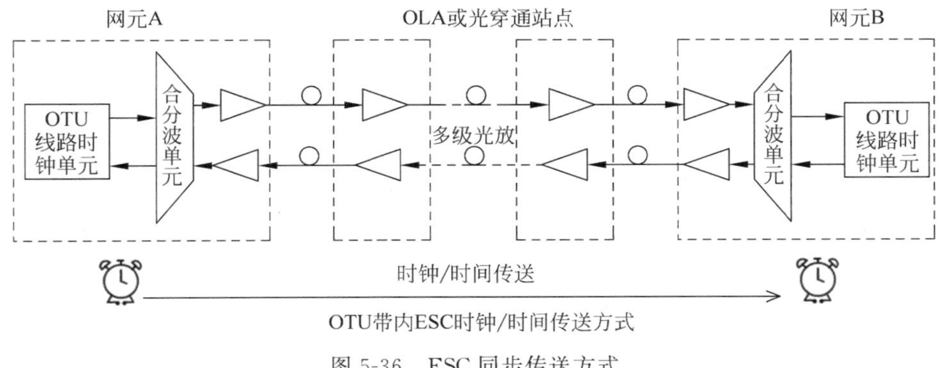

图 5-36　ESC 同步传送方式

5.4.5　时钟标准及其演进

电信网络时钟标准遵循 ITU-T 标准体系，如图 5-37 所示，包括了物理层同步技术、IEEE 1588v2 透传频率同步技术、IEEE 1588v2 逐点时间同步技术以及 IEEE 1588v2 透传时间同步技术。其中，物理层同步技术为上述描述的 SyncE 频率同步技术，而其他 3 个都属于 IEEE 1588v2 技术。由于 IEEE 1588v2 透传频率同步技术和 IEEE 1588v2 透传时间同步技术精度和可靠性不高，因此主流都是采用物理层同步技术+IEEE 1588v2 逐点时间同步技术，即上面描述的 SyncE + IEEE 1588v2/ITU-T G. 8275. 1 解决方案。

另外，IEEE 1588v2 技术除了在电信领域广泛应用，在电力、工业等领域也开始应用。图 5-38 展示了各领域基于 IEEE 1588v2 基础协议定义的 IEEE 1588 应用标准。2019 年，IEEE 1588v2. 1 已经正式发布，定义了多时间域、安全、管理及高精度等特性，而且 IEEE 1588v2. 1 可以和 IEEE 1588v2 相互兼容，预计后续各应用领域也会逐步把 IEEE 1588v2. 1 的新特性逐步扩展到各自的 IEEE 1588 应用标准中。

对于电信领域主流应用的 IEEE 1588v2 逐跳时间同步，下面介绍 3 个主要的标准。

1. ITU-T G.8275.1

ITU-T G. 8275. 1 是基于 IEEE 1588v2 标准定义的，与 IEEE 1588v2 比较，ITU-T G. 8275. 1 标准在最优时钟源选择算法、时钟质量参数、报文封装等方面做了优化和限定，适用于电信领域，而且便于电信设备间的互连互通。

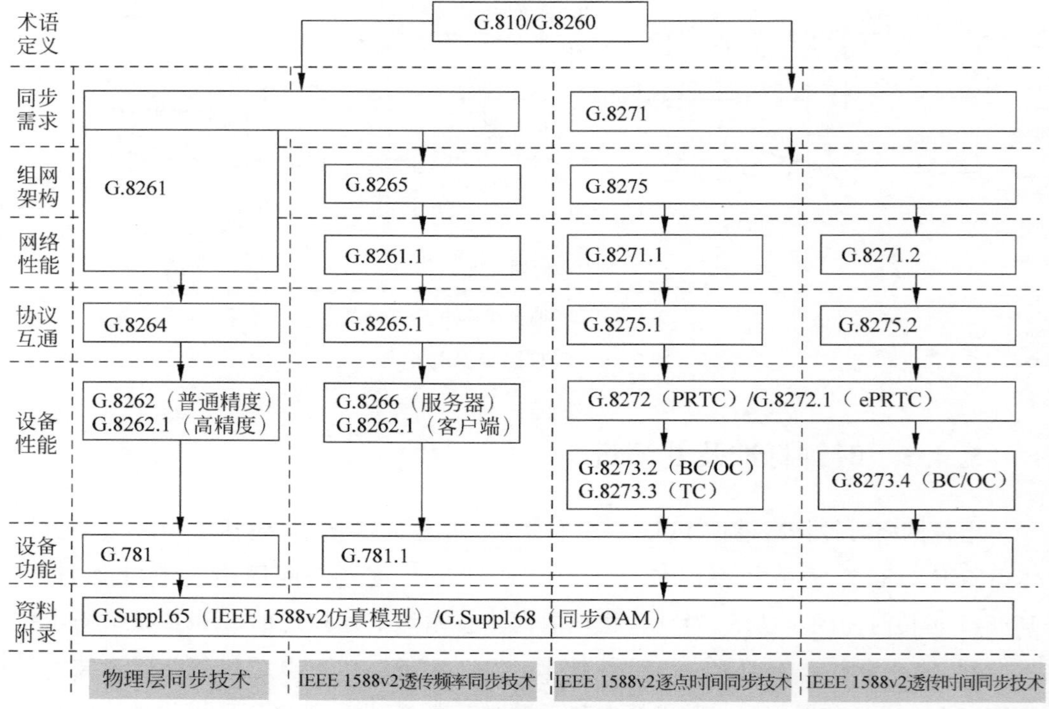

图 5-37　ITU-T 时钟标准体系

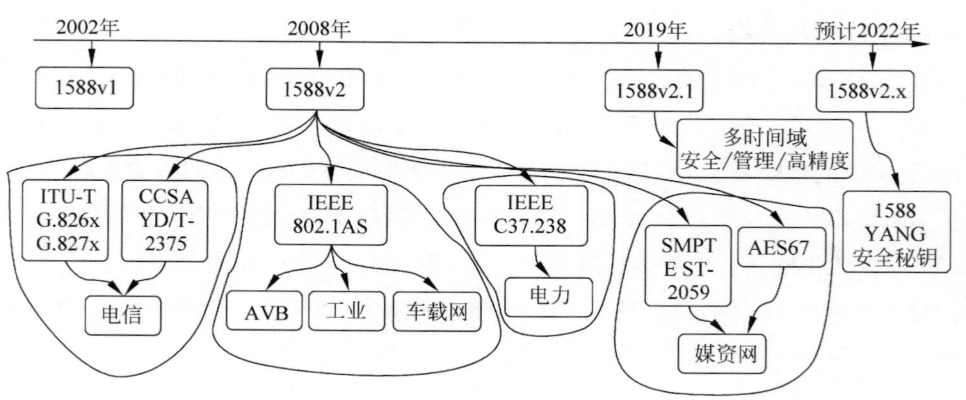

图 5-38　ITU-T 标准体系发展

ITU-T G.8275.1 标准几个关键技术点如图 5-39 所示。

不同于物理层时钟通过业务码流恢复时钟信息，ITU-T G.8275.1 主要通过 PTP 报文交互来完成相位(时间)同步。网络采用 IEEE 1588v2 逐跳时间同步技术时，网络

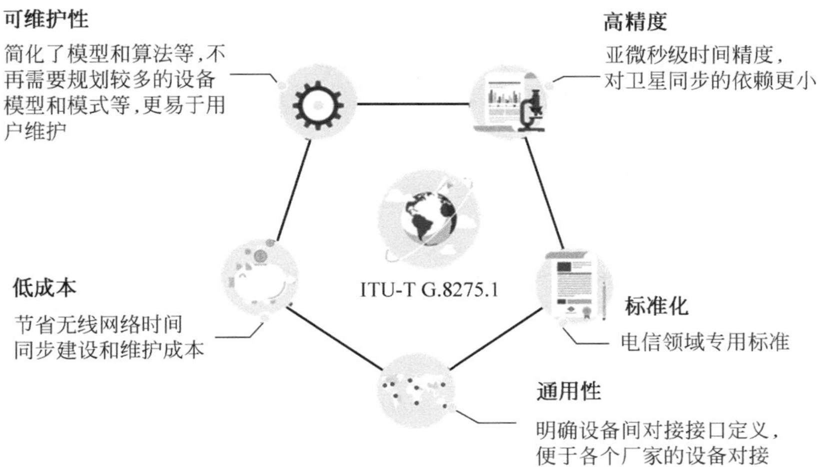

图 5-39　ITU-T G. 8275. 1 关键技术点

中的每个设备都必须支持 ITU-T G. 8275. 1 标准。

2. ITU-T G. 8273. 2

ITU-T G. 8273. 2 是对单设备的 IEEE 1588v2 时间同步性能进行系统定义的标准。主要性能指标包括时间误差、噪声容限、噪声传递、相位瞬变、保持性能。

ITU-T G. 8273. 2 的应用场景和 ITU-T G. 8275. 1 相同，不再单独介绍。使用 ITU-T G. 8273. 2 时，需要和 ITU-T G. 8275. 1 同时配置。

3. ITU-T G. 8271. 1

网络端到端的 IEEE 1588v2 性能指标分配，具体请参见 ITU-T G. 8271. 1 中 5. 4 节的描述。

5.5　光虚拟专网技术：OTSN

5.5.1　光虚拟专网定义

随着云计算、数据中心、视频等业务的发展，企业用户对网络服务也提出了更高的要求。例如，企业用户往往希望运营商提高网络服务的 SLA，也希望将流量与其他人的流量隔离开，确保网络服务不会受到外部网络的影响(例如，断纤或流量阻塞)。鉴于企业用户的战略重要性，光网络运营商对关键企业用户的网络诉求，通常有两种应对方案。

一种方案就是建立专用网络来满足企业用户的服务要求。但是，建设物理专用网络存在以下几个问题。

(1) 投入成本高。为每个企业用户都建设物理专用网络成本极高。由于物理资源无法分级管理，导致运营商对专线的维护成本也很高。

(2) 业务上市时间(Time To Market，TTM)时间长。据统计，50%的企业客户要求 TTM 小于 15 天，甚至更短，而物理专用网络的施工建设可能长达数月，这严重阻碍了业务快速上线。

(3) 资源利用率低。物理资源不能灵活分配，无法充分利用剩余带宽，导致带宽利用率低。

另一种方案就是利用运营商的现有网络，如果能够从已有光网元、端口、链路等光网络资源中，有效地划分出不相交的集合，每个集合形成一个封闭的逻辑网络，再提供给不同企业客户使用，这样就可以充分提高网络利用率，降低成本、提高运营利润。这种从光网络中通过逻辑划分出的专用网络，就叫 OTSN。

光传送切片网络(Optical Optical Transmission Slicing Network，OTSN)概念源于 VPN，是 VPN 技术在光域的延伸。通过 OTSN 技术可以实现对光网络资源的分片管理，赋予不同企业用户对指定光网络资源(支持按子架、单板、客户侧端口、线路侧链路等粒度划分)的专有权，达到专网专用的目的。通常，利用 OTSN 技术划分出的光网络也称为 OTSN 或 OTSN 子网。

5.5.2 光虚拟专网关键技术

OTSN 通过在资源对象上增加标签和灵活切片算法等技术来区分不同资源隔离，形成一个个光专网，满足一网多用、综合承载支持不同 SLA 的诉求，如图 5-40 所示。OTSN 技术包括如下几个关键技术。

(1) 不同粒度灵活切片：基于全光网络资源，提供如下不同颗粒的资源划分，形成对应切片的专网资源，每个 OTSN 资源支持不同层次或不同颗粒的资源构成一个专网资源。划分的类型包括基于网元粒度划分、基于单板粒度划分、基于波长粒度划分、基于端口粒度划分、基于 ODU 带宽划分。

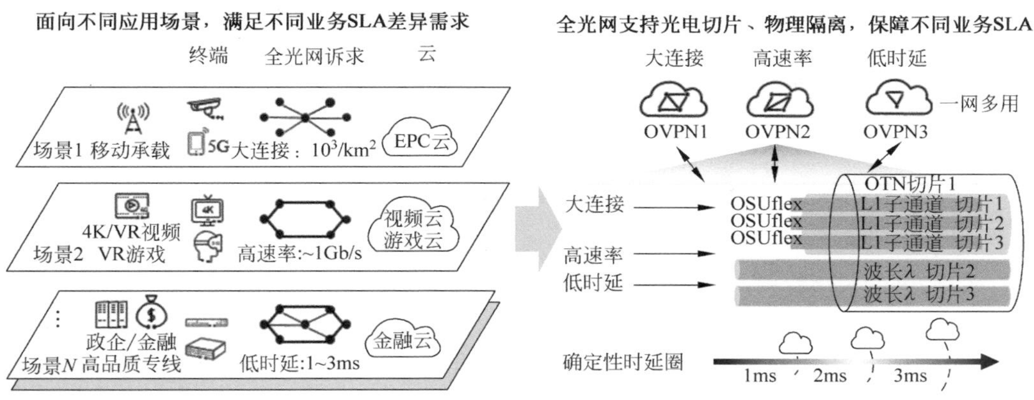

图 5-40　全业务的光网络分片

(2) 基于网络诉求自动切片：对于不同业务应用场景，需要提供不同网络能力的虚拟专网，网络能力诉求包括带宽、时延、抖动、可靠性、隔离性等，支持一个或多个网络能力诉求的组合，通过软件定义的 OTSN 切片算法计算和划分出对应的虚拟专网。

1. 多粒度灵活切片

全光网络上提供多种粒度的切片，包括子架粒度、单板粒度、端口粒度、波长粒度、ODUk 粒度、OSU 粒度等。通过网络中各设备节点，基于上述一种或几种粒度管道资源的组合，构成 E2E 切片解决方案的物理承载层，如图 5-41 所示。

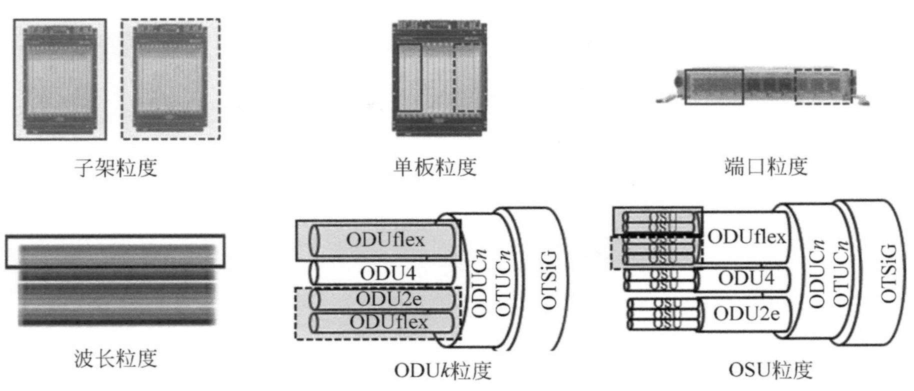

图 5-41　多粒度灵活切片

(1) 子架粒度：在一个传送站点上，当业务容量很大时，通过部署多个电子架方式实现业务调度，提供按照子架粒度划分资源切片。

（2）单板粒度：一个物理子架包含几个到几十个槽位，不同功能单板插到对应子架槽位，通过对不同单板粒度划分实现对不同资源的切片。

（3）端口粒度：一个单板上包含若干个端口，通过对不同端口粒度划分实现对不同资源的切片。

（4）波长粒度：一个光复用段光纤包含几十到上百波长，通过对不同波长粒度划分实现对不同资源的切片。

（5）ODU*k* 粒度：一个 OTU 端口由 ODU*k*/ODUflex 通道组成，基于 ODU 封装标准，支持从 ODU0 到 ODUCn 多个 ODU 通道，每个 ODU 通道带宽最小为 1.25Gb/s，通过对不同 ODU*k* 粒度划分实现对不同资源的切片。

（6）OSU 粒度：当一个 OTU 端口具备 OSU 能力时，基于 OSU 封装标准，支持 2Mb/s 到线路端口线速的硬管道颗粒度，对不同 OSU 粒度划分实现对不同资源的切片。

2. 基于应用按需切片

基于不同业务应用场景，需要提供不同网络能力的虚拟专网，网络能力诉求包括带宽、时延、抖动、可靠性、隔离性等，支持一个或多个网络能力诉求的组合，通过光虚拟专网切片算法计算和划分出对应的专网，实现基于应用诉求的灵活切片能力，如图 5-42 所示。

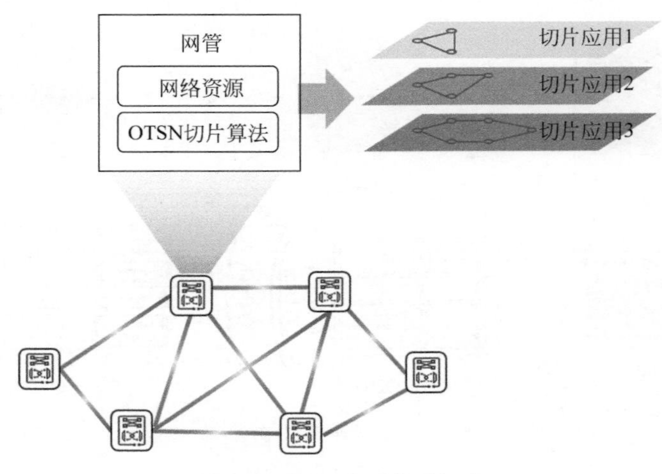

图 5-42　基于应用按需切片

全光传送切片网的典型场景是专网专用，随着网络应用的蓬勃发展，各行各业对业务 SLA 的品质要求越来越高，且逐渐呈现差异化诉求。

(1) 如远程医疗，要求低时延和高可靠，其可靠性要求高达到 6 个 9。

(2) 金融证券，要求极低时延，证券交易每毫秒可以进行上千次的交易，网络时延毫秒必争。

(3) 数据中心网络，数据交换量大，要求大管道大速率，大管道意味着备份时间短。

对运营商来说，为每个行业专门建网成本太高，采用综合承载建网方式比较普遍。因此，全光传送切片网正好化解了运营商要求建网成本低和行业品质差异化要求的矛盾，为运营商和行业提供低成本建网的网络切片，如图 5-43 所示。

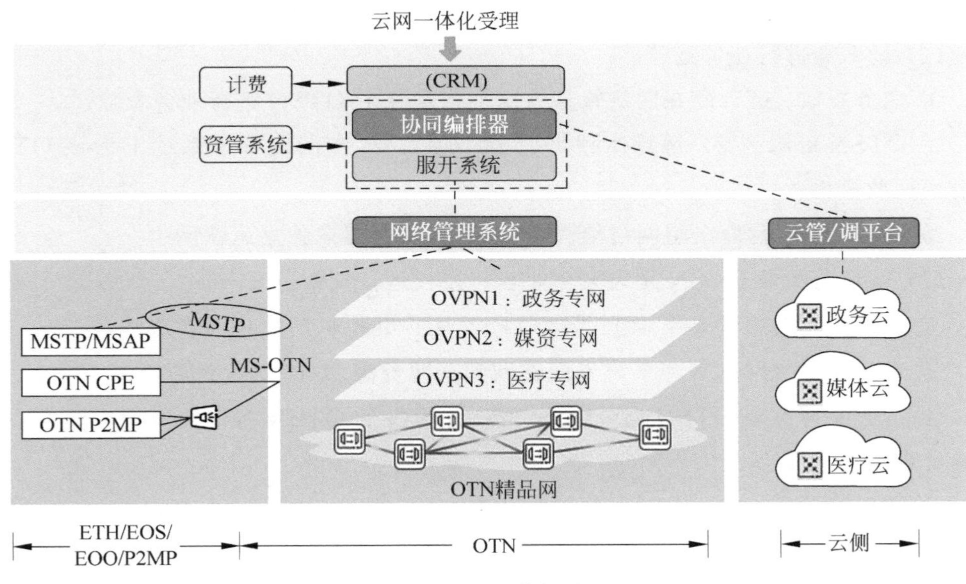

图 5-43　网络切片

(1) 广覆盖，快速开通：MSTP/MSAP/OTN CPE/OTN P2MP 多介质接入。

(2) 一跳入云，可承诺确定性网络承载：E2E 硬管道，可承诺带宽/时延/可靠性。

(3) 云网协同，云网融合套餐一站受理：云网业务一站式开通。

(4) 好云配好网，行业云用行业专网：波长/子波长切片＋面向行业的组网能力和配套软硬件特性；垂直打通云和网，提供面向行业客户的云网一体能力。

(5) 带宽随需，应对突发事件：分钟级按需带宽无损调整，SLA 可视。

(6) 新技术匹配入云小颗粒，高汇聚模型：OSU 提供任意带宽、E2E 硬管道、速率无损调整、可保证时延的灵活切换网络。

5.5.3 光虚拟专网的应用与价值

1. 光虚拟专网应用场景

OTSN是全光传送网关键增值业务，本节列出两种OTSN典型应用场景。

1）应用一：运营商使用OTSN对光网络进行切片，支持不同业务进行隔离运营

(1) 运营商配置OTSN。

① 运营商通过网络管理系统查询到全网资源，并创建多个OTSN。

② 运营商为每个OTSN划分网络资源。

③ 运营商在网络管理系统查询到每个OTSN的网络资源。

(2) 运营商进行业务运营。

① 业务发放：运营商在网络管理系统上指定某个OTSN进行业务发放。

② OTSN资源调整：运营商根据业务实际需要，在网络管理系统上为该OTSN扩容或回收资源。

2）应用二：运营商出租网络给大企业客户，支持客户独立运营网络

(1) 运营商配置OTSN并为大企业客户授权运营权限。

① 运营商在网络管理系统上创建OTSN用户并授权给大企业客户。

② 运营商通过网络管理系统界面查询到全网资源，并创建多个OTSN。

③ 运营商为每个OTSN划分网络资源，并为每个OTSN绑定一个大企业客户的网络管理系统。

④ 使用OTSN绑定的用户在网络管理系统界面上查询到每个OTSN的网络资源。

(2) 大企业客户独立开发第三方App。该App支持通过RESTful API鉴权并登录网络管理系统。

(3) 大企业客户查询OTSN资源或业务。

① 大企业客户使用授权用户直接登录或通过第三方App登录网络管理系统，查询资源或业务。

② 网络管理系统返回该授权用户所绑定OTSN范围内的资源或业务信息。

(4) 大企业客户独立进行网络运营。

① 业务发放：大企业客户使用授权用户直接登录或通过第三方App登录网络管理系统，选择源宿端口发放业务。

② OTSN 资源调整：大企业客户根据业务实际需要，向运营商申请资源扩容或回收。

2. 光虚拟专网应用价值

OTSN 可以大幅度降低物理网络建设成本和周期，既可以为运营商提高带宽利润，又满足了企业用户快速上线业务的诉求。

1）价值一：对运营商的价值

(1) 通过 OTSN 虚拟子网隔离能力，运营商可以在不增加或少量增加基础设施投资的情况下，为不同的企业客户提供互相隔离的 OTSN 服务，增加带宽利润。

(2) 通过符合 ACTN 标准的北向接口，网络管理系统可方便地与第三方租户管理系统进行集成，将不同的 OTSN 子网租给不同的企业用户，支撑运营商的各种商业创新。

2）价值二：对用户的价值

(1) 业务安全性高。OTSN 间管道硬隔离，OTN 网络天然可确保业务高安全性。

(2) TTM 缩短。减少了物理网络建设，OTSN 能够大幅度缩短 TTM，支撑业务快速上线。

(3) 支持自主运维。用户在 OTSN 内具有专线开通、变更、监控、故障初排等自主运维能力。从用户角度看，就好像拥有自己的光网络一样，通过点击式配置就可以实现业务快速上线以及流量合理调度。

(4) 支持弹性扩容。OTSN 支持以企业用户为导向，企业用户可以按照自己的带宽需求租用运营商的网络资源，后期可以按照业务增长情况，向运营商申请扩容、增加覆盖范围等，而不影响已有的业务。

5.6　光电协同

新型业务的发展，驱动网络逐步向 Mesh 化、扁平化、规模超大化的极简网络架构层次演进。要求网络具备高可靠、大带宽、低时延、灵活、智能自愈和自治等能力。

其中，品质专线、Cloud VR、入云专线带动传送网络由“哑管道”走向网随业动“业务网”的关键业务形态。业务流量在末端呈分散状态，在核心站点进行汇聚。光电协同正好在此模式上发挥作用，在汇聚层以下，可以使用电层技术，实现小颗粒业务的灵活调度。在汇聚层以上，可以采用光层 ROADM 技术，一跳直达，低时延。

光电协同的核心价值体现在如下几方面。

(1) 小颗粒业务，需要 OTN 做汇聚。既获得了 OTN 的灵活性，又使用了光层的维度。

(2) 电层 ASON 的网络承载量高、可靠性高、稳定、恢复性能高。可以保证保障低余量网络 ASON 稳定运行。

(3) 充分利用电层重路由业务恢复快的特点，解决 IP 网络振荡问题，同时保持光层的多维度光纤恢复能力。

(4) 成本和可靠性最优，比电层成本降低 15%，比光层波长节省 10%。同时，电层的亚秒级恢复能力，保证网络的可靠性不劣化。

(5) 基于业务矩阵提供业务、频谱调优方案，实现端口零浪费、频谱零碎片。

(6) 在运维方面，可以简化告警，直接体现故障根因告警，并且瞬态故障可定位(如光功率跌落、瞬态误码)，疑难故障可找到根因[偏振态(State Of Polarization，SOP)、非线性]。

5.6.1 光电协同场景

在端到端的全光传送网络中，光电协同组网场景主要有下面几种。

(1) 场景一：采用接入侧电层技术、区域光层 ROADM 技术，端到端实现光电保护协同。流量是逐层汇聚的，特别是小粒度业务需要在城域核心站点进行汇聚，然后通过大管道传送，如图 5-44 所示。

图 5-44 光电协同组网场景一

(2) 场景二：采用城域光层 ROADM 技术、干线电层技术，端到端实现光电协同保护，如图 5-45 所示。

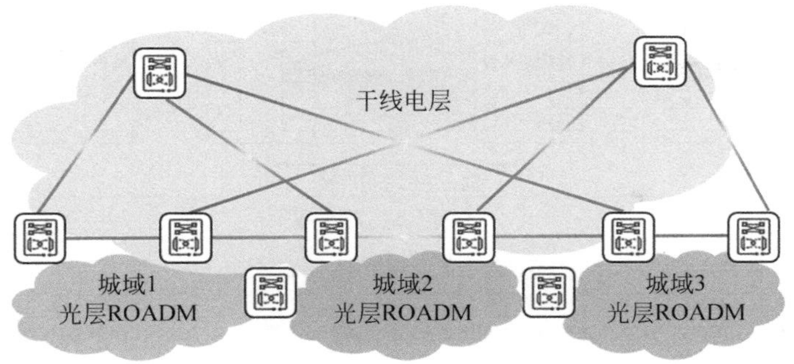

图 5-45　光电协同组网场景二

5.6.2　光电保护协同

光电保护协同，业务模型比较多，且复杂，其中最典型的配置模型有下列几种。

(1) 模型一：首末光电协同，最优化的业务模式如图 5-46 所示。其主要特点是，光电协同在业务的原宿节点进行。适用于承载网络中对保护性能有强烈要求的重要业务。

电层SNCP+光层关联银级

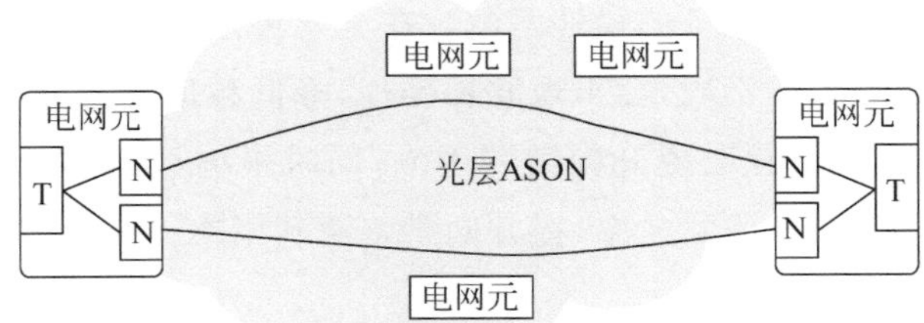

电层银级+光层银级

图 5-46　光电保护协同模型一

(2) 模型二：区域光电协同，最优化的业务模式如图 5-47 所示。其主要特点是，光层和电层分为不同的区域。适用于业务网(如政企专线)场景。

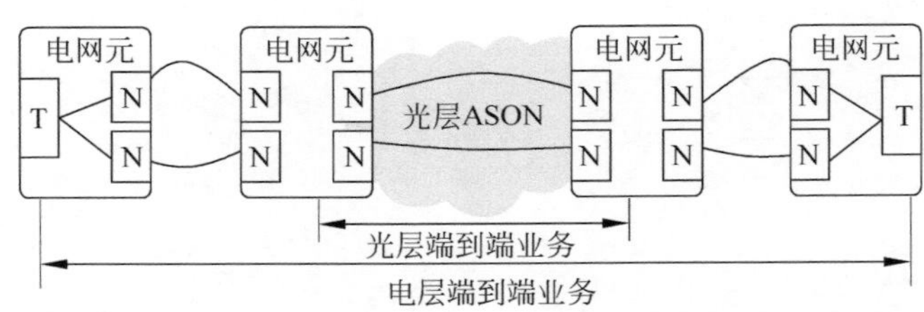

图 5-47　光电保护协同模型二

光电保护协同联动可以结合光层 ASON 及电层 ASON 的优势,发挥出更大的网络价值。光电联动具有如下优势。

(1) 电层的 1+1 保护和重路由恢复速度更快,实现更小的业务中断时间,而光层重路由恢复不需要额外的电层板卡资源,可以节约投资,光电联动在保留电层的快速倒换和恢复能力的同时,还可以有效节约板卡资源。

(2) 快速统一业务发放:电层、光层统一配置,由原来的光层、电层分开逐步配置,变为一步完成,有效提升运维效率。

5.6.3　光电资源协同

如图 5-48 所示,光电资源协同主要是通过频率调节和碎片整理,提升网络资源利用率和吞吐量,实现资源与业务的最佳匹配。在全光传送网络中,随着业务的增加,波长的持续扩容,以及频宽的不同,会出现波长碎片,降低频谱资源的利用率。光电资源协同可以进行碎片整理优化以提升频谱利用率,同时根据最新的业务矩阵,动态调整业务汇聚或直达,匹配最佳线路速率,提升网络资源利用率。

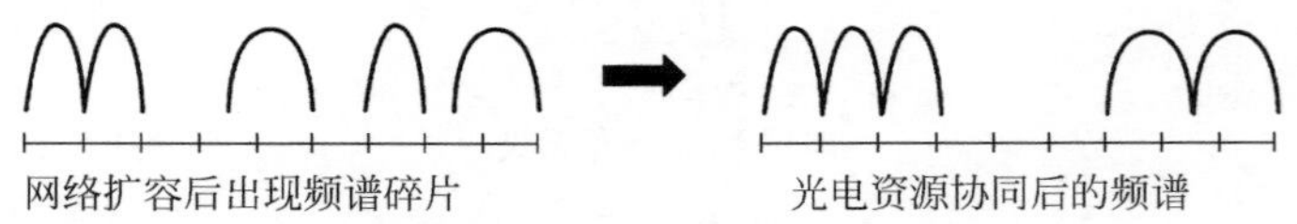

图 5-48　频率调节和碎片整理

当全光传送网络中,客户多次扩容之后,会出现频谱碎片,这样会导致新的业务无端到端整块频谱资源可用。光电资源协同基于最优的在线疏导调优算法,先模拟频谱碎片的整理优化效果,然后再进行频谱碎片整理优化操作,利用光电两层联动的原理,依据先电后光原则,优先通过 OTN 保护、OSU 的无损倒换以及 ASON 的 50ms 优化能力把电层业务切换走,然后再进行光层的频谱碎片整理,从而实现整网的频谱碎片整理优化,提升网络资源利用率。

5.6.4 光电运维协同

光电运维协同主要是通过光层数字化、光电两层协同，提升全光传送网络运维体验和业务体验，提高网络的安全性，减少对运维人员的专业技能要求，提升网络运维效率。

在当前的全光传送网络中，由于光层和电层的分割，导致同一个故障会在光电两层产生大量的告警，随着网络规模的增大，结构更加复杂，每天有海量告警上报，人工处理困难，严重增加了网络运维人员的故障处理效率。对于业务来说，一条业务既要穿通电层又要穿通光层，因此可以利用光电两层的关联关系，把告警和业务关联起来，对于同一个故障，告警只在一层显示即可，这样可以减少告警数量，长期考虑可以和AI技术结合，实现一故障一告警，还可以大大减少网络中的告警量，提升运维人员效率。

在光层网络中，需要对物理设备进行物理连纤操作，由人工来完成，势必会造成连纤错误的情况出现，从而导致波长串扰、业务不通等故障出现，特别是在扩容阶段，容易影响已有的业务。随着光电协同技术的发展，可以通过电层的标签信息，感知物理光层的连纤、路由、光功率等信息，从而检测出光层的光纤错链等故障，减少网络的故障率，提高网络的安全性。

随着光电协同技术的研究探索，后续会有更多的应用场景，既能充分发挥电层的优势，又能挖掘光层的潜力，使全光传送网络的可靠性、资源使用率、运维效率等各方面都有巨大的提升。

5.7 全光自动驾驶技术

5.7.1 全光网络软件架构发展历程

面对运营商在转型过程中对网络和业务的挑战和诉求，光网络通过引入增强AI算法、大数据、强大算力和自动化等关键技术，构建智能化的全光网络，打造智慧光网解决方案。智慧光网解决方案的目标是推进光网络迈向以用户体验为中心，打造商业意图驱动、全生命周期端到端自动化的闭环系统，帮助运营商实现管道变现，提升业务体验，节省网络运维成本，使网络的商业价值最大化。

因此，随着用户需求的变化，传送网络软件架构需要从纯静态手工管理、逐步演进到管理、控制、分析一体化，多层智能的模式，使网络变得越来越自动化，越来越智能，如图 5-49 所示。

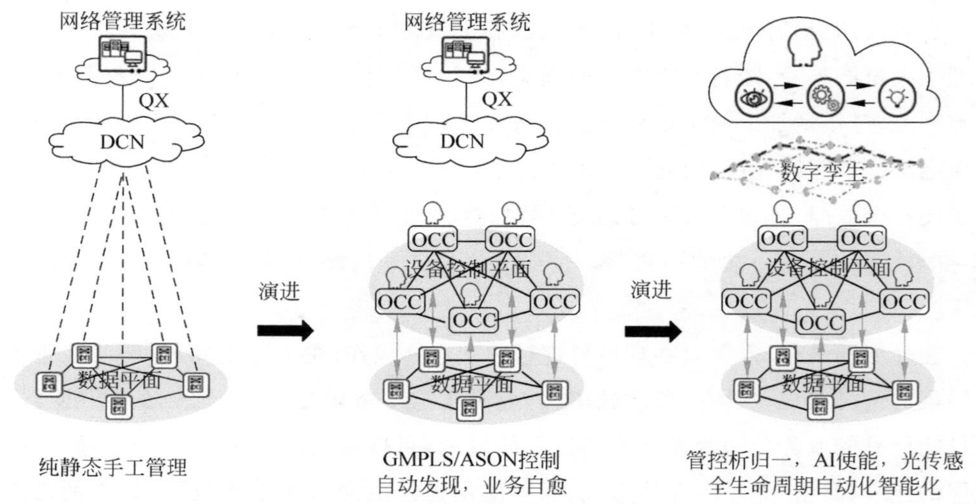

图 5-49　传送网络软件架构演进示意图

5.7.2　全光网络自动驾驶架构

全光自动驾驶网络参考目标架构如图 5-50 所示。

1. 极简的网络基础设施

极简的网络基础设施是实现智能和分层自治的自动驾驶网络的基础和根本保证。一方面，以更简洁的网络架构、协议、设备和站点、部署方案，抵消超高带宽和海量连接带来的复杂性，提升全生命周期的效率和客户体验。另一方面，网络设备引入更多的实时感知器件和 AI 推理能力，越来越聪明，不但增强对资源、业务及周边环境的数字化感知能力，还具备在数据源头进行感知分析与决策执行的边缘智能能力。

2. 网络管控单元

网络管控单元融合网络管理、网络控制和网络分析三大模块，通过注入知识和 AI

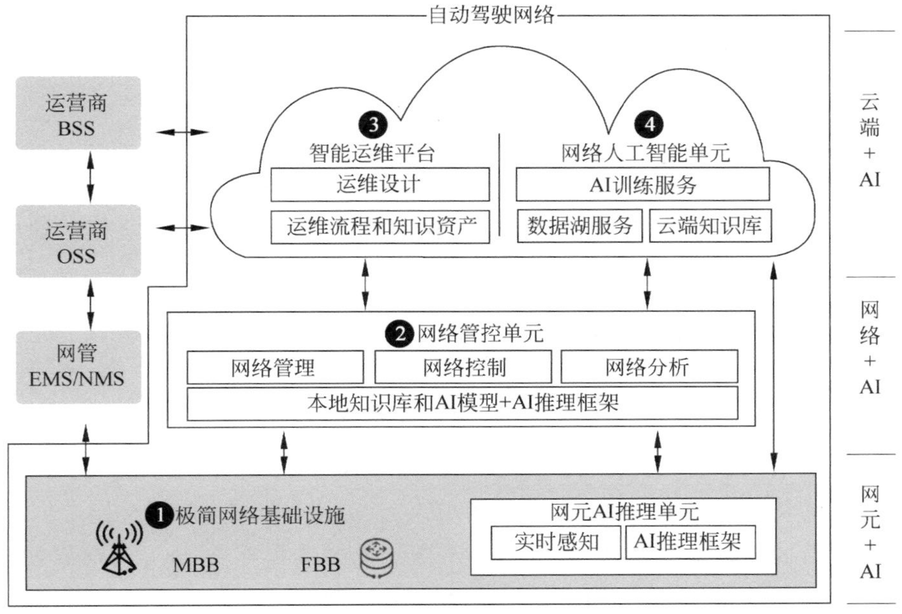

图 5-50　全光自动驾驶架构示意图

模型，将上层业务和应用意图自动翻译为网络行为，实现单域自治闭环，让网络连接或功能的 SLA 可承诺。网络管控单元通过网络数字建模方法，将离散的网络资源、业务、状态数据关联起来，建立完整的域内网络数字化高清地图，实现网络数据采集、网络感知、网络决策和网络控制一体化。同时，通过持续从云端注入新的 AI 模型和网络运维知识，不断强化与丰富本地化的 AI 模型库和网络知识库，让本地的智能化感知和决策能力不断优化增强。

3. 智能运维平台

智能运维平台提供运维流程和知识资产与运维可编程设计框架的平台与云服务，聚焦运维流程的打通和灵活的业务编排，允许根据自身网络特点，快速迭代开发新的业务模式、运维流程及业务应用，这是运营商实现业务敏捷的关键，也是新型运维人员技能提升的关键。

4. 网络人工智能单元

网络人工智能单元提供网络领域的人工智能平台和云服务。一方面，是网络 AI

设计和开发的基础平台，支持对上传到云端的各种网络数据持续进行 AI 训练和知识提取，生成 AI 模型和网络知识成果，并可注入网络基础设施、网络管控单元和跨域智能运维单元中，让网络更好用，越用越智能。另一方面，它也是运营商智力资产共享中心，运营商面向规、建、维、优过程开发和训练出来的各种 AI 模型、网络知识等成果在网络人工智能单元统一管理，充分共享和重复使用，减少重复开发和训练。网络人工智能单元包括云端的 AI 训练、数据服务、网络知识库、AI 应用市场等基础服务和能力。

5.7.3 全光网络自动驾驶技术

面向全光网络全生命周期的智能化，需要向自动、自优、自治的全光自动驾驶网络迈进。电信网络要想实现自动驾驶网络的架构目标，需要一个清晰的、可供产业参考并形成共识的目标架构来指导生产实践落地。

面对运营商在转型过程中面对的网络和业务的挑战和诉求，全光自动驾驶网络通过引入 AI 算法、大数据、算力和自动化等关键技术，构建智能化的全光网络，它将改变运维人员的工作模式，业务发放更快速，网络维护更高效，同时，变被动运维为主动防护，使光网络的可靠性进一步提升。全光自动驾驶涉及关键技术如下，具体参考“第五代固定网络(F5G)全光网技术丛书”中的《全光自动驾驶网络架构与实现》。

AI 算法是实现人工智能的基础。AI 算法可以从大量的数据中进行特征提取，结合专家经验，从已有的数据特征中建立模型，快速解决已知问题。在全光网络中采用 AI 算法，关键在于根据不同的场景选取合适的算法，并有针对性地进行改进和适配。经常用到的典型 AI 算法有神经网络算法、时间序列预测算法、聚类算法、逻辑回归算法等，在不同场景中，可能会组合使用各种算法，有针对性地解决实际问题。同时，在机器学习类算法中，训练数据非常重要，因此，成功的应用不仅依赖于算法本身，获取大数据也是关键因素。例如，为解决预测性问题，需要组合多种算法进行特征提取、异常数据处理、趋势拟合等适配处理，并且使用现网环境数据进行反复调整和验证，才能构建最佳应用。

1. 大数据技术

全光自动驾驶网络中，大数据是为了映射网络状态，建立数字孪生(Digital Twins)。通过物理网络的光传感器，采集光功率、OSNR、误码率(Bit Error Rate, BER)、光谱、偏振态(State of Polarization, SOP)、PMD、偏振相关损耗(Polarization-

Dependent Loss,PDL)等物理特征参数,从而获取实时监控参数。结合AI算法技术,对这些数据进行训练和建模,可以更好地在上层应用中使用,提升自动化程度,节省OPEX。

2. 强大算力技术

处理海量的数据需要大量的算力,算力是智能运维的基础能力。AI技术从最初的基于通用CPU计算起步,到基于GPU计算获得大发展,当前已经发展到使用专用AI芯片提供高性能算力的阶段。通过专用AI芯片,为大数据采集、存储、分析、训练、上报等提供强大的计算能力。全光网络智能化的算力,需要在云端和本地设备合理部署,通过算力架构的协同,实现智能计算的实时性、有效性和精确性。

3. 自动化协议技术

传统静态网络在业务发放、可靠性(光纤故障)和运维效率(依赖人工)上面临一系列的挑战。传统网络运维效率低,全手工操作,如发放和调整业务,需要人规划和调整,并通过网络管理系统逐个单站配置,开通时间长,业务时延需大量人工计算和反复测试,人力投入大、成本高;传统网络最大可抗一次断纤,难以满足高价值业务可靠性需求。自动化技术可使传统网络向自动化网络演进。自动化协议主要包括南北向协议、自动化控制协议和自动部署协议。引入自动化协议技术可减轻网络维护管理强度,自动建立端到端路径,缩短业务配置时间,断纤故障后可自动恢复,提升业务可靠性,统一大网管理,降低运维成本。

第 6 章

光传送网部署应用实践

6.1 OTN 品质专线应用实践

自 NGOF 于 2018 年发布品质专线五星标准以来，三大运营商纷纷在 OTN 专线市场投入重兵并取得了快速发展，有效支撑了其专线市场的快速增长。广东省作为国内改革开放的排头兵，一直以打造全国数字城市新基建典范为目标，积极推动产业集群“数字化转型”，提升产业竞争力。目标是到 2022 年培育出 30 个产业集群数字化转型试点，形成 20 个特定领域(区域)的工业互联网平台，带动 2 万家企业“上云上平台”。这需要运营商网络从业务创新、体验改善、技术革新上做出实际表率，从而高效地支持粤港澳大湾区的经济建设。

1. 现网痛点

(1) 痛点 1：广东某运营商现有 MSTP 网络环路容量仅为 10Gb/s，单站接入容量低于 1Gb/s，难以开通 100Mb/s 以上专线。现有的 MSTP 网络有 4 万多套设备，设备老旧不具备演进能力，并且核心设备及汇聚设备资源利用率高，业务扩容困难：如广州低阶交叉使用率超过 70%的核心设备占比 77%，槽位使用率超 70%的汇聚设备占比 73%。

(2) 痛点 2：WDM 网络作为基础网络承载，无小颗粒调度能力，无法支撑政企市场小颗粒接入需求。

(3) 痛点 3：网络结构复杂，网络环形结构，路径绕行，导致专线时延指标差。

(4) 痛点 4：网络智能化程度低，大湾区高价值政企客户对网络承载能力要求越来越苛刻，特别是以时分复用传送为主的高价值租线业务，其业务对硬管道、高带宽(100Mb/s～100Gb/s)、低时延(少于 6ms，如某合作区要求时延 6ms，深交所-港交所要求 2ms)、高质量(安全稳定达到 99.99%)的传送要求十分严格；专线项目开通速度希望越快越好，政务类项目一般会明确要求开通时间为 30 天。现网 SDN、NFV 化程度低，智能化程度较低，运营、支撑系统缺乏互联网化、AI 化，无法满足高效率运营及客户个性化、敏捷化需求，无法实现端到端电路自动开通。

(5) 痛点 5：网络运营机制不匹配，多张网多级调度，专线开通慢。开放、智能和现有建设、维护、支撑分离机制矛盾，专业分工的网络向一体化、全业务支撑网络演进和现有业务、网络隔离机制的矛盾，影响网络快速产品转化及一体化支撑响应。

2. 解决方案

广东某运营商于 2019 年上半年打造全球第一个 OTN 品质专线政企专网，率先打破了运营商组网的传统思路，在网络架构上不再按照行政区域本地网、省干传统分层分级模式，而是将全省 21 个地市的网络统一建设成一张扁平化 Mesh 化、带宽多样化、末端全光化、管控智能化的 OTN 品质专线政企精品网，业务可以更优路径、更低时延转发。从业务管理上，将过去分散在全省 21 个地市的本地网络管理系统集中化到一套智慧管控平台上，从而将传统的分地市分层级的分权管理网络演进为一张端到端集约化管理、自动化调度、能力可开放的智能网络，大幅提升了业务发放效率，降低了网络运维成本。

基于这张先进的 OTN 品质专线政企精品网，该运营商面向粤港澳大湾区的所有企业/行业客户推出了定制化品质专线服务，以全面支撑其数字化转型需求。

1) 针对金融行业

通过扁平化组网和一跳直达打造低时延专线。证券公司 A 原来租用的 MSTP 专线接入交易所，专线端到端时延高达 12ms，大幅落后于行业其他证券公司，严重影响交易业务的开展。为此该运营商通过对现网的探测分析，发现是由现有 MSTP 网络光缆路由绕接和 EoS(Ethernet over SDH)板件时延过大导致，推荐其采用 OTN 品质专线政企精品网，证券公司 A 交易专线时延直接降低至 6.5ms，交易效率得到极大提升。

2) 针对 VR 行业

联合某云服务提供商推出 Cloud VR 云游戏一站式解决方案，例如某游戏公司，一方面该运营商帮助其将 VR 游戏部署于其行业云平台上，带来行业云的收入。另一方面基于 OTN 品质专线政企精品网为客户构建了高品质的专属上云专线，通过云网协同支撑其打造极致体验的云 VR 游戏业务。目前，已为该游戏公司实现了 2 家门店的 VR 游戏上云，其余的 60 多家门店也将陆续实现上云。

3）针对银行

中山市某银行业务网点遍布 23 个镇区，总共有 72 个网点，每个网点接入带宽 10Mb/s。客户标书要求 15 日内交付投产。该运营商通过 MSTP＋OTN 混合组网实现业务快速开通：一方面利旧现网已有 MSTP 实现快速接入；另一方面总部采用 OTN 设备可支持持续带宽升级。同时后续可逐渐平滑演进为端到端 OTN 组网，进一步支持带宽提速，从而大幅增强客户体验和黏性，锁定未来的专线收入，具体如图 6-1 所示。

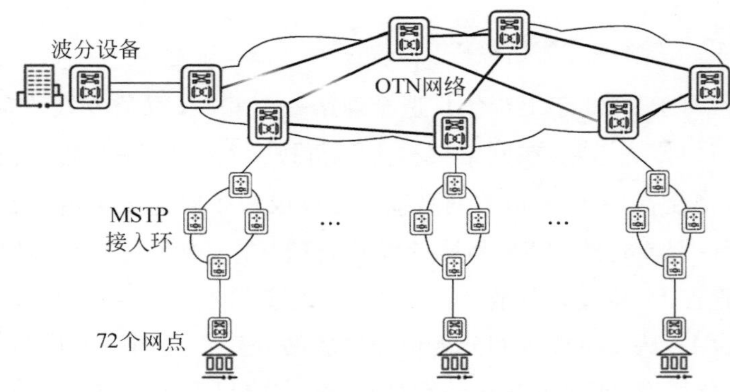

图 6-1　某银行 OTN 网络

4）针对医疗

中山大学附属某院是省内大型医疗联合体，每天要拍摄大量的病人 CT 影像、核磁共振等影像数据到云上进行存储备份，同时和下属分院也有大量的业务往来。通过 OTN 10Gb/s 专线，该院的 IT 人员可以实现带宽的自助调整，根据片源需求量的大小来进行动态调整，有效降低了运维成本。同时集合 OTN 品质专线的高可靠特性，对现网业务做了动态保护，业务保护级别做到 4 个 9，保障上云专线的可靠性。医疗 OTN 网络如图 6-2 所示。

5）针对政务

检察工作网是一张非涉密工作专网（办公自动化/视频会议等），用于运行检察机关非涉密应用系统，实现与政法网、电子政务外网等外部网络的数据共享、业务协同。该运营商通过全省一张全光网、多路径时延最优、大带宽扩容空间大等优势，成功中标该政务项目，实现省检察院、地市检察院、灾备中心等多地的高速互连，带宽提速到 155Mb/s 及 1Gb/s，实现收入数百万。

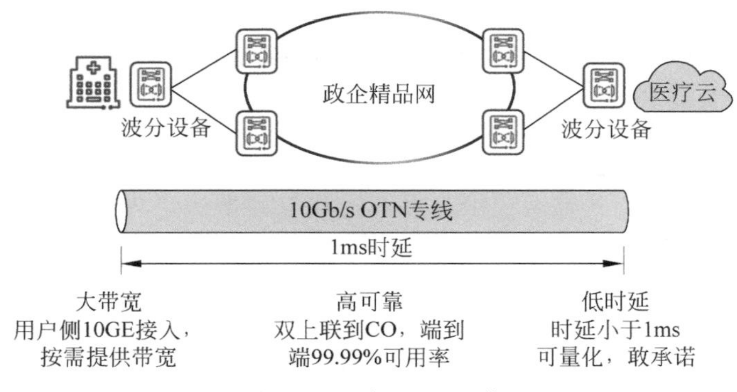

图 6-2　医疗 OTN 网络

3. 客户价值

广东某运营商采用品质专线解决方案，全新建 OTN 政企精品网，满足行业客户对通信网络灵活颗粒（2Mb/s～100Gb/s）、高可靠、高安全、高私密性需求，推出面向政企市场的高品质专线产品。OTN 政企精品网精准匹配各类高价值行业客户需求，如金融行业要求超低时延、多路由保护；政务行业要求广覆盖、客户级网络管理系统；医疗行业要求弹性带宽、安全传输；教育行业要求超大带宽。高品质产品配合行业差异化拓展策略，2019 年底收入过亿，集团排名第一，实现了网络当年建设当年投产当年收益，远远超出了期望，同时也说明高品质专线是符合社会各行业数字化转型需求以及对专线服务品质提升期望的。2020 年收入翻番，再次集团排名第一，使得该运营商取得巨大的商业成功。

6.2　5G 前传应用实践

1. 现网痛点

中国 A 省 4G 网络采用 D-RAN 架构，RRU 和 BBU 在远端站点上短距互连，接入网络层主要采用 PTN 设备组环；5G 网络采用 C-RAN 架构，接入网络采用无源彩光 P2P 组网，无源波分虽然满足了 5G 快速开通诉求，但是不得不面临如下无源波分普遍的痛点。

(1) 无源不支持保护链路,光缆故障基站断站时间很长。

(2) 无源的故障定位需要现场用仪表定位,很多楼面站入场困难,定位时间很长,甚至要1～2天才能定位恢复基站。

(3) 部分跳纤点较多的基站,经常在无线网络管理系统上看到光功率不足导致闪断的问题,往往这些站点还需要更换高性能的模块去解决。为了彻底掌握5G前传网络质量现状,从无线网络管理系统上采集1个月时长的告警信息分析,如表6-1所示,单网元告警量5G是4G的10倍,单故障平均处理时长5G是4G的2.5倍。

表6-1 告警信息

网络制式	站点数量(站)	BBU-RRU告警量(个)	BBU-RRU告警总时长(小时)	每网元告警量(个/网元)	单故障平均处理时长(小时/故障)
LTE	8026	13 807	31 794	1.72	2.30
5G	5098	90 706	523 916	17.79	5.78

如图6-3所示,无论是D-RAN还是C-RAN组网架构,BBU以上都采用成环保护,光缆经过光交都采用熔纤方式,因此BBU以上接入层组网故障点是类似的,主要差异点还是在BBU到RRU/AAU前传组网的变化导致的故障点,主要故障点来源于光纤、光模块、合分波器。为何5G网络故障率会比4G高?主要原因是5G接入网的故障点比4G接入网故障点更多。

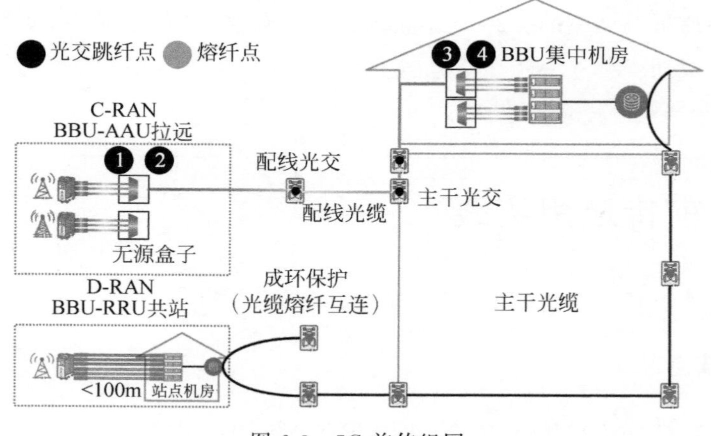

图6-3 5G前传组网

(1) 4G D-RAN灰光直驱:潜在故障点最少,因距离在100m以内,光模块不存在预算不足问题。

（2）5G C-RAN无源彩光：潜在故障点最多，因距离拉远需要增加考虑光模块链路预算能力要求高，同时因为在远端站点和局端机房都增加了合分波器，因此光纤故障点倍增，同时还需要考虑合分波器端口和脏污故障点。

2. 解决方案

A省为了提升5G前传网络质量，开始引入5G半有源前传方案，主要目的如下。

（1）减少故障数量：半有源方案链路余量更高，监控链路快速排障，提供保护路径等。

（2）缩短恢复时长：半有源方案E2E故障监控，无线传输一次定界，远端近端一次定位，一次上站修复。

3. 客户价值

给客户带来的价值主要体现在如下几方面。

（1）因为部署了保护方案，故障数量明显降低，基本与4G D-RAN故障数量相当。

（2）因为半有源故障全监控能力，传输人员可以进行快速故障定位，减少了无线和传输的沟通协同定位时间，故障处理效率提升了近一倍。

（3）半有源更加匹配无线6×25Gb/s端口站型，前传主干光缆纤芯数量消耗节约50%。

（4）半有源模块内置TEC，性能比纯无源CWDM提升了超过2dB，因此光纤链路预算不足问题也减少了90%以上。

6.3　城域综合承载应用实践

1. 现网痛点

四川某运营商在大力发展移动、家宽和政企全业务的过程中遇到了如下关键问题。

（1）家宽和无线大部分共用承载网络，无线业务发展影响到家宽，导致家宽体验差，用户发展慢甚至流失，市场份额低。

(2) 网络无整体规划，临时、被动建网情况普遍，导致协调申请资源周期长、扩容难。

(3) 光缆资源匮乏，且缺乏有效管理手段，光缆资源协调涉及多部门协同，业务发展受限。

2. 解决方案

该运营商积极探索与实践，识别出光缆网在全业务发展过程中起到的基础支撑作用，综合部署 ToC/ToH/ToB 全业务拓展节奏，主动规划、提前部署全光综合业务锚点，引入 OXC 全光交换，成功打造架构稳、品质高、收益好的全光城市基础网底座。优化后的城域全光综合承载网络架构图如图 6-4 所示。

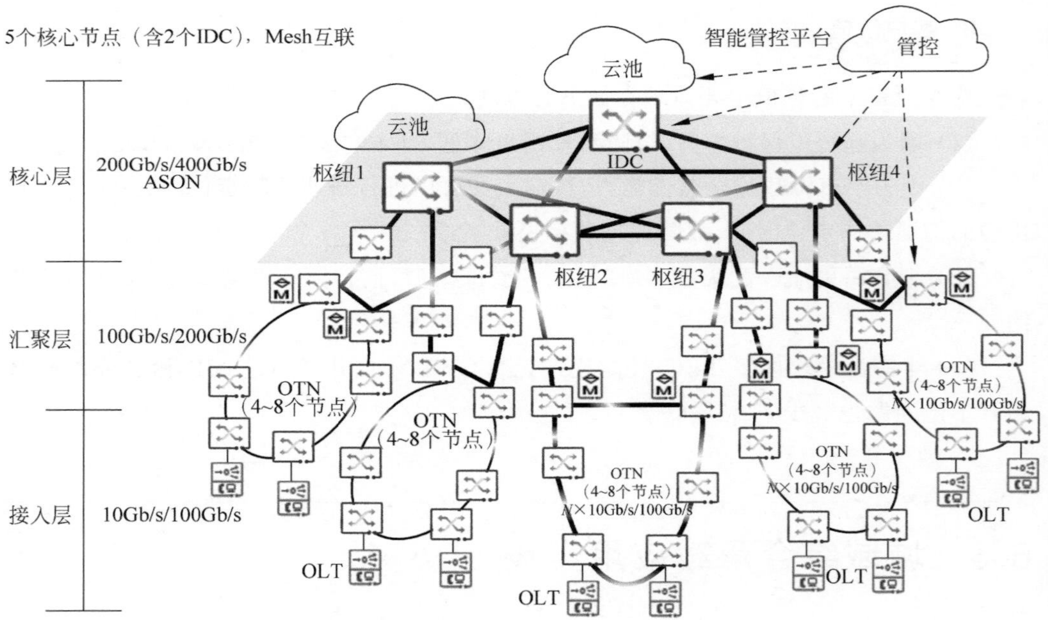

图 6-4 优化后的城域全光综合承载网络

(1) 对城市内社区、楼宇进行分类排序，输出价值分析报告。

(2) 严格网格化规划、管理，主动规划综合业务区(包括光纤和机房)，共计超过 400 个综合业务接入区域，共享一张光缆网。

(3) 坚持无线承载和家宽/商宽承载分离，80%站点实现分离，保障无线和家宽业务品质。

(4) 5个核心层节点引入全光交换OXC,全Mesh高速互连。

(5) 80%的OLT家宽机房与波分OTN共站部署,构筑稳固全光综合业务锚点,光节点密度达到0.3站/万人。

3. 客户价值

给客户带来的价值主要如下:

(1) 家宽用户达350万以上,市场份额实现领先。家宽用户向千兆迁移,实现盈利。

(2) 品质商宽覆盖超95%商务楼宇,提供千兆专线能力,发展品质商宽用户超过12万条。

(3) 网络架构稳定,实现光缆/机房/设备综合投资优,业务开通周期短。

6.4 视频应用实践

6.4.1 直播视频体验提升应用实践

1. 现网痛点

贵州某运营商家宽视频业务发展迅速,网络流量激增,导致部分链路丢包率较高,严重影响了用户视频体验,导致用户满意度下降,也难以支持超高清直播业务的开展。

如果按照当前的单播方式扩容,网络改造成本与网络流量基本上是线性相关的,投入太大;如果采用传统的组播,组播方式下丢包不能重传,会直接带来视频观看时的花屏和卡顿。

2. 解决方案

为提升超高清直播的观看体验,该实践创新性地采用OTN组播技术承载IPTV直播业务,实现点到多点的高品质业务分发,将直播业务与点播业务分开承载,保证了对丢包率要求高的直播业务的流畅观看体验,同时也因为采用组播技术,每个网络连接只需要一份广播流量,减少了整个网络带宽压力,也改善了点播业务的体验。

IPTV 业务从省 IPTV 平台直接对接 OTN 设备，经过省干 OTN、城域核心 OTN 和城域汇聚 OTN，送到光线路终端(Optical Line Terminal，OLT)设备，实现直播视频一跳直达 OLT，避免了传统城域网带来的丢包和时延抖动，如图 6-5 所示。

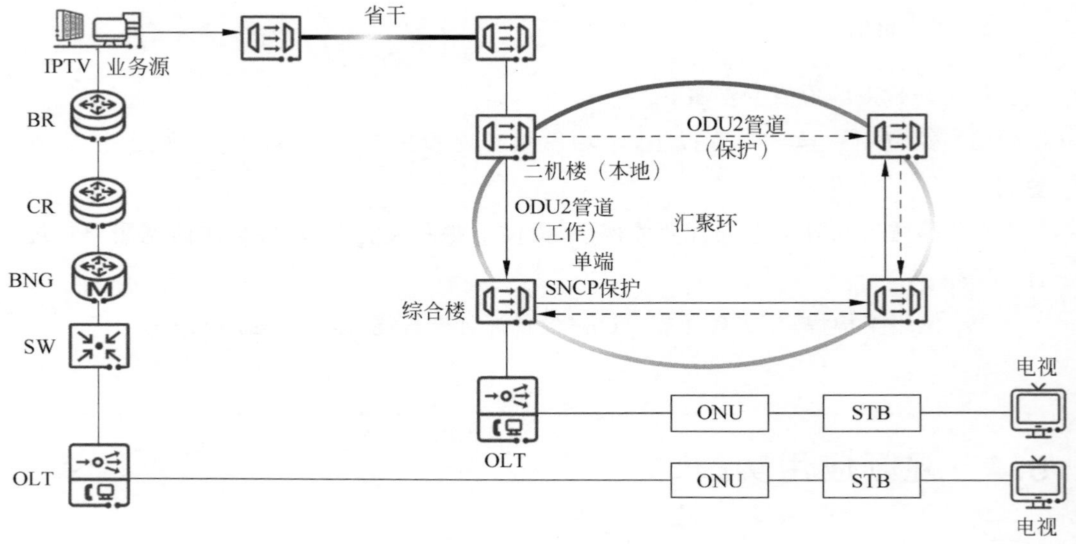

图 6-5　直播视频体验应用全光技术

全光技术主要包括 OTN 管道、OTN 组播复制技术和双归保护技术。

(1) OTN 管道：通过传输硬管道将直播视频从视频源一直推送到 OLT，利用硬管道的高品质特点，保障全程无拥塞，零丢包。

(2) OTN 组播复制技术：利用 OTN 交叉复制能力，在分支边缘进行硬管道的组播复制，不需要按照用户进行流量复制，和传统组播一样节省带宽。

(3) 双归保护技术：根据视频源的状态进行选收，可以支持视频源的双归保护，提高解决方案的可靠性。

3. 客户价值

该项目通过 OTN 组播技术的创新应用，很好地满足了超高清直播 1×10^{-6} 的丢包率要求，帮助运营商提升了用户观看 IPTV 的满意度。测试数据表明，OTN 组播实现了零丢包的分发，从端到端的角度看，可以提升 43%的观看体验。

以该技术创新为基础，该运营商提出全光 TV(Optical TV，OTV)的业务品牌，成为超高清视频承载技术创新的典范，具有很好的经济和社会效益。

6.4.2　VR 应用实践

1. 现网痛点

广东某运营商积极开展双千兆城市建设，围绕云 VR 产业发展，打造 VR 标杆城市。为实现这个目标，首先需要能保障 VR 业务的极致体验，为云 VR 业务健康发展保驾护航。

VR 业务要求网络时延低于 20ms，并且因为 VR 业务需要通过集中部署降低渲染计算资源，从 VR 中心经过省干网络、地市网络到用户终端，需要多跳转发，很容易带来时延和时延抖动。抽样数据表明，采用传统的承载网络，端到端时延不稳定，时延可能超过几百毫秒，不能保障用户的 VR 业务体验。

2. 解决方案

该运营商携手华为打造基于全光网 2.0，推出了“全千兆”整体解决方案，通过全光管道一跳入云，为用户提供低至 10ms 的时延业务体验，实现 VR 应用全程无卡顿、无抖动、无黑边的极致体验。

保障云 VR 体验的关键，在于大带宽、低时延的高品质网络。该实践主要从两个维度进行技术创新和网络升级，保障 VR 品质体验，如图 6-6 所示。

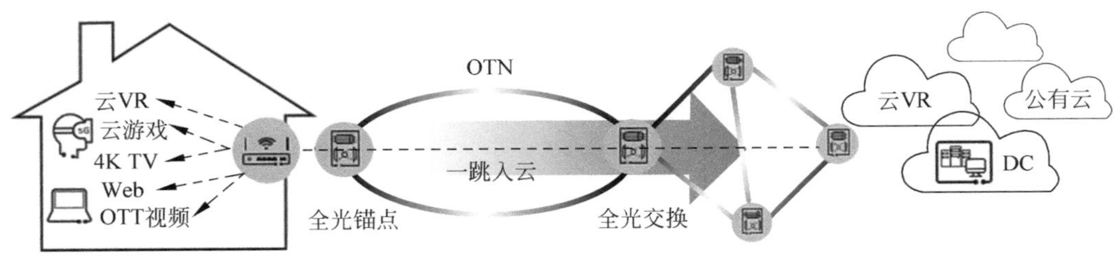

图 6-6　VR 体验应用全光技术

1）家庭侧

引入华为星光系列千兆 WiFi 6 光猫，重构 VR 视界，实现全屋千兆 WiFi。

星光系列光猫自带智能 AI 特性，根据家庭用户的业务类型，有效识别用户业务，为云 VR 业务自动调整带宽和刚性管道。其 WiFi 6 芯片由于采用独创空口优化和抗干扰算法，智能抗干扰，可识别 18 种干扰源，100%识别并规避干扰信道，让高价值业务避开拥堵信道。高增益全向天线和 4 个信号放大器的加持，可以多“穿”一堵墙，信号覆盖提升 25%,做到全屋 WiFi 覆盖,在每个房间均可体验到千兆下载体验,打破家庭网络最后一米的体验瓶颈。

2）网络侧

实现 OLT 与 OTN 握手、OTN 与云握手,实现一跳入云,超低时延。

华为提出了 OLT+OTN 全光传接融合方案。基于 OSU 为 VR 用户提供专属入云通道,根据 VR 需求快速建立和调整,通过大带宽、低时延、零丢包等网络能力为 Cloud VR 业务提供保障,结合现网部署的全光交叉 OXC,一跳直达云端 VR,时延降低 50%,抖动降低 2 个数量级,有效支撑运营商的规模商用。

基于 OSU 和波长进行光电两层切片,在硬管道基础上,以"刚柔并济"方式适配不同类型、不同颗粒的业务接入,连接能力增加十倍,2Mb/s～100Gb/s 无级无损调速,提供差异化 SLA 服务,全面使能全千兆业务创新和高质量快速发展。

3. 客户价值

该运营商成功举办了"共建全千兆智慧城市,畅享云 VR 美好生活"为主题的发布会,来自通信设备厂商和终端厂商以及各 VR 行业伙伴等产业相关单位代表出席了发布会。在发布会上推出大屏云游戏、VR 影视、VR 党建、VR 游戏、VR 教育、VR 直播、AR 工业、VR 摄录八大云 VR 业务服务,完成了全球首个全光 VR 的商用试点。

目前,已大规模推动千兆家宽部署,结合全光业务网 2.0,实现从 VR 内容服务器到用户的端到端时延低至 10ms,链路稳定,能够满足云 VR 超高清、极稳定、强互动的需求。

第7章

光传送网数据加密技术

7.1 光纤数据传输所面临的安全风险

随着云计算、云存储的发展,很多用户的敏感数据将越来越多地存储在数据中心中。这些网络存放了海量敏感数据和信息,因此,逐步成为黑客的重点攻击对象。这些系统或网络一旦被攻破,将会造成大量敏感信息泄露,而且修复这些问题的难度、耗费的时间和人力都是巨大的。因此,保护数据中心这种海量存储系统的重要性不言而喻。

保护大型存储系统中敏感信息涉及两方面:存储安全与传输安全。为实现存储安全,数据在写入磁盘等存储器之前,会先用高强度加密算法进行加密。

但是存储加密并不意味着传输过程中不再需要通过加密等方式做好保护。

7.1.1 光传送网产品面对的主要安全威胁

对于光传送网产品,由于是透明传输管道,设备并不接触用户数据,攻击者攻入设备后,并不能从运行的软件中获取到用户数据,从设备直接获取数据类攻击并不是光传送产品的主要攻击目的,传送产品相对于数量庞大的接入设备和交换机,数量并不大,CPU 能力不高,且攻击难度大,因此攻击者不会将其作为攻击的主要目标。

基于光传送产品的网络地位、接触难度,攻击者以专业组织为主,攻击者的攻击方式和攻击目的主要有以下两点。

(1) 攻击设备:攻击目的为破坏网络业务,以及劫持或长期控制设备。

(2) 窃听光纤:直接获取用户数据,以及长期监控和分析光纤上的数据,以获取敏感数据。

对设备的攻击方式，与攻击接入设备、交换机路由器等传统网络设备，采用暴露面找寻漏洞，利用漏洞攻入设备，技术上并无不同，因此防御手段也是安全启动、暴露面隐藏、操作系统内核防御等。

针对光纤的攻击是近几年较为先进的技术，光纤带宽大，承载内容多，光纤通信遍布接入、城域、核心网等，理论上存在窃听风险。以下重点介绍基于最常见的光纤弯曲法，在不破坏业务的情况下完成数据窃取的攻击方法和防御技术。

7.1.2 光纤数据传输安全威胁

众所周知，光纤信号与电缆信号、无线微波信号相比，只有微不足道的电磁辐射，不足以直接用来进行信号窃听。另一方面，为了增加光纤的机械强度和对光信号的反射，光缆有多层的包裹和涂敷，且光缆往往埋在地下，窃听的难度很大，天然的安全性很高。所以，一般认为，不需要对光纤上传输的信号施加专门的保护措施，而应当将保护的重点放在有线和无线电磁信号的传输上。但是理论上也存在风险。

虽然公开报道的光纤窃听事件很少，但仍有个例，比如美国国家安全局（National Security Agency，NSA）前承包商雇员爱德华·J. 斯诺登泄露的文件，显示 NSA 和英国情报部门已经侵入连接谷歌和雅虎海外服务器的光缆，并复制了大量电子邮件和其他信息。

7.1.3 光纤数据传输窃听技术原理

光信号在光纤中是按照图 7-1 中实线箭头标注的路线进行全反射传递的，正常情况下无光信号泄漏。但当光纤弯曲半径比较小（光信号对于反射面的入射角小于某个值）时，会造成一小部分光信号无法反射而折射出光纤（图 7-1 中的虚线箭头路线）。黑客通过弯曲光纤，并用特殊装置收集折射出来的光信号，就可以在不破坏光纤、不影响被窃听信号传输的情况下，实现对光纤的窃听，这使得光纤的窃听很不容易被发现。

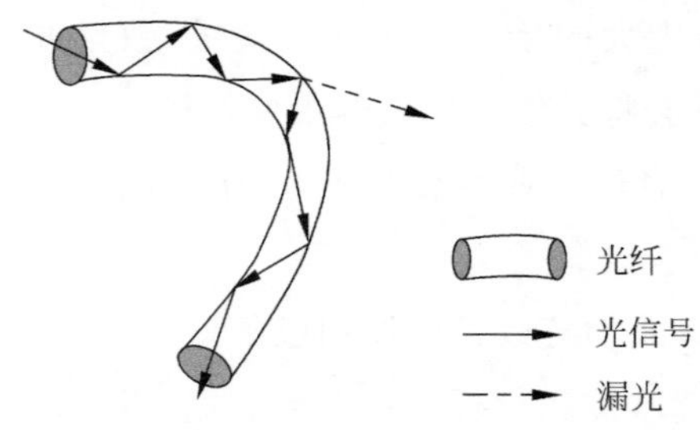

图 7-1 光纤数据传输窃听技术原理

光纤传输数据窃听实现原理如图 7-2 所示。

从上面的技术分析与案例来看，光纤并不存在绝对的安全性，窃听光缆在理论上是可行的，但技术难度较大，需要使用到专业的光电

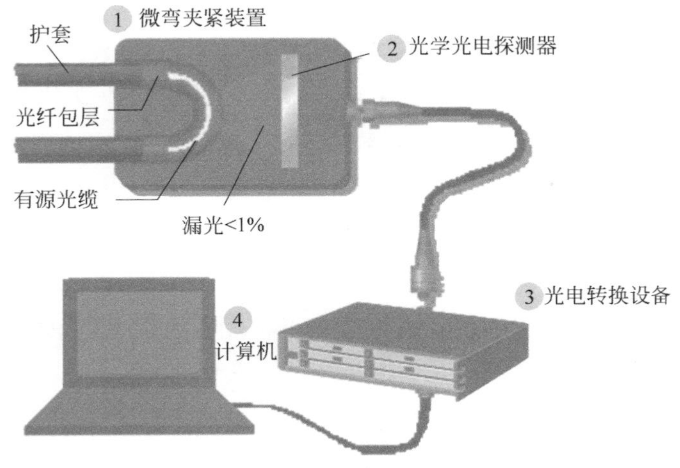

图 7-2　光纤传输数据窃听实现原理

转换设备，代价大。理论上可以成为黑客窃听、盗窃敏感信息的一个攻击入口。

7.2　光纤数据传输威胁应对技术

面对光纤数据传输存在的安全威胁，常见的数据传输加密技术有以下3种。

7.2.1　常见的数据传输加密技术

1. 二层/三层/四层数据加密方案

(1) 二层以太网管道加密方案只需要在原有网络中的数据源端和宿端分别接入一个加密的盒子就可以实现加密。该加密技术是在链路层的以太网承载PPP协议(Point-to-Point Protocol over Ethernet，PPPoE)基础上，增加了一层加密处理，从而形成一个加密的以太网通道。这种加密设备会对以太网业务做一定的处理(比如，VLAN标签的处理，以使得多个端口可共享一个加密设备)。在二层以太业务数据上实现加密，相对IP层数据的加密要简单。不占用交换设备的槽位，部署和维护都比较简单，但吞吐量小，端口少，速率低。只能对以太网数据帧进行加密，支持的业务类型单一。因此，无法适应像数据中心、存储区域网络(Storage Area Network，SAN)这类需要对多种业务类型的大数据量进行加密和传输的应用场景。

(2) 三层 IPSec 技术是基于 IPSec 的安全加密方案,是一种常见方案。通过在具备三层设备上,使能 IPSec 特性,对发送到不信任网络的 IP 报文的头部和净荷进行加密。这种技术方案一般部署在路由器或者防火墙设备上,其功能很强,可以支持访问控制、数据源认证、无连接完整性保护、防重放、数据加密和流量保密性;还能支持基于三层的 VPN 应用,可支持多种组网拓扑;维护比较复杂,只能支持对 IP 报文进行加密,如光纤通道、无线频带等非 IP 类业务无法支持加密,而且 IP 报文的封装会引入开销,会导致线路带宽的利用率很低;报文的加密与转发会引入较大的时延。

(3) 四层 SSL VPN 技术方案在路由器上实现基于安全套接层(Secure Socket Layer,SSL)加密管道的 VPN,可以为所有在 VPN 上传输的流量提供安全保障,这也是一种比较常见的解决方案。其功能比较强,适合多种拓扑的组网应用,加密保护和 VPN 网络应用可一同支持,在传输层上实现加密保护,无论组网、应用和维护相对三层 IPSec 要简单,但加密模块识别并处理客户业务类型,因此,加密数据的吞吐量不高,端口数量少,会引入较大时延,而且仅能支持 IP/以太网类业务,不能支持 SAN、无限网络(InfiniBand,IB)等新业务类型。

2. 一层(物理层)业务加密方案

以上几种技术方案,由于在加密设备上都需要识别和处理客户业务,因此,对支持的业务类型主要限制于 IP/以太网类应用。虽然非以太网业务可以封装到以太网帧结构并承载到以太网上,但这无疑又要增加设备和板卡投资,并增加故障点。另外,由于加密设备对客户业务的报文要做解析和转发,然后在此基础上实现加密,多少都会增加时间和带宽的开销,无法保证客户信号的线速转发和低时延。

金融、政企、军事、法律、医疗等行业都要求网络具有高安全性,为满足这些安全性要求很高的场景要求,出现了一种新的解决方案,一层(物理层)进行加密,方案如图 7-3 所示。这种技术方案在传送设备的 OTU 板卡上集成了加密处理模块。利用传送设备对客户设备只进行透明传输的特点,进行线速的加密和传送。这种加密方案对数据的透明性好,对客户业务类型不敏感,支持 SAN、IB 等新业务。而且,透明性好使得引入的时延低(纳秒级),加解密数据的吞吐量大(单设备可达上百 Gb/s),适应客户侧业务速率范围宽,维护简单,适用于数据中心、SAN 等多种应用场景。

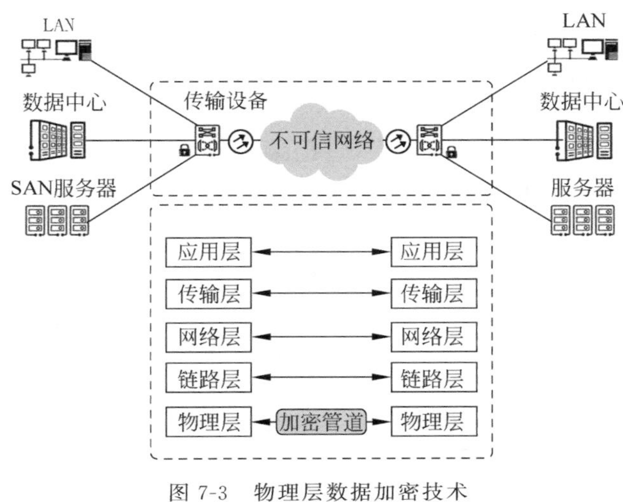

图 7-3　物理层数据加密技术

7.2.2　物理层数据传输加密技术原理

1. L1 业务加密系统组成

L1 业务加密系统由带加密单板的设备、安全管理工具(Security Management Tool,SMT)和网络管理系统 3 部分组成。

设备传输的信号使用国际电信联盟 ITU-T 建议 G. 709/Y. 1331 中规定的 OTN(Optical Transport Network)帧结构。加密系统中的 OSN 设备通过在信号处理过程中加入一个加密算法对 OPU*k* 净荷进行加密(即不包括开销、FEC 区域),来实现对客户数据的加密。该功能所使用的安全管理信息通道采用 OPU*k* 开销传递,不介入客户业务。

如图 7-4 所示,客户侧信号映射到 OPU*k* 帧结构中的净荷区,然后再加上 OPU*k* 的开销,形成低阶 ODU*k* 帧结构,然后再将多个 ODU*k* 帧结构复用成一个高阶的

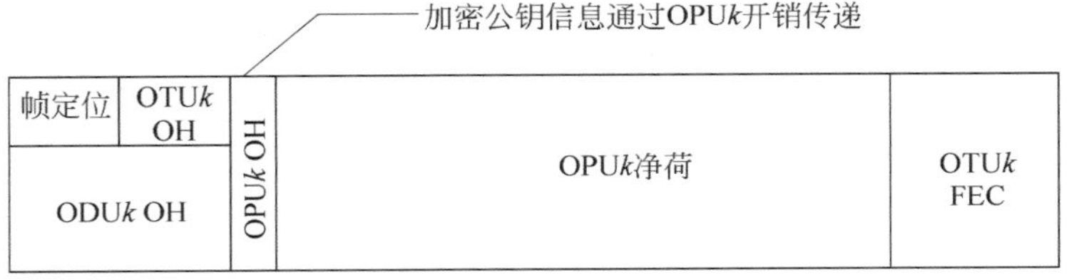

图 7-4　客户信号封装后的帧结构

ODUj($j=k+1$ 或者更高)帧结构,最后加上 OTU 开销,形成传送到光纤上的最终信号。

加密系统原理框图如图 7-5 和表 7-1 所示,分别介绍系统中每个组成设备的功能。

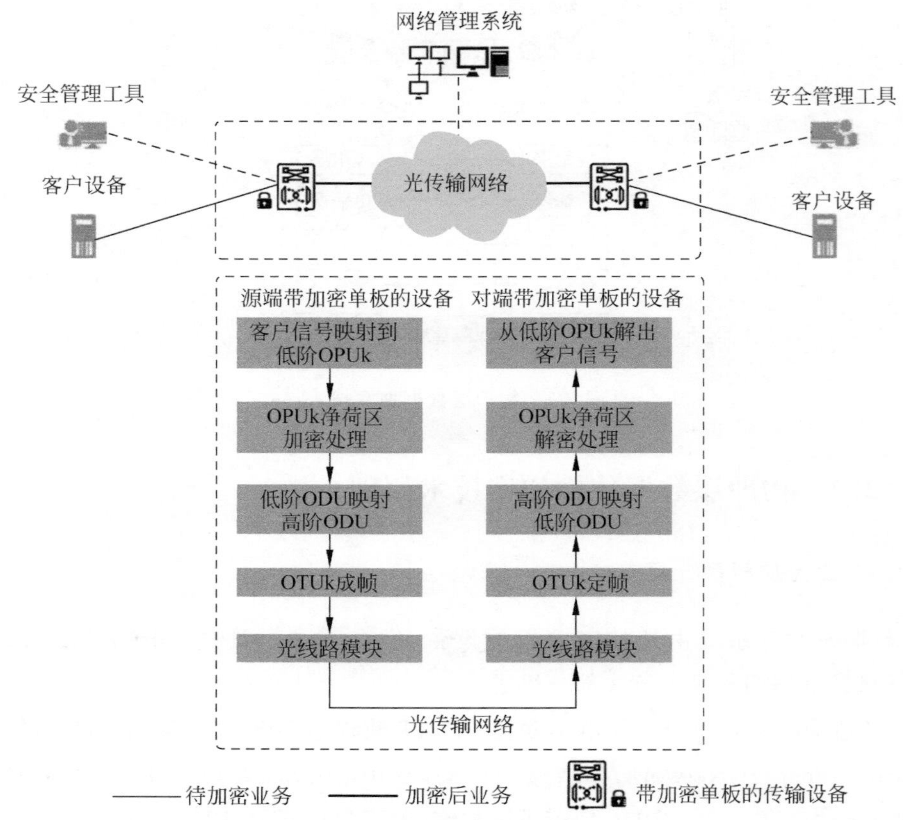

图 7-5 加密系统原理图

表 7-1 系统组成与功能描述

系 统 组 成	部署位置	功 能
带加密单板的设备	客户大楼	端口级实现业务的接入并对业务进行加密/解密
安全管理工具(例如 SMT)	客户大楼	网元上运行安全管理系统(Security Management System,SMS),实现加密的配置和管理
网络管理系统	中心机房	• 管控加密用户权限和加密端口资源:创建加密管理员用户、为加密管理员用户分配端口资源等 • 配置业务和运维网络

说明

网络管理系统与 SMT 工具均通过以太网与网关网元通信,通过 ECC 与非网关网元通信

2. L1 业务加密系统安全性

用户的加密管理员账户由网络管理系统授权后，可在安全管理工具上配置加密操作。为保证最终用户的私密性，安全管理工具和网络管理系统之间无法通信，两者相互隔离、独立工作。

1）隔离性

用户配置加密业务前，网络管理系统要完成如下两个工作。

（1）创建业务：在网络管理系统中创建用户待加密的业务。

（2）授权加密管理员账户：给每个用户创建加密管理员账号和分配加密业务端口资源，并告知用户账号、密码和设备 IP。

用户使用安全管理工具发放加密管理命令。

2）私密性

在安全管理工具上，用户使用账号和密码登录网元后，可以设置 EMK(Encryption Management Key)。EMK 是加密管理密码，用户认证 EMK 后可以对网元端口进行加密管理操作。EMK 只有用户自己可见，相当于用户的加密私有密码，这样网络部门即使拥有加密管理员账户，也不能对用户业务进行操作。

用户只能访问被分配端口，不能访问其他用户端口。如果实际需要对不同部门业务独立进行加密管理操作，那么加密管理员账户可以按端口设置加密子账户，且相同的端口可以分配给不同的子账户，如图 7-6 所示。

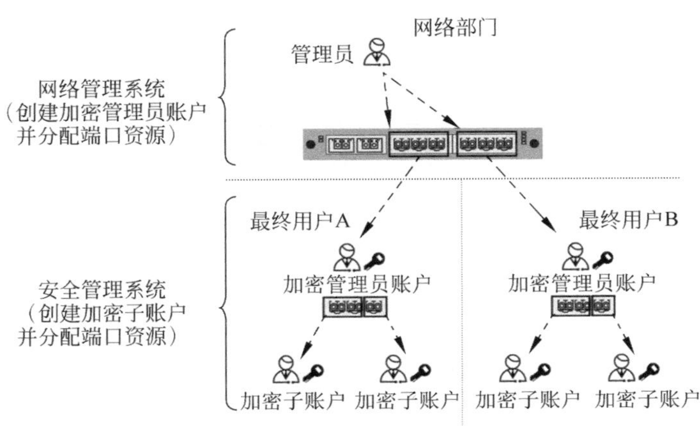

图 7-6　加密权限分配

3. 密码算法选择

发送端通过一个光纤链路发送报文给接收端，考虑到一层加密解决方案需要应用在数据中心、SAN 等场景，需要对大带宽的数据进行加解密，因此，对加密算法有加密强度高、高效、简单、随机性等要求，而且要便于用硬件实现。综合来看，经国家密码管理局批准可用于对不涉及国家秘密内容的信息进行加密的密码算法，即国密算法（即商用密码算法）以及当前安全业界较为流行的 AES（Advanced Encryption Standard）算法，能满足上述要求，是比较合适的选择。

1）国密算法

当前有 SM1、SM2、SM3、SM4、SM7、SM9、祖冲之序列密码算法（ZUC Steam Cipher Algorithm，简称为 ZUC），其中 SM4（旧名称为 SMS4）为一种分组密码算法，用于数据加密比较合适，如图 7-7 所示。

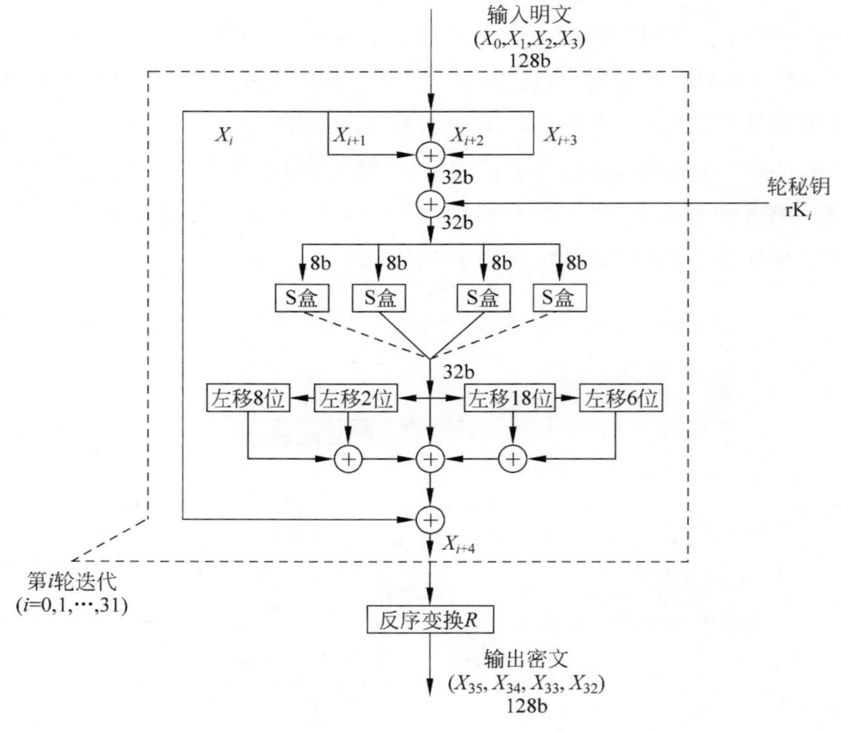

图 7-7 国密 SM4 算法

（1）SM4是一类分组算法分组长度为128b，密钥长度为128b。

（2）加密算法与密钥扩展算法都采用32轮非线性迭代结构。

（3）解密算法与加密算法的结构相同，只是轮密钥的使用顺序相反，解密轮密钥是加密轮密钥的逆序。

（4）算法采用非线性迭代结构，每次迭代由一个轮函数给出，其中轮函数由一个非线性变换和线性变换复合而成，非线性变换由S盒所给出。

2）AES算法

高级加密标准（Advanced Encryption Standard，AES）在密码学中又称为Rijndael加密法，是美国联邦政府采用的一种块加密标准。这个标准用来替代原先的DES（Data Encryption Standard，数据加密标准）算法，已经被多方接受且广为使用。

AES算法加密实现过程有4步：轮密钥加密、替换字节、行变换和列变换，如图7-8所示。

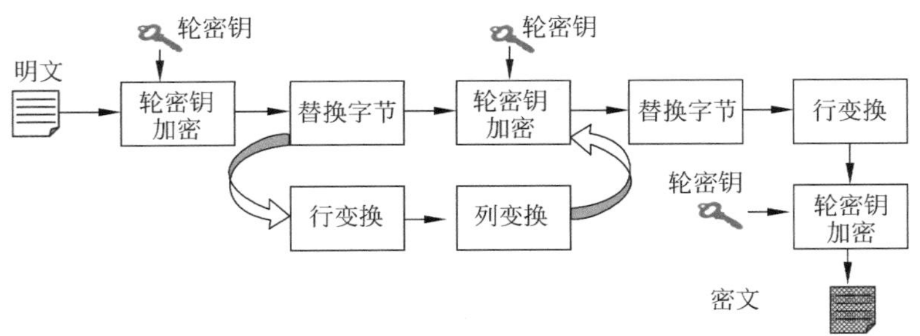

图7-8　AES加密算法

AES不同于它的前任标准DES，该算法使用的是代换-置换（Substitution-Permutation）网络，而非Feistel架构。AES在软件及硬件上都能快速地加解密，相对来说较易于通过硬件实现，且只需要很少的存储器，AES算法的密钥长度有128位、256位或512位，综合成本和安全性考虑，256位的密钥长度比较合适。

4. 双向业务加密过程

双向业务加密过程包含3步：源端和宿端通过加密算法认证对方是否为合法设备；两端通过算法共同协商得到会话密钥；最后用协商的会话密钥，进行加解密。

双向业务加密包含认证、密钥协商、加解密3个过程。当用户在安全管理工具上创建双向业务链路后，只需要对业务设置认证信息和设置加密使能操作，就可以实现加密功能。

5. 单向业务加密过程

单向业务加密包含认证、密钥计算、加解密 3 个过程。与双向业务加密不同的是，单向业务宿端不能返回信息给源端，所以不能双方认证以及自协商会话密钥。当用户在安全管理工具上创建单向业务链路后，除了对业务设置认证信息和设置加密使能操作外，还需要设置用户密钥，用于派生会话密钥。首次对业务进行使能操作前，由于密钥为空，必须先设置用户密钥才能进行后续加密操作。用户在使能操作后，也可以设置用户密钥，此时会重复进行密钥计算和加密过程。

第 8 章

未来光传送技术展望

8.1 面向大带宽的新技术展望

随着业务类型的发展，从语音业务，到上网业务，再到视频业务，所需的带宽不断增加。统计数据显示，过去几十年，全球业务带宽发展平均每年增长 30%以上，并且未来 5 年视频仍然是流量增长的主力。

面对日益增长的流量需求，带宽的增长需求驱动传送线路技术的发展，速率不断提高。产业链各个环节都在推动技术进步，以支持更高的速率，早在 2010 年，Bell 实验室的 Rene Essiambre 等开始研究光纤通信系统的非线性香农极限，人们开始意识到单模光纤容量的上限，带宽不再是光纤取之不尽的资源。基于传统的 C 波段频谱，一根光纤的带宽传送能力出现瓶颈。要继续扩展传输容量，就需要考虑频谱资源的扩展及其他新技术的应用。

8.1.1 通过光频谱资源扩展增加带宽成为趋势

随着带宽需求的不断增长，单纯依靠高速线路技术的发展已不能满足需求。通过光层频谱资源扩展增加带宽成为新趋势。

在 100Gb/s 长距离传输场景中，频谱宽度 50GHz 就够了，为实现长距离传输性能，200Gb/s 所占的频谱宽度增加到了 75GHz，400Gb/s 要达到同等性能还需再增加一倍。从 200Gb/s 到 400Gb/s 的演进，受香农极限的约束，频谱效率没有得到提升。线路带宽发展需要进一步增加频谱。目前，C 波段已经从 C80(80×50GHz)发展到 C96(96×50GHz)，在长途干线，频率宽度从 C80 的 32nm 发展到了 C120 的 48nm，同时 L 波段在业界已有少量商用，要实现 400Gb/s 这一代单光纤容量翻番，L 波段的扩展成为必由之路，C 波段已支持 40 波长距离 400Gb/s，通过 L 波段再支持 40 波，就可实现 80×400Gb/s。如图 8-1 所示，面向未来更长远的发展，业界甚至已开始 S 波段的扩展研究，以进一步增加光传送容量，但目前处于刚刚起步阶段，离正式商用还有较长的时间。

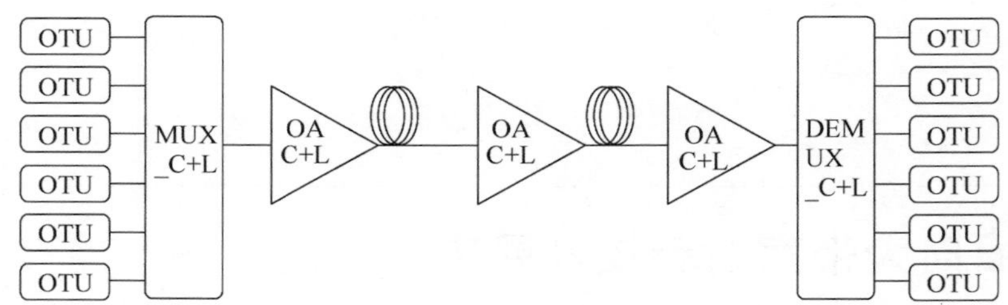

图 8-1　C+L 光层融合系统

8.1.2　多芯少模光纤成为扩展带宽容量的新热点

随着单模光纤长距传输容量逐步接近 100Tb/s，未来进一步将光纤容量推进到 Pb/s 量级，一个重要的研究方向是通过基于空分复用维度的新型光纤系统，利用模式维度或纤芯维度来大幅提升系统容量，如图 8-2 所示。

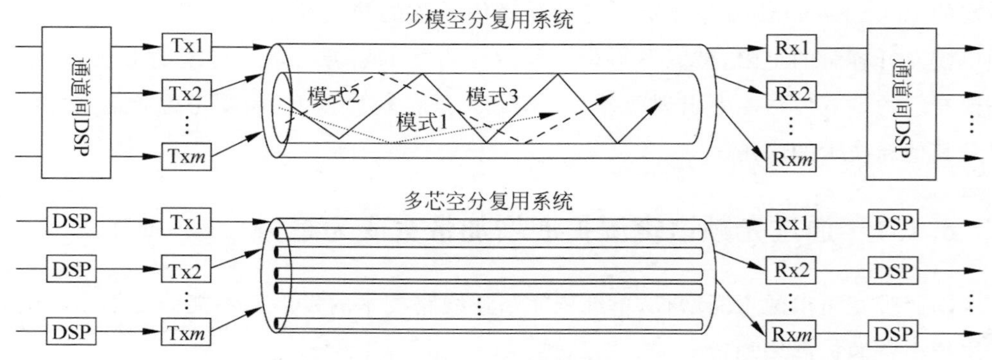

图 8-2　少模空分复用系统和多芯空分复用系统

光纤中支持的各种空间模式理论上可以各自独立传播，因此光纤模式可以作为信息复用的全新维度，结合波分复用和偏振复用技术进一步扩大通信容量。然而，在光纤实际制作和成缆铺设的过程中由于加工误差、外部环境扰动等因素影响，会引起空间传播模式之间的耦合，导致模式间产生信息串扰，引发系统误码。需要通过精准的建模及合理的系统设计，结合光电器件、编码算法等一系列创新技术来解决。

基于多芯光纤的空分复用技术有效拓展了单纤的空间维度，有望提升系统容量和能效比。在提供相同系统容量的情况下，多芯光纤可以通过增加纤芯数目，减少单芯传输的波长数量，降低纤芯功率密度，减小传输非线性效应。多芯通信系统有基于低串扰多芯和耦合多芯传输的两种方案。低串扰多芯光纤的设计目标是减小芯间耦合，降低接收端数字信号处理算法的复杂度。耦合多芯通信系统有望提升光放大器的能量效率，但要保证接收算法的复杂度可控，因此对多芯光纤的耦合特性要求较高。

8.2　网络运维面临挑战，自动化成为趋势

面对日益增长的网络规模和复杂度，自动驾驶网络将成为未来发展方向，以应对大网运维的挑战。

进入智能时代，特别是5G、DC相关业务的发展，给电信网络带来了结构性的挑战。5G作为基础设施不仅使能传统的ToC业务，还将向ToB和万物互连提供连接，给网络带来百倍连接增长和确定性低时延需求；同时5G真正引入控制面和用户面的分离，用户面的下沉将带来边缘DC部署和组网需求。业务云化，企业上云驱动大型数据中心的建设受国家“东数西算”政策的牵引，大型数据中心物理位置的规划要么靠近经济发达地区，给大量的最终用户提供就近接入，降低时延和提升体验；或远离经济发达地区，获得较低的建设成本及较高的能效比。未来用户到DC、DC到DC之间的高效互连成为关键，并面临大带宽波长互连、低时延的要求。

随着经济的快速发展，新型城市节点流量急剧增加，原有的采用分层分级的网络架构。如果业务流量还需经过特定区域节点绕行再上骨干网，则时延和传输效率不是最优的。为减少中继和中间节点，同时提升传输效率和降低时延，国家干线、区域干线、城域网络逐步采用扁平化建网，城域与区域干线融合或区域干线与全国骨干融合，使得网络规模不断变大。另外，在未来用户上云业务快速开通的诉求下，云与网络的协同成为关键，需要向一张完整的面向云和确保用户覆盖的大规模网络提供连接。

未来网络将需要支持几十万级的网元管理能力。分区域光层调度网络也需要支持千级别的网元规模。网络规模与业务复杂度的增长，将使网络运维更加复杂。传统的运维方式只能靠增加人力的方式进行支撑；运维效率难以提升，也会对组织管理带

来新的挑战。随着AI和大数据技术的发展，通过AI使能运维的智能化也将成为趋势，机器将代替人实现部分网络规划、开局和运维的工作，网络将逐步具备半自动或者自动化的运维能力。自动规划部署、自动业务发放、自动运维调优将成为网络智能化的基本功能。

当前运营商网络在很大程度上还依赖于人的经验和技能。以维护的设备规模为例，运营商的运维效率是OTT的1%。一方面，与OTT的高效与自带的先进的网络设计基因有关；另一方面，运营商网络的复杂度要远高于OTT，而且电信网络在沉重的历史包袱下正变得越来越复杂，特别是网络规模10倍增长，业务和流量也呈现出很大的不确定性，已经超出了人的专业知识和能力范围，导致70%的重大网络故障都是人为因素造成。面向未来，大量实时性业务更是人的响应所无法企及的，必须依靠机器来完成。如图8-3所示，自动驾驶网络（Autonomous Driving Network，ADN）参考自动驾驶汽车理念，即在接收到客户意图（从A地到B地）后，通过对当前状态/环境的实时感知，基于强大的知识库和实时的数据分析能力，形成对外界和自身的当前状态和未来行为的预测，并基于AI给出最合适的决策，保证在无人参与/人工辅助的情况下，实现车辆的自动驾驶。由此将人力释放到更高层级的任务上，如新业务场景的设计等。

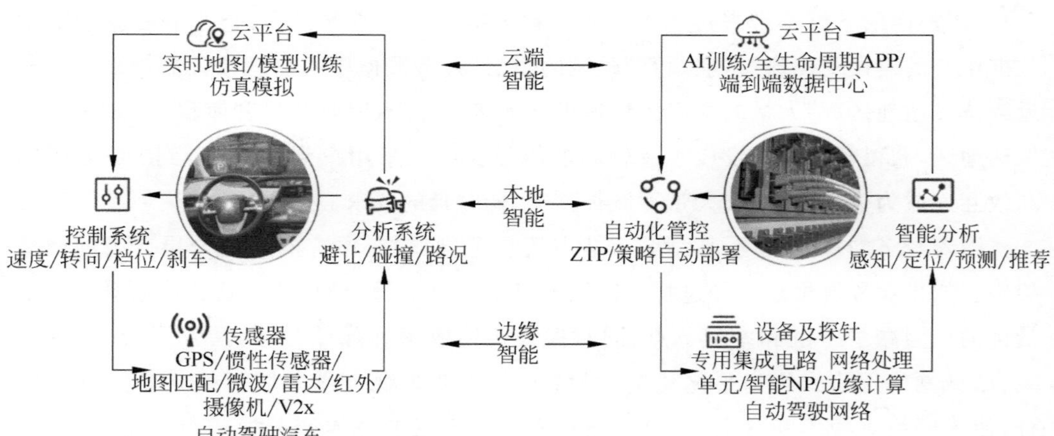

图8-3 自动驾驶网络

8.3 OTN技术往接入延伸将加速品质入云业务的快速发展

Gartner连续两年将体验定义为战略科技趋势,2020年,多重体验定义为一种重要的战略科技趋势,2021年,这一趋势发展成为全面体验。预计在未来3年中,能够提供全面体验的企业机构在关键满意度指标方面的表现将超越竞争对手。由于疫情事件的影响,移动、虚拟和分布式互动日益盛行。全面体验将改善体验的各个组成部分,实现业务成果的转化。

目前,对品质要求高的典型专线业务包括政企、金融和大企业专线,这些行业走在高体验要求的前沿。通过对运营商的专线数量统计和专业业务收入的分析,发现党政军、金融机构、大企业高价值客户在专线数量方面占比达到20%、在专线收入方面占比超过70%,是运营商政企专线的主要客户群和主要的收入来源。党政军、金融等关键行业对专线安全隔离、低时延、高可靠要求高。能源、交通、医疗、工业制造等行业属于涉及国计民生的行业,因此对网络的品质和可靠性要求更高。

在云网融合的趋势下,网络连接资源将成为一种可按需快速提供的资源支撑入云业务的发展。具备高品质的差异化连接同时也将为运营商和云服务提供商提供更加差异化的服务,实现体验提升和业务差异化,通过全面客户满意度的提升快速转化商业成果。

在家庭宽带业务方面,运营商也逐渐开始意识到,基于人口的家庭宽带业务增长红利不可持续,下一波是基于体验的红利。这意味着家庭宽带也面临体验提升的诉求。

从解决方案角度,要求相比于传统业务的固定连接,高品质专线在面向各个行业提供入云业务支撑时,需要更加经济高效,发放更加快速,要求网络能够面向最终用户有更广的覆盖范围。未来光传送技术和网络架构面临的需求和挑战包括:

(1) 未来面向ToB和ToC的云专线的带宽连接建立将按需分钟级甚至秒级完成,要求云与网络之间通过标准、统一的协议接口进行互通,"云"可调用网络资源,云业务的发放,可按客户带宽需求、品质等级,包括流量潮汐变化灵活调用和改变网络连接资源。

（2）传统的硬管道技术在业务带宽共享和经济性方面存在不足，“硬”连接需要朝“弹性”方向发展，在带宽空闲时能够及时调整和释放带宽，实现网络资源利用率的最大化。带宽传送在技术上应具备一定的弹性，可按需建立和调整，为保证品质，这些调整应该是客户无感知的。

（3）光传送网原来的定位主要是 ToB 为主，且聚焦在高品质的连接；不管是 ToB 走向千行百业，还是 ToC，都将带来连接数量的巨大增加，在提升品质的同时，成本和经济性也是关键。新的传送网需要有技术的变化甚至网络架构的调整，以解决广覆盖和经济性问题。

当前光传送技术开始朝该方向发展演进，业界已经提出了具备弹性调整能力的传送新容器方案（OSU）。在 OTN 技术体系下，新的 OSU 技术将弥补 VC/OTN 技术的不足，包括 VC 的带宽弹性不足，尤其是低阶 VC12 的时延过大的问题，以及 ODU*k* 带宽颗粒过大（原 OTN 的最小传送带宽颗粒是 ODU0，对应 1Gb/s）的问题。同时，OTN 网络将需要提供北向标准化开放接口，使网络能力服务化，根据业务需求变化在线开通/调整，云网一站式受理；基于 OSU 的带宽无损调整，满足客户临时性、计划性的带宽需求，提供月级/天级/小时级的云网同开同停按需求分配带宽（Bandwidth On Demand，BOD）能力。

F5G 定义了第五代固定网络的技术架构，10Gb/s PON、WiFi 6、200Gb/s、OXC、OSU 等是 F5G 的代际技术特征。F5G 技术体系支持基于流量价值调整承载技术、隧道路径和切片。网作为云的资源配套，全光网将为入云提供高、中、低不同品质业务接入能力。提供优质的连接是 F5G 的关键价值之一。未来网络支持不同等级品质业务的定义，对高优先级业务通过提供更加灵活的 OSU 硬隔离管道。

在末端延伸覆盖方面，PON 技术作为目前家宽的主流解决方案，无论是在经济性，还是在深度覆盖方面，都有明显的优势，未来的光传送网在打造城域和骨干品质网的同时，应将 OTN 和 PON 网络技术融合在一起，使得末端兼顾经济、覆盖和品质接入的诉求得到进一步满足。图 8-4 是 OTN 和 PON 的融合解决方案。

目前，业界主流光传送设备厂家已在技术准备和商业场景上开始了研究，规模商用不再遥远。面向未来，光传送网不仅为不断增长的带宽提供更加先进的传送解决方案，也将为企业入云和千行百业带来最高品质的连接方案。产业界正在携手共同推动产业向前发展，迎接“品质连接、超大带宽”时代的到来！

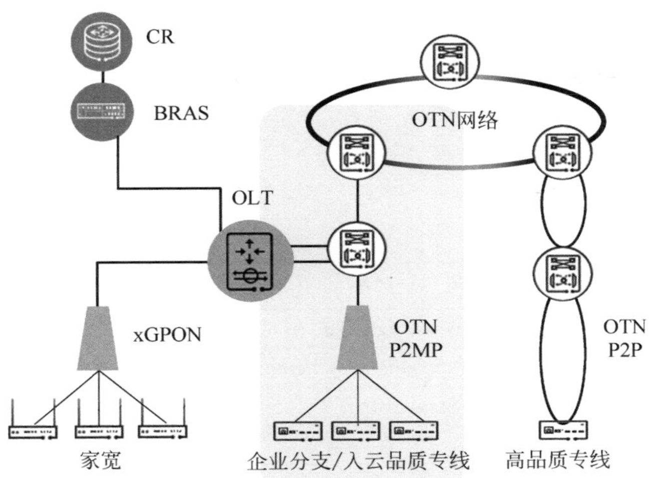

图 8-4　基于广覆盖的 OTN P2MP 品质专线方案

专业术语

缩　写	英 文 全 称	中 文 全 称
AD/DA	Analog to Digital Convert/Digital to Analog Convert	模数/数模转换
ADWSS	Add/Drop Wavelength Selective Switching	分/插光波长选择开关
AES	Advanced Encryption Standard	高级加密标准
AI	Artificial Intelligence	人工智能
AP	Access Point	接入点
ASIC	Application-Specific Integrated Circuit	专用集成电路
ASON	Automatically Switched Optical Network	自动交换光网络
BBU	Baseband Unit	基带单元
BER	Bit Error Rate	误码率
BRAS	Broadband Remote Access Server	宽带远程接入服务器
CD	Colorless & Directionless	无色无方向
CDC	Colorless & Directionless &Contentionless	无色无方向无阻塞
CDN	Content Distribution Network	内容分发网络
CDN	Coupling/Decoupling Network	耦合/去耦网络
Cloud BB	Cloud Base-Band	集中式云基带
Cloud VR	Cloud Virtual Reality	云化虚拟现实
CMS	Channel-Matched Shaping	信道匹配整形
CoMP	Coordinated Multipoint Transmission/Reception	多点协作传输
CPE	Customer-Premises Equipment	客户终端设备
CPRI	Common Public Radio Interface	公共通用无线接口
CR	Core Router	核心路由器
CR	Content Router	内容路由器
C-RAN	Centralized Radio Access Network	集中式无线接入网
CU	Central Unit	中心单元
CWDM	Coarse Wavelength Division Multiplexing	粗波分复用
DAA	Destination Address Accounting	基于目的地址计费
DC	Data Center	数据中心

续表

缩　写	英 文 全 称	中 文 全 称
DCI	Data Center Interconnect	数据中心互连
DML	Direct Modulated Laser	直接调制激光器
DU	Distributed Unit	分布单元
DWDM	Dense Wavelength Division Multiplexing	密集波分复用
eCPRI	Enhanced-Common Public Radio Interface	增强型通用公共无线接口
EDFA	Erbium-Doped Optical Fiber Amplifer	掺铒光纤放大器
eMBB	Enhanced Mobile Broadband	增强型移动带宽
EML	Electro-absorption Modulated Laser	电吸收调制激光器
eOTDR	Embedded Optical Time Domain Reflectometer	内置光时域反射仪
eX2	enhanced X2 interface	增强 X2 接口
F5G	the Fifth-Generation Fixed Network	第五代固网
FBB	Fixed Broadband	固定带宽
FDD	Frequency Division Duplex	频分双工
FEC	Forward Error Correction	前向纠错
FOV	Field of View	视场角
FTTH	Fiber To The Home	光纤到户
gNB	NR NodeB	5G 基站
GPB	Google Protocol Buffer	谷歌混合语言数据标准
GPU	Graphical Processing Unit	图形处理单元
GRPC	Google Remote Procedure Call Protocol	Google 远程过程调用协议
HSI	High-Speed Internet	高速上网
ICT	Information and Communications Technology	信息和通信技术
IEA	International Energy Agency	国际能源机构
IoT	Internet of Things	物联网
IP-RAN	IP Radio Access Network	IP 化无线接入网
IPTV	TV over IP	IP 电视
ITU	International Telecommunication Union	国际电信联盟
KPI	Key Performance Indicator	关键性能指标
LAN-WDM	Local Area Network Wavelength Division Multiplexing	局域网波分复用
LC	Liquid Crystal	液晶
LCoS	Liquid Crystal on Silicon	硅基液晶
LMP	Link Management Protocol	链路管理协议
LTE	Long Term Evolution	长期演进

续表

缩　写	英 文 全 称	中 文 全 称
LTE-A	Long Term Evolution-Advanced	增强型-长期演进
MAC	Media Access Control	媒体接入控制层
MCE	Mobile Cloud Engine	移动云引擎
MCS	Multicast Switching	多通道广播功能光开关
MEC	Mobile Edge Computing	移动边缘计算
MEMS	Micro-Electro-Mechanical System	微机电系统
MIC	Mobile Interface Controller	移动接口控制器
MIMO	Multiple Input Multiple Output	多入多出技术
MLSE	Maximum Likelihood Sequence Estimation	最大似然序列估计
mMTC	massive Machine Type Communication	海量物联网通信
MTBF	Mean Time Between Failure	平均故障间隔时间
MTP	Motion to Photons Latency	移动延迟
MTTR	Mean Time to Repair	平均修复时间
MUX	Multiplexer	复用器
MWDM	Medium Wavelength Division Multiplexing	中等波长波分复用
NOC	Network Operations Center	网络操作中心
OAM	Operation, Administration and Maintenance	操作、管理和维护
OBS	Optical Burst Switching	光突发交换
OCS	Optical Circuit Switching	光路交换
oDSP	Optical Digital Signal Processing	光数字信号处理
OEIC	Optoelectronic Integrated Circuit	光电子集成电路
OFDM	Orthogonal Frequency Division Multiplexing	正交频分复用
OLS	Optical Label Switching	光标签交换
OLT	Optical Line Terminal	光线路终端
ONT	Optical Network Terminal	光网络终端
ONU	Optical Network Unit	光网络单元
OPEX	Operating Expense	运营支出
OPS	Optical packet switching	光分组交换
OSC	Optical Supervisory Channel	光监控信道
OSNR	Optical Signal-to-Noise Ratio	光信噪比
OSPF-TE	Open Shortest Path First-Traffic Engineering	开放式最短路径优先流量工程
OSU	Optical Service Unit	光业务单元

续表

缩　写	英文全称	中文全称
OTN	Optical Transport Network	光传送网
OTT	Over The Top	OTT 解决方案
PB	payload block	净荷块
PCM	Phase Change Material	相变材料
PID	Photonics Integrated Device	光电集成器件
PLC	Programmable Logic Controller	可编程逻辑控制器
PON	passive optical network	无源光网络
PPD	Pixels Per Degree	角度像素密度
RRU	Remote Radio Unit	射频拉远单元
RSVP-TE	Resource Reservation Protocol-Traffic Engineering	针对流量工程扩展的资源预留协议
RTT	Round-Trip Time	往返时延
SaaS	Software As A Service	软件即服务
SD	Standard Definition	标清
SLA	Service Level Agreement	服务水平协议
SMSR	Side Mode Suppression Ratio	边模抑制比
SNMP	Simple Network Management Protocol	简单网络管理协议
SOP	State Of Polarization	偏振态
SRLG	Shared Risk Link Group	共享风险链路组
STB	Set Top Box	机顶盒
TCO	Total Cost of Ownership	总体拥有成本
TCP	Transmission Control Protocol	传输控制协议
TEC	Thermoelectric Cooler	热电制冷
TTM	Time to Market	上市时间
VPN	Virtual Private Network	虚拟专用网
VR	Virtual Reality	虚拟现实
WDM	Wavelength Division Multiplexing	波分复用
WSS	Wavelength Selective Switch	波长选择开关